土木工程测量实训教程

（盐城工学院教材基金资助出版）

主　编　金芳芳

副主编　叶德红

参　编　朱兆军　程鹏环

东南大学出版社

·南京·

内容简介

本书系根据土木工程测量教学大纲和土木工程测量课程综合实习大纲内容编写的。全书分为“土木工程测量课堂实验教学”、“野外综合实习测量教学”、“测绘在工程实践项目施工中的应用”三个部分。本书具有较宽的专业适应面，既有较完整的课堂实验和野外实习，又注重工程实用性；既有基本测绘技术与方法，又力求反映当代测量学科的最新技术。

图书在版编目(CIP)数据

土木工程测量实训教程 / 金芳芳主编. —南京：东南大学出版社，2014.5(2022.8 重印)
ISBN 978-7-5641-4936-9

Ⅰ.①土… Ⅱ.①金… Ⅲ.①土木工程-工程测量-高等学校-教材 Ⅳ.①TU198

中国版本图书馆 CIP 数据核字(2014)第 095025 号

土木工程测量实训教程

出版发行	东南大学出版社
社　　址	南京市四牌楼 2 号　**邮编**:210096
出 版 人	江建中
责任编辑	史建农
网　　址	http://www.seupress.com
电子邮箱	press@seupress.com
经　　销	全国各地新华书店
印　　刷	南京京新印刷有限公司
开　　本	787 mm×1092 mm　1/16
印　　张	15.75
字　　数	402 千字
版　　次	2014 年 5 月第 1 版
印　　次	2022 年 8 月第 6 次印刷
书　　号	ISBN 978-7-5641-4936-9
定　　价	32.00 元

高等学校土木建筑专业应用型本科系列规划教材编审委员会

总前言

国家颁布的《国家中长期教育改革和发展规划纲要(2010—2020年)》指出，要"适应国家和区域经济社会发展需要，不断优化高等教育结构，重点扩大应用型、复合型、技能型人才培养规模"；"学生适应社会和就业创业能力不强，创新型、实用型、复合型人才紧缺"。为了更好地适应我国高等教育的改革和发展，满足高等学校对应用型人才的培养模式、培养目标、教学内容和课程体系等的要求，东南大学出版社携手国内部分高等院校组建土木建筑专业应用型本科系列规划教材编审委员会。大家认为，目前适用于应用型人才培养的优秀教材还较少，大部分国家级教材对于培养应用型人才的院校来说起点偏高、难度偏大、内容偏多，且结合工程实践的内容往往偏少。因此，组织一批学术水平较高、实践能力较强、培养应用型人才的教学经验丰富的教师，编写出一套适用于应用型人才培养的教材是十分必要的，这将有力地促进应用型本科教学质量的提高。

经编审委员会商讨，对教材的编写达成如下共识：

一、体例要新颖活泼。学习和借鉴优秀教材特别是国外精品教材的写作思路、写作方法以及章节安排，摒弃传统工科教材知识点设置按部就班、理论讲解枯燥无味的弊端，以清新活泼的风格抓住学生的兴趣点，让教材为学生所用，使学生对教材不会产生畏难情绪。

二、人文知识与科技知识渗透。在教材编写中参考一些人文历史和科技知识，进行一些浅显易懂的类比，使教材更具可读性，改变工科教材艰深古板的面貌。

三、以学生为本。在教材编写过程中，"注重学思结合，注重知行统一，注重因材施教"，充分考虑大学生人才就业市场的发展变化，努力站在学生的角度思考问题，考虑学生对教材的感受，考虑学生的学习动力，力求做到教材贴合学生实际，受教师和学生欢迎。同时，考虑到学生考取相关资格证书的需要，教材中还结合各类职业资格考试编写了相关习题。

四、理论讲解要简明扼要，文例突出应用。在编写过程中，紧扣“应用”两字创特色，紧紧围绕着应用型人才培养的主题，避免一些高深的理论及公式的推导，大力提倡白话文教材，文字表述清晰明了、一目了然，便于学生理解、接受，能激起学生的学习兴趣，提高学习效率。

五、突出先进性、现实性、实用性、可操作性。对于知识更新较快的学科，力求将最新最前沿的知识写进教材，并且对未来发展趋势用阅读材料的方式介绍给学生。同时，努力将教学改革最新成果体现在教材中，以学生就业所需的专业知识和操作技能为着眼点，在适度的基础知识与理论体系覆盖下，着重讲解应用型人才培养所需的知识点和关键点，突出实用性和可操作性。

六、强化案例式教学。在编写过程中，有机融入最新的实例资料以及操作性较强的案例素材，并对这些素材资料进行有效的案例分析，提高教材的可读性和实用性，为教师案例教学提供便利。

七、重视实践环节。编写中力求优化知识结构，丰富社会实践，强化能力培养，着力提高学生的学习能力、实践能力、创新能力，注重实践操作的训练，通过实际训练加深对理论知识的理解。在实用性和技巧性强的章节中，设计相关的实践操作案例和练习题。

在教材编写过程中，由于编写者的水平和知识局限，难免存在缺陷与不足，恳请各位读者给予批评斧正，以便教材编审委员会重新审定，再版时进一步提升教材的质量。本套教材以“应用型”定位为出发点，适用于高等院校土木建筑、工程管理等相关专业，高校独立学院、民办院校以及成人教育和网络教育均可使用，也可作为相关专业人士的参考资料。

高等学校土木建筑专业应用型
本科系列规划教材编审委员会

前　言

在土木工程测量中，测绘技术的应用比较广泛。如城市规划、给水排水、煤气管道等市政工程的建设，工业厂房和高层建筑的建造，在设计阶段，要测绘各种比例尺的地形图，供结构物的平面及竖向设计之用；在施工阶段，要将设计的结构物的平面位置和高程在实地标定出来，作为施工的依据；待工程完工后，还要测绘竣工图，供日后扩建、改建和维修之用，对某些重要的建筑物，在其建成以后，还需要进行变形观测，以保证建筑物的安全使用。又如，在房地产的开发、管理和经营中，房地产测绘起着重要的作用。地籍图和房产图以及其他测量资料准确地提供了土地的行政和权属界址，每个权属单元(宗地)的位置、界线和面积，每幢房屋与每层房屋的几何尺寸和建筑面积，经土地管理和房屋管理部门确认后具有法律效力，可以保护土地使用权人和房屋所有权人的合法权益，可为合理开发、利用、管理土地和房产提供可靠的图纸与数据资料，并为国家对房地产的合理税收提供依据。铁路、公路在建造之前，为了确定一条最经济、最合理的路线，事先必须进行该地带的测量工作，由测量的成果绘制带状地形图，在地形图上进行线路设计，然后将设计路线的位置标定在地面上，以便进行施工；在路线跨越河流时，必须建造桥梁，在造桥之前，要绘制河流两岸的地形图，以及测定河流的水位、流速、流量和桥梁轴线长度等，为桥梁设计提供必要的资料，最后将设计的桥台、桥墩的位置用测量的方法在实地标定；路线穿过山地，需要开挖隧道，开挖之前，也必须在地形图上确定隧道的位置，并由测量数据来计算隧道的长度和方向，在隧道施工期间，通常从隧道两端开挖，这就需要根据测量的成果指示开挖方向等，使之符合设计的要求。

本书根据高等学校土木建筑类各专业测量学教学大纲编写。全书共16章，分为三大部分。第一部分共分为七章，介绍了测量实验基本原理、仪器认识和使用，重点介绍了目前已经在工程中广泛应用的测绘先进仪器全站仪和测绘先进技术全球定位系统等。第二部分共分为四章，学生在学习了理论和实验后进行野外的实际训练：地形图测绘，地形图应用，施工放样等小区域控制测量及大比例尺地形图的测图、识图和用图。第三部分共分为五章，介绍了测绘在工程实践项目施工中的应用：介绍了怎样认识施工图，建筑工程中道路、桥梁、隧道与水利施工测量以及地籍、房产、古建筑测量等内容，各专业可根据需要选用。全书对测量实训力求简单明了，主要以具体实例对测绘加以说明。

本书按照国家最新测量规范编写，力求做到简明、扼要、实用，并较多地融入当前的测绘新技术。尽管我们尽了很大的努力，但书中还可能存在缺点和错误。本书编者希望使用本教材的教师和读者多提宝贵意见。

编者

2014 年 4 月

目　录

第一部分　土木工程测量课堂实验教学

第二部分 野外综合实习测量教学

第三部分 测绘在工程实践项目施工中的应用

第一部分　土木工程测量课堂实验教学

第一章　工程测量基础知识

一、测量学的概念

测量学是研究地球的形状和大小以及确定地面点之间相对位置的科学。测量工作主要有两个方面：一是将各种现有地面物体的位置和形状，以及地面的起伏形态等，用图形或数据表示出来，为测量工作提供依据，称为测定或测绘；二是将规划设计和管理等工作形成的图纸上的建筑物、构筑物或其他图形的位置在现场标定出来，作为施工的依据，称为测设或放样。

测量学包括大地测量学、普通测量学、摄影测量学和工程测量学等四个学科。其中，大地测量学研究测定地球的形状和大小，在广大地区建立国家大地控制网等方面的测量理论、技术和方法，为测量学的其他分支学科提供最基础的测量数据和资料；普通测量学研究较小区域内的测量工作，主要是指用地面作业方法，将地球表面局部地区的地物和地貌等测绘成地形图，由于测区范围较小，可以不顾及地球曲率的影响，把地球表面当作平面对待；摄影测量学研究用摄影或遥感技术来测绘地形图，其中的航空摄影测量是测绘国家基本地形图的主要方法；工程测量学研究各项工程建设在规划设计、施工放样和运营管理阶段所进行的各种测量工作，工程测量在不同的工程建设项目中其技术和方法有很大的区别。

二、工程测量的任务

1. 测图

测图指使用测量仪器和工具，依照一定的测量程序和方法，通过测量和计算，得到一系列测量数据，或者把局部地球表面的形状和大小按一定的比例尺和特定的符号缩绘到图纸上，供规划设计部门使用，以及工程施工结束后，测绘竣工图，供日后管理、维修、扩建之用。

2. 用图

用图指识别和使用图（地形图、断面图等）的知识、方法和技能。用图是先根据图面的图式符号识别地面上地物和地貌，然后在图上进行测量。从图上取得工程建设所必需的各种技术资料，从而解决工程设计和施工中的有关问题。

3. 放样

放样是测图的逆过程。放样是将图纸上设计好的建（构）筑物按照设计要求通过测量的定位、放线、安装，将其位置和高程标定到施工作业面上，作为工程施工的依据。

4. 变形观测

对某些有特殊要求的建（构）筑物，在施工过程中和使用期间，还要测定有关部位在建筑荷载和外力作用下，随着时间而产生变形的规律，监视其安全性和稳定性，观测成果是验证设计理论和检验施工质量的重要资料。

三、工程测量的原则

测量成果的好坏，直接或间接地影响到建筑工程的布局、成本、质量与安全等，特别是施工放样，如出现错误，就会造成难以挽回的损失。而从测量基本程序可以看出，测量是一个多层次、多工序的复杂工作，在测量过程中不但会有误差，还可能会出现错误。为了杜绝错误，保证测量成果准确无误，我们在测量工作过程中必须遵循“边工作边检核”的基本原则。即在测量中，不管是外业观测、放样还是内业计算、绘图，每一步工作均应进行检核，上一步工作未作检核前不进行下一步工作。

四、工程测量的程序

工程测量时，主要就是测定碎部点的平面位置和高程。测定碎部点的位置，其程序通常分为两步。

1. 控制测量

如图 1-1 所示，先在测区内选择若干具有控制意义的点 A、B、C、…，作为控制点，以精密的仪器和准确的方法测定各控制点之间的距离 d，各控制边之间的水平夹角 β，如果某一条边（图中 AB 边）的方位角 α 和其中某一点的坐标已知，则可计算出其他控制点的坐标。另外还要测出各控制点之间的高差，设点 A 的高程为已知，则可求出其他控制点的高程。

2. 碎部测量

即根据控制点测定碎部点的位置。例如图 1-1 中在控制点 A 上测定其周围碎部点 M、N、…的平面位置和高程。应遵循“从整体到局部”、“先控制后碎部”的原则。这样可以减少误差累积，保证测图精度，而且还可以分幅测绘，加快测图进度。

图 1-1　碎部测量

上述测量工作的基本程序可以归纳为“先控制后碎部”、“从整体到局部”和“由高级到低级”。

对施工测量放样来说，也要遵循这个基本程序，先在整个建筑施工场地范围内进行控制测量，得到一定数量控制点的平面坐标和高程，然后以这些控制点为依据，在局部地区逐个进行对建(构)筑物轴线点的测设，如果施工场地范围较大时，控制测量也应由高级到低级逐级加密布置，使控制点的数量和精度均能满足施工放样的要求。

五、工程测量的要求

(1) 测量工作中的测量和计算两个环节，无论是实践操作还是计算有错，均表现在点位的确定上产生错误，因此必须做到步步有校核，一定要坚持精度标准，保证各个环节的可靠性。

(2) 测量仪器和工具是测量工作中不可缺少的生产工具，对其必须按规定的要求正确使用，精心检校和科学保养。

(3) 测量成果是集体作业的结晶，要有互相协助、紧密配合的团队精神，以及共同完成测量任务的全局观念。

六、工程测量的作用

建筑工程测量在工程建设中起着重要的作用。建筑用地的选择，道路、管线位置的确定等，都要利用测量所提供的资料和图纸进行规划设计。施工阶段需要通过测量工作来衔接，配合各项工序的施工，才能保证设计意图的正确执行。竣工后的竣工测量，为工程的验收、日后的扩建和维修管理提供资料。在工程管理阶段，对建(构)筑物进行变形观测，以确保工程的安全使用。

所以，建筑工程测量贯穿于建筑工程建设的始终，服务于施工过程中的每一个环节，并且测量的精度和进度直接影响到整个工程质量与进度。

七、工程测量常用单位

工程测量常用的角度、长度、面积的度量单位及换算关系见表 1-1～表 1-3。

表 1-1 角度单位制及换算关系表

60 进制	弧度制
1 圆周 $= 360°$ $1° = 60'$ $1' = 60''$	1 圆周 $= 2\pi$ 弧度 1 弧度 $= \frac{180°}{\pi} = 57.2958° = \rho°$ $= 3438' = \rho'$ $= 206265'' = \rho''$

表 1-2 长度单位制及换算关系表

公 制	英 制
1 km = 1 000 m 1 m = 10 dm = 100 cm = 1 000 mm	英里(mile，简写 mi)，英尺(foot，简写 ft)，英寸(inch，简写 in) 1 km = 0.621 4 mi = 3 280.8 ft 1 m = 3.280 8 ft = 39.37 in

表 1-3　面积单位制及换算关系表

公　制	市　制	英　制
$1\ km^2 = 1 \times 10^6\ m^2$ $1\ m^2 = 100\ dm^2$ $= 1 \times 10^4\ cm^2$ $= 1 \times 10^6\ mm^2$	$1\ km^2 = 1\ 500$ 亩 $1\ m^2 = 0.001\ 5$ 亩 1 亩 $= 666.666\ 666\ 7\ m^2$ $= 0.066\ 666\ 67$ 公顷 $= 0.164\ 7$ 英亩	$1\ km^2 = 247.11$ 英亩 $= 100$ 公顷 $1\ m^2 = 10.764\ ft^2$ $1\ cm^2 = 0.155\ 0\ in^2$

第二章 水准测量

教学目的

1. 掌握水准测量的原理。
2. 掌握水准仪、水准尺的结构及用法。
3. 学会高差测量及高程计算的方法，掌握水准路线测量的方法。
4. 学会水准仪的检验与校正方法。

教学重点

1. 水准测量原理。
2. 路线校核。
3. 水准仪的检验与校正方法。

教学难点

1. 路线校核。
2. 水准仪的检验与校正方法。

第一节 水准测量原理

水准测量的原理是借助水准仪提供的水平视线，配合水准尺测定地面上两点间的高差，然后根据已知点的高程来推求未知点的高程。

如图 2-1 所示，已知 A 点高程为 H_A，要测出 B 点高程 H_B，在 A、B 两点间安置一架能

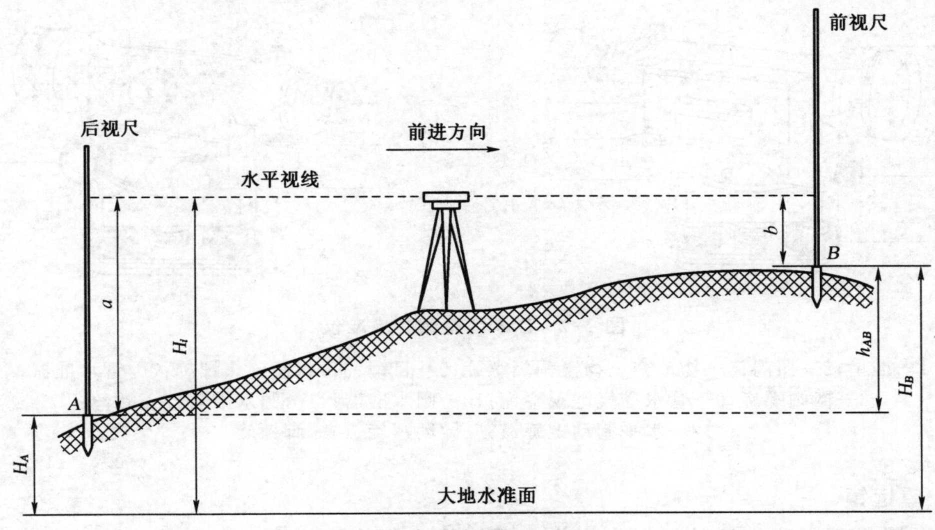

图 2-1 水准测量原理

提供水平视线的仪器——水准仪，并在 A、B 两点各竖立水准尺，利用水平视线分别读出 A 点尺子上的读数 a 及 B 点尺子上的读数 b，则 A、B 两点间的高差为

$$h_{AB} = a - b$$

如果测量是由 $A \rightarrow B$ 的方向前进，则 A 点称为后视点，B 点称为前视点，a 及 b 分别为后视读数和前视读数，两点间的高差就等于后视读数减去前视读数。如果 B 点高于 A 点，则高差为正，反之高差为负。

第二节　水准仪及其使用

水准仪是提供水平视线来测定高差的仪器，主要有微倾式水准仪、自动安平式水准仪和数字水准仪。通过调整管水准器使气泡居中获得水平视线的称为微倾式水准仪；通过水平补偿器获得水平视线的称为自动安平式水准仪；现代的数字水准仪是利用条纹码水准尺和用仪器的光电扫描进行自动读数的水准仪，其置平方式也属于自动安平式。微倾式水准仪型号有 DS05、DS1、DS3、DS10 等几种。"D"和"S"是"大地"和"水准仪"汉语拼音的第一个字母，通常在书写时可以省略字母"D"，后续的数字表示每千米水准测量的高差中数的中误差(单位mm，05 代表 0.5 mm)。如果"DS"改为"DSZ"，则表示该仪器为自动安平水准仪。表 2-1 列出了各水准仪的精度和用途。

表 2-1　各水准仪的精度和用途

水准仪系列型号	DS05	DS1	DS3	DS10
每千米往返测高差中数的中误差(mm)	±0.5	±1	±3	±10
主要用途	国家一等	国家二等及精密水准测量	国家三、四等	工程测量工程及图根水准测量

图 2-2 为 DS3 型微倾式水准仪，主要由望远镜、水准器和基座组成。

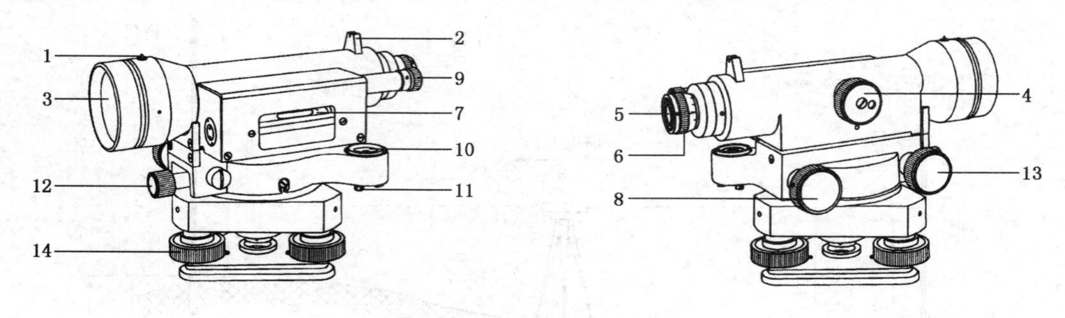

图 2-2　DS3 型微倾式水准仪

1—准星；2—照门；3—物镜；4—物镜调焦螺旋；5—目镜；6—目镜调焦螺旋；7—管水准器；8—微倾螺旋；9—管水准气泡观察窗；10—圆水准器；11—圆水准器校正螺丝；12—水平制动螺旋；13—微动螺旋；14—脚螺旋

1. 望远镜

望远镜是用于瞄准远处目标和提供水平视线进行读数的设备。它由物镜、调焦透镜、十

字丝分划板和目镜等组成，构造如图 2-3 所示。

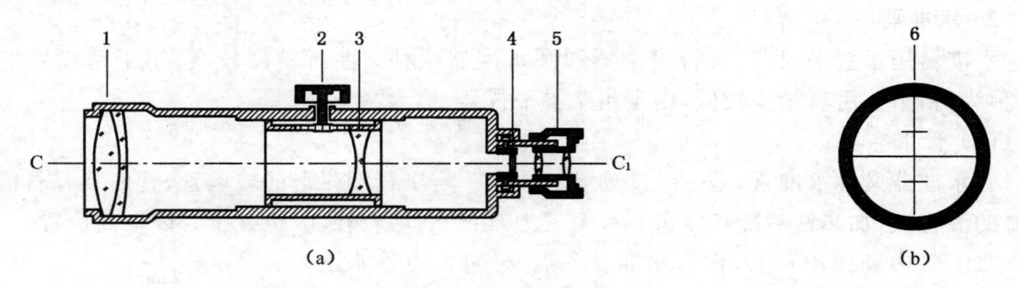

图 2-3　望远镜的构造

1—物镜；2—物镜调焦螺旋；3—物镜调焦透镜；
4—十字丝分划板；5—目镜组；6—十字丝放大

望远镜的成像原理如图 2-4 所示。望远镜所瞄准的目标 AB 经物镜及物镜调焦透镜折射后，在十字丝分划板上形成一个倒立且缩小的实像 ab；再通过目镜放大成虚像 $a'b'$，同时十字丝分划板也被放大。由图 2-4 可知，观测者通过望远镜观测虚像 $a'b'$ 的视角为 β，而直接观测目标 AB 的视角为 α，$\beta > \alpha$。由于视角放大了，观测者就感到远处的目标靠近了，目标也看得更清楚了，从而提高了瞄准和读数的精度。

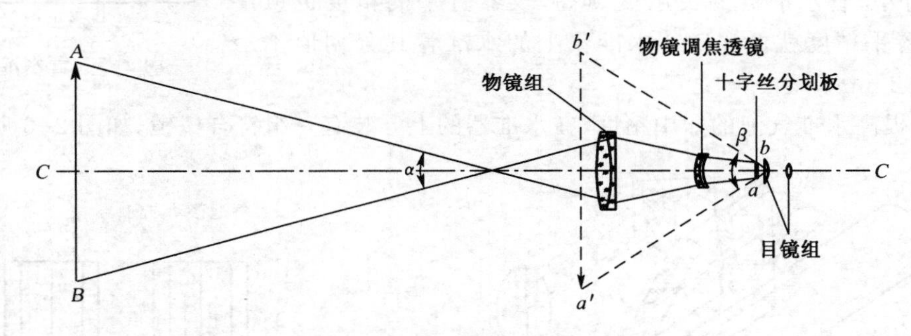

图 2-4　望远镜成像原理

故定义望远镜的放大率为 $V = \beta/\alpha$。一般要求 DS3 水准仪望远镜的放大率不小于 28 倍。

十字丝分划板的结构如图 2-3(b)所示，它是在一直径约为 10 mm 的光学玻璃原片上刻划出三根横丝和一根垂直于横丝的纵丝，中间的长横丝称为中丝，用于读取水准尺上读数；上、下两个较短的横丝称为上丝和下丝，上、下丝总称视距丝，用来测定水准仪至水准尺的距离(视距)。物镜与十字丝分划板之间的距离是固定不变的，而望远镜所瞄准的目标有远有近，目标发出的光线通过物镜后，在望远镜内所成实像的位置随目标离仪器的远近而改变。因此，需要旋转物镜调焦螺旋，使目标实像与十字丝平面重合。但有时观测者的眼睛在目镜端上、下微微移动时，会发现目标的实像与十字丝平面之间有相对移动，这种现象称为视差。如有视差，就会影响读数的正确性，因此必须消除视差。

消除视差的方法如下：先旋转目镜调焦螺旋，使十字丝清晰，称为“目镜调焦”；然后转动物镜调焦螺旋，使目标像清晰，称为“物镜调焦”；当观测者眼睛在目镜端作上、下微微移动，发现目标与十字丝平面之间没有相对移动，则表示视差已消除；否则重复以上操作，直至完全消除视差。

2. 水准器

水准器用于置平仪器，有管水准器和圆水准器两种。前者精度较高，用于精确置平仪器，称为“精平”；后者精度较低，用于粗略置平仪器，称为“粗平”。

(1) 管水准器

管水准器又称水准管，是一纵向内壁磨成有一定半径圆弧形的玻璃管，管内装有酒精和乙醚的混合液，加热密封冷却后留有一个气泡，由于气泡较轻，故恒处于管内最高位置。

水准管内圆弧中点 O，称为水准管零点，通过零点作水准管圆弧的切线 LL，称为水准管轴。当水准管的气泡中点与水准管零点重合时，称为气泡居中，这时水准管轴 LL 也处于水平位置，如图 2-5 所示。

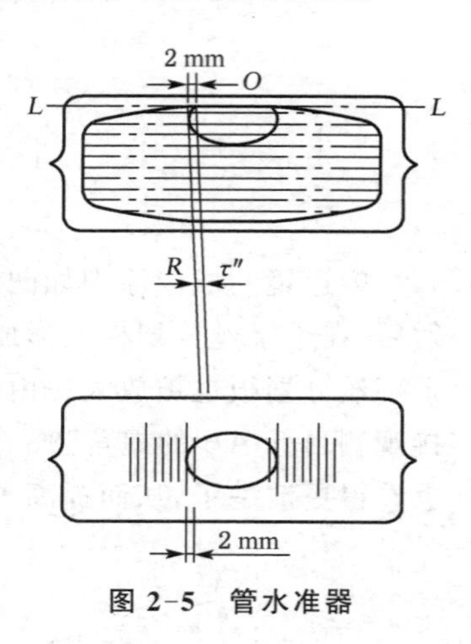

图 2-5　管水准器

在管水准器的外表面，对称于零点的左右两侧，有 2 mm 间隔的分划线。定义水准管上两相邻分划线间的圆弧(2 mm)所对的圆心角 τ''，称为水准管分划值，又称“灵敏度”。用公式表示为：$\tau'' = 2\rho''/R$。式中：ρ''——1 弧度所对应的角度秒值，$\rho'' = 206\,265''$；R——水准管圆弧半径(mm)。显然，R 愈大，τ'' 愈小，管水准器的灵敏度愈高，仪器置平的精度也愈高，反之置平精度就低。DS3 水准仪上的水准管其分划值不大于 $20''/2$ mm。

为了提高水准气泡的居中精度，在水准器的上方装有一组符合棱镜，如图 2-6 所示。

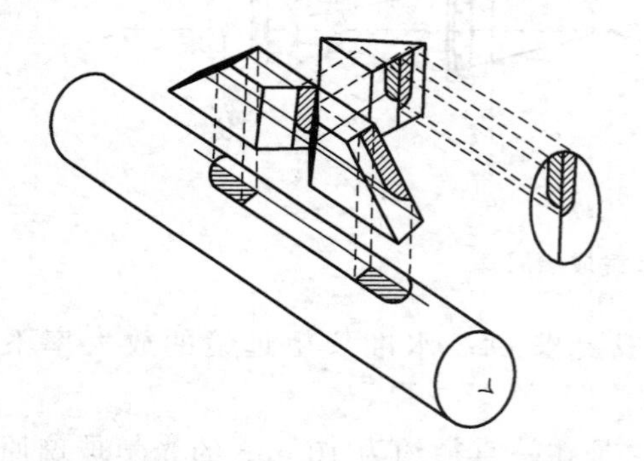

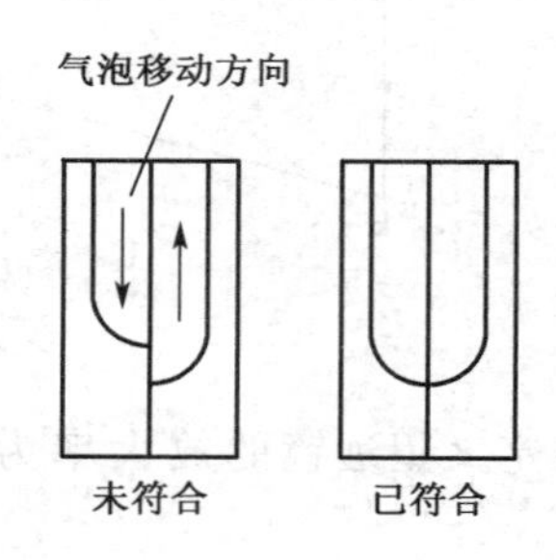

图 2-6　管水准器与符合棱镜

通过这组棱镜的折光作用，将气泡两端的映像反映在望远镜旁的管水准气泡观察窗内。当窗内看到气泡两端的两个半像对齐，表示气泡居中。如果两个半像错开，则表示气泡未居中，此时可转动望远镜微倾螺旋，使气泡两端的像重合，使仪器精确置平。这种配有符合棱镜的水准器，称为符合水准器，它可以提高气泡居中的精度。

(2) 圆水准器

圆水准器的内表面磨成球面，顶面中央刻有一个小圆圈，其圆心 O 称为圆水准器的零点，通过零点 O 的法线 LL' 称为圆水准轴，如图 2-7 所示。由于它与仪器的旋转轴(竖轴)平行，所以当气泡居中时，表示仪器的竖轴

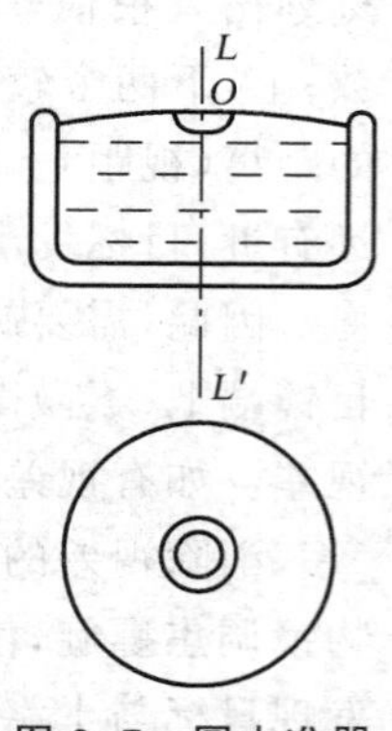

图 2-7　圆水准器

已经处于铅垂线位置。一般圆水准器的分划值约为 8′/2 mm,其灵敏度较低,只能用于初步整平仪器(粗平)。

3. 基座

基座的作用是支承仪器的上部,用连接螺旋将仪器与三脚架相连。它由轴套、脚螺旋和三角底板构成,调节脚螺旋的高度可使圆水准器气泡居中,达到仪器初步整平的目的。

第三节　水准尺、尺垫和三脚架

水准尺一般用优质木材、玻璃钢或铝合金制成,长度为 2～5 m,根据尺形分为直尺、折尺和塔尺,如图 2-8 所示。其中直尺又分为单面分划(单面尺)和双面分划(双面尺)两种。

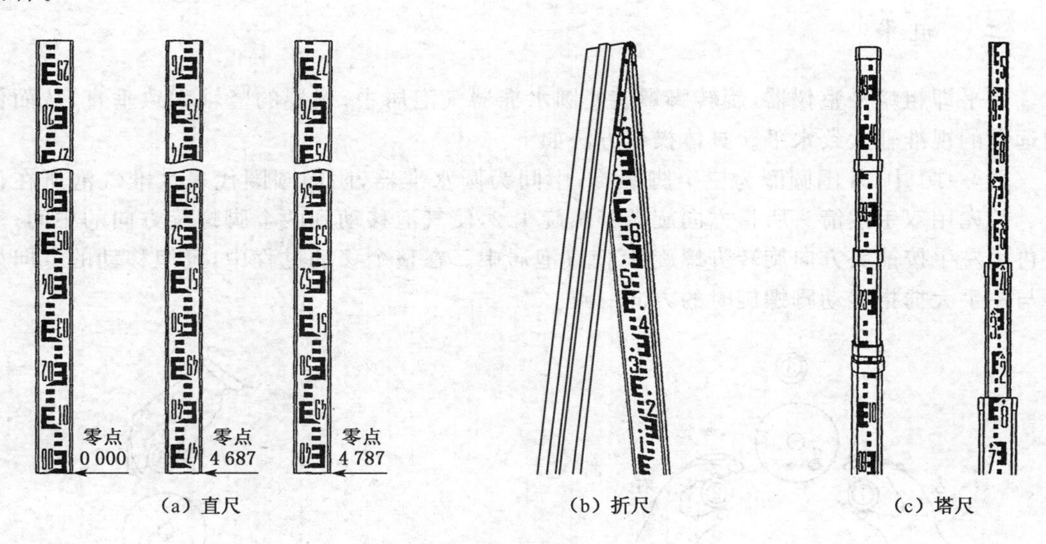

(a) 直尺　　(b) 折尺　　(c) 塔尺

图 2-8　水准尺

水准尺的尺面上每隔 1 cm 有黑白或红白相间的分划,每分米处注有分米数,其数字有正和倒两种,分别与水准仪的正像望远镜或倒像望远镜配合使用。

双面水准尺多用于三、四等水准测量,一面为黑、白分划,称为黑面尺,另一面为红、白分划,称为红面尺,双面尺要成对使用。双面尺的黑色面起始数字是从零开始,而红色面的起始数字为 4 687 mm 或 4 787 mm,此固定数值称为零点差。水平视线在同一根水准尺上的黑面与红面的读数之差等于双面尺的零点差,可作为水准测量读数的检核。

图 2-9　尺垫

尺垫一般由生铁铸成三角形,中间有一突起的半球体,下方有三个支脚,使用时将支脚牢固地踩入土中,以防下沉,水准尺竖立于半球形顶点处。如图 2-9 所示。

三脚架是水准仪的附件,用以安置水准仪,使用时用中心连接螺旋与仪器固紧。

第四节　水准仪的使用

水准仪的使用包括安置、粗平、瞄准、精平、读数等步骤。

一、安置

在安置水准仪之前，应先将三脚架等距分开，3 个脚尖在地面的位置大致成等边三角形，调节好三脚架的高度并使架头大致水平；然后取出水准仪平稳地安放在三脚架头上，一手握住仪器，一手将三脚架上的连接螺旋旋入仪器基座的中心螺孔内，防止仪器从三脚架头上摔下来。

二、粗平

粗平即粗略平整仪器，旋转脚螺旋使圆水准器气泡居中，仪器的竖轴大致垂直，从而使望远镜的视准轴大致水平。具体操作方法如下：

图 2-10 中，外围圆圈为三个脚螺旋，中间为圆水准器，阴影圆圈代表水准气泡所在位置。首先用双手按箭头所指方向旋转脚螺旋 1、2，使气泡移动到两个脚螺旋方向的中间；然后再用左手按箭头方向旋转脚螺旋 3，使气泡居中。在整个移动过程中，气泡移动的方向始终与左手大拇指转动脚螺旋时的方向一致。

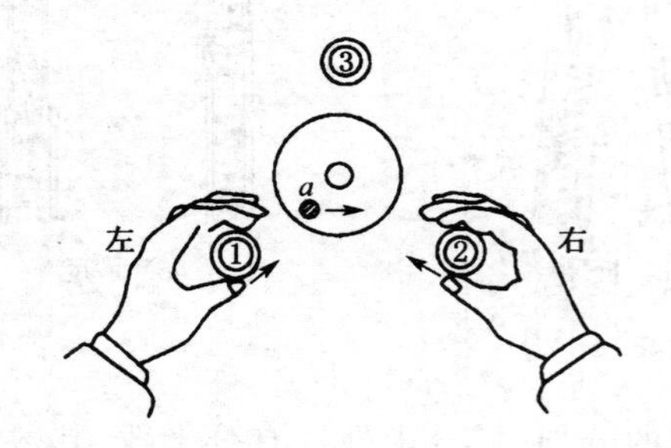

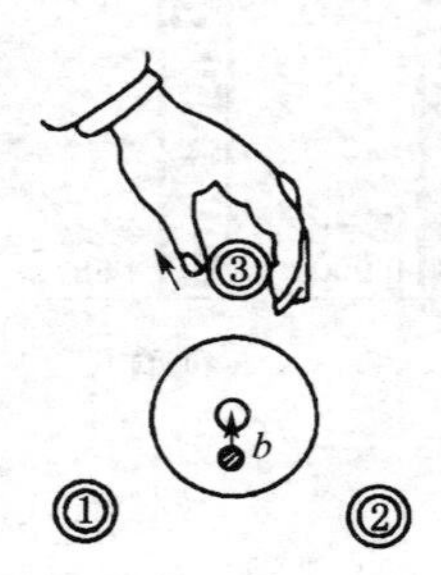

图 2-10　圆水准器整平

三、瞄准

先将望远镜对向明亮的背景，旋转目镜调焦螺旋使十字丝清晰；松开制动螺旋，转动望远镜，利用望远镜上方的缺口照准水准尺；拧紧制动螺旋，旋转物镜调焦螺旋，看清水准尺；利用水平微动螺旋，使十字丝竖丝瞄准尺子的边缘或中央，如图 2-11 所示，检查水准尺是否倾斜，同时观测者的眼睛在目镜上下微动，检查是否存在视差；消除视差，直至水准尺成像在十字丝分划板上且十分清晰。

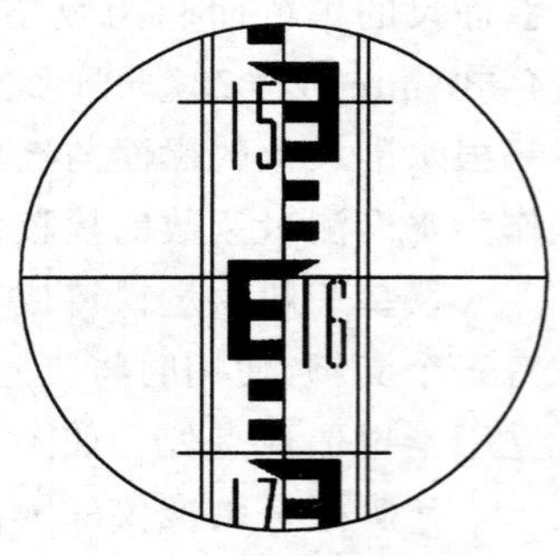

图 2-11　水准尺瞄准与读数

四、精平

精平是旋转水准仪的微倾螺旋，使水准管气泡严格居中，从而使望远镜的视准轴处于精确的水平位置。有符合棱镜的水准管，可以在水准管气泡观察镜中看到两个气泡影像是否吻合。如不吻合，再慢慢旋转微倾螺旋直至完全吻合为止。

五、读数

水准仪精平后，应立即按十字丝的中丝读取水准尺上的读数。对于倒像望远镜，读数时应从上往下读。观测者应先估读水准尺上毫米数，然后读出米、分米及厘米值，一般读出四位数。如图 2-11，水准尺中丝读数为 1.608 m，其中末位 8 是估读的毫米数，也可记为 1 608 mm。

第五节　微倾式水准仪的检验与校正

一、水准仪的轴线及其应满足的几何条件

如图 2-12 所示，水准仪的主要轴线有视准轴 CC、管水准器轴 LL、圆水准器轴 $L'L'$ 和竖轴 VV。根据水准测量原理，水准仪必须提供一条水平视线，才能正确地测出两点间的高差。为此，水准仪轴线应满足以下几何条件：

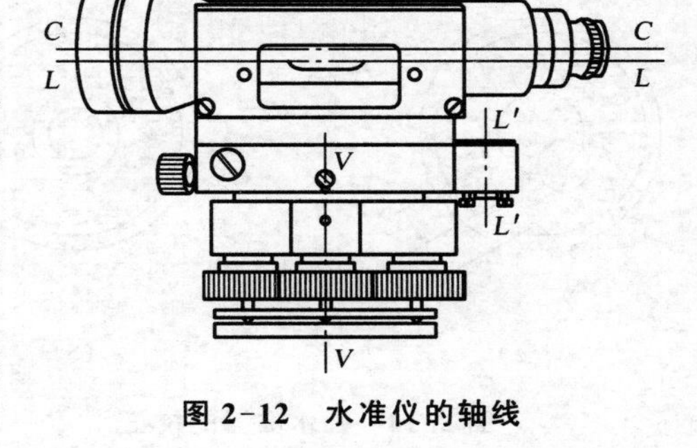

图 2-12　水准仪的轴线

(1) 圆水准器轴 $L'L'$ 应平行于仪器的竖轴 $VV(L'L' /\!/ VV)$。

(2) 十字丝分划板的横丝应垂直于仪器的竖轴。

(3) 水准管轴 LL 应平行于视准轴 $CC(LL /\!/ CC)$。

二、水准仪的检验与校正

1. 圆水准器的检验与校正

(1) 检验

检验的目的是保证圆水准器轴 $L'L'$ 平行于仪器竖轴 VV。

首先安置水准仪后，转动脚螺旋使圆水准器气泡居中，此时圆水准器轴 $L'L'$ 处于竖直位置。如图 2-13(a)所示，若仪器竖轴 VV 与 $L'L'$ 不平行，且交角为 α，则竖轴与竖直位置之间便偏差了 α 角。将仪器绕竖轴 VV 旋转 180°，如图 2-13(b)所示，此时位于竖轴左边的圆水准器轴 $L'L'$ 不但不竖直，而且与铅垂线的交角为 2α，显然气泡不居中，则表示仪器不满足 $L'L' /\!/ VV$ 的几何条件，需要进行校正。

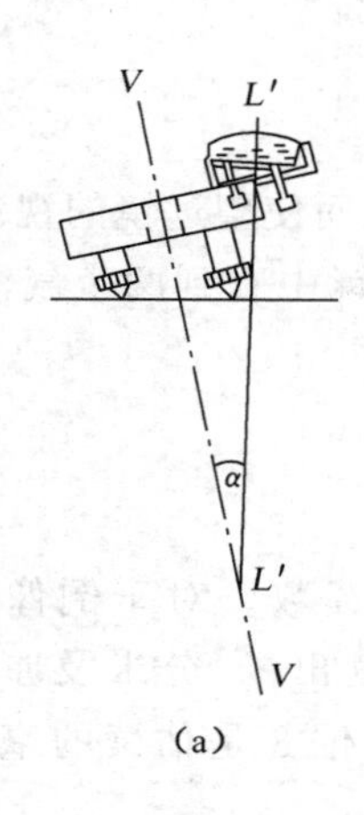

(a)

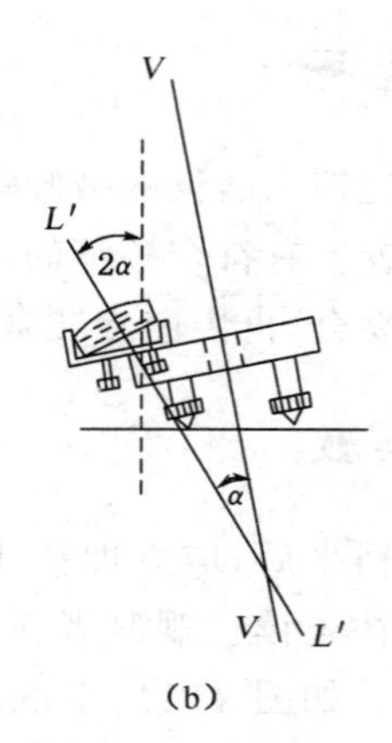

(b)

图 2-13　圆水准器检验方法

(2) 校正方法

旋转脚螺旋使气泡中心向圆水准器的零点移动偏距的一半，如图 2-14(a)所示。然后用校正针拨转圆水准器下的三个校正螺丝，如图 2-15 所示，使气泡中心移动到圆水准器的零点，如图 2-14(b)所示。之后再将仪器绕竖轴旋转 180°，如果气泡中心与圆水准器的零点重合，则校正完毕，否则还需要重复前面的工作。校核完毕后，勿忘旋紧固定螺丝。

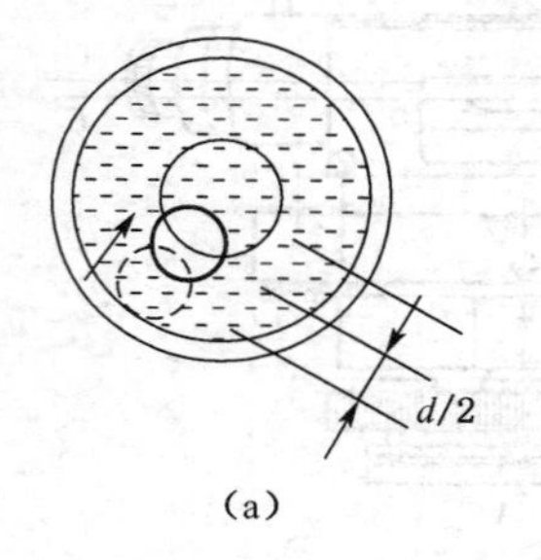

(a)

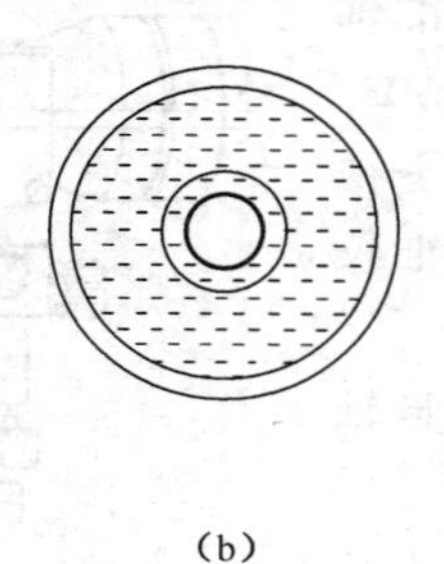
(b)

图 2-14　圆水准器的校正

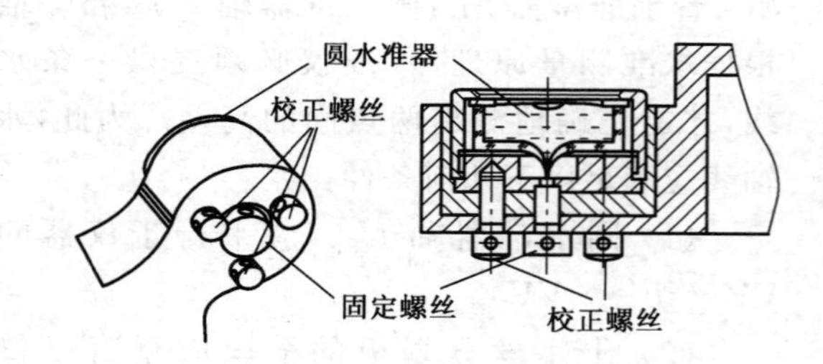

图 2-15　圆水准器的校正螺丝

2. 十字丝的检验与校正

(1) 检验

检验目的是保证十字丝横丝垂直于仪器竖轴 VV。

首先整平水准仪后，用十字丝横丝对准一个明显的点状目标 P，如图 2-16(a)所示，固定制动螺旋，转动水平微动螺旋。如果目标点 P 沿横丝移动，如图 2-16(b)所示，则说明横丝垂直于竖轴 VV，不需要校正。否则，如图 2-16(c)和(d)所示，则需要校正。

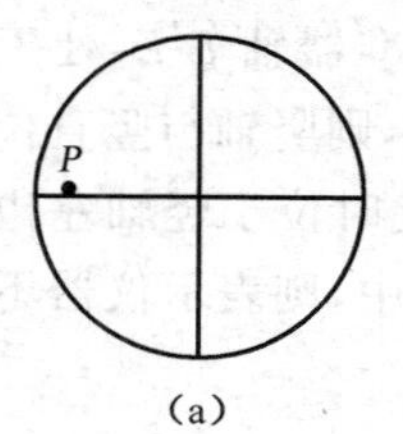

(a)

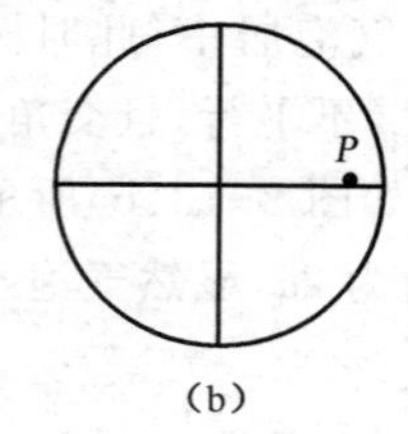

(b)

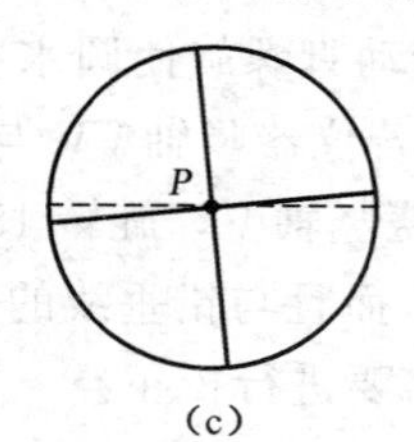

(c)

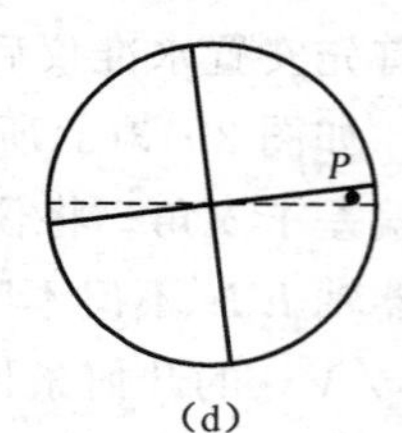

(d)

图 2-16　十字丝的检验

（2）校正方法

旋下目镜处的十字丝环外罩，用螺丝刀旋开十字丝环的四个压环螺丝，如图 2-17 所示，按横丝倾斜的反方向转动校正十字丝环，再进行检验。如果 P 点始终在横丝上移动，则表示横丝已经水平，最后旋紧四个压环螺丝。

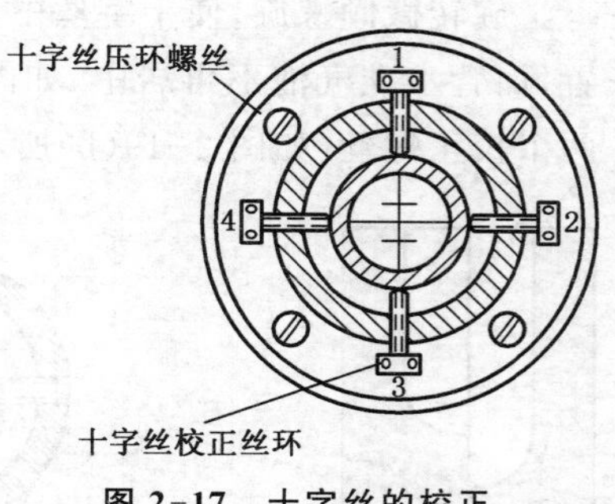

图 2-17　十字丝的校正

3. 管水准器的检验与校正

（1）检验

检验目的是保证望远镜视准轴 CC 平行于水准管轴 LL。设水准管轴不平行于视准轴，它们在竖直面内投影之夹角为 i，称为 i 角误差，如图 2-18 所示。当水准管气泡居中时，视准轴相对于水平方向向上或向下倾斜了 i 角，则在水准尺上的读数偏差 Δ 会随着水准尺离水准仪越远而引起的读数误差越大。如果水准仪至水准尺的前后视距相等，即使存在 i 角误差，但在前后视距读数上的偏差 Δ 也相等，则所求高差不受影响。若前后视距的差距增大，则 i 角误差对高差的影响也会随之增大。

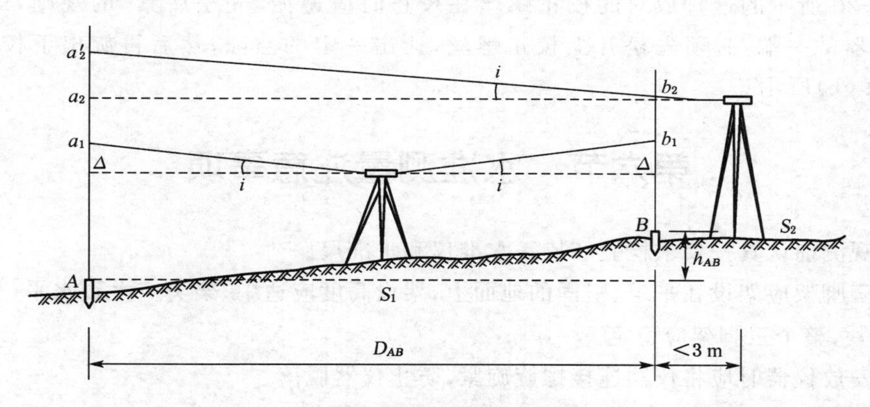

图 2-18　管水准器轴平行于视准轴的检验

检验方法如下：

① 检验时，在 S_1 处安置水准仪，从仪器向两侧各量 40 m，定出等距离的 A、B 两点，打下木桩或安置尺垫标志。

② 在 S_1 处精确测定 A、B 两点的高差 h_{AB}，$h_{AB}=(a_1-\Delta)-(b_1-\Delta)=a_1-b_1$。为了保证观测的正确性可用两次仪器高法测定高差 h_{AB}，若两次测出的高差之差不超过 3 mm，则取平均值 h_{AB} 作为最后结果。

③ 安置水准仪于 B 点附近的 S_2 处，离 B 点 3 m 左右，精平仪器后测得 B 点水准尺上读数为 b'_2，再测得 A 点水准尺上读数为 a'_2，则 A、B 两点的高差为 h'_{AB}，$h'_{AB}=a'_2-b'_2$。

若 $h_{AB}=h'_{AB}$，则表明水准管轴平行于视准轴，几何条件满足。若 $h_{AB}\neq h'_{AB}$，则说明存在 i 角误差，其值为：$i=(a'_2-a_2)\cdot\rho/D_{AB}$，式中，$\rho=206\ 265''$。

对于 DS3 微倾式水准仪，i 角值绝对值不大于 20″，如果超限，则需要校正。

(2) 校正

旋转微倾螺旋,使十字丝中丝对准 A 点尺上的正确读数 a_2,此时,视准轴已处于水平位置,而管水准气泡不再居中,如图 2-19(a)所示。可以用校正针拨动管水准器一端的上、下两个校正螺丝(如图 2-19(b)所示),使之符合水准气泡严密居中。

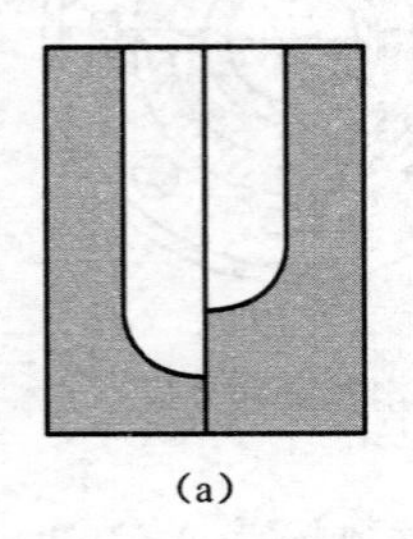

(a)

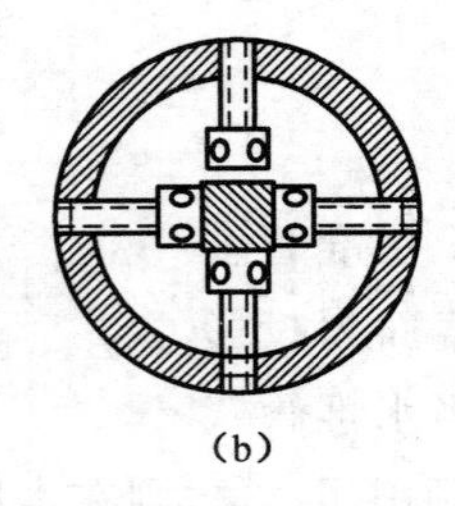

(b)

图 2-19　水准管校正螺丝转动规则

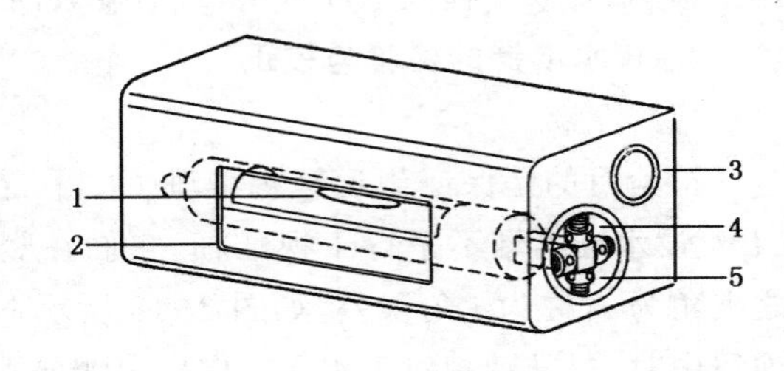

图 2-20　水准管校正螺丝

1—水准管;2—水准管照明窗;3—气泡观察窗;
4—上校正螺丝;5—下校正螺丝

图 2-20 所示的这种成对的校正螺丝在校正时应遵循"先松后紧"的规则,即如要降低管水准器的一端,必须先松开上校正螺丝,让出一定的空隙,然后再旋出下校正螺丝,如图 2-19(b)所示。

第六节　水准测量注意事项

(1) 观测前认真按要求检验和校正水准仪和水准尺。

(2) 三脚架应架设在平坦、坚固的地面上,架设高度应适中,架头应大致水平,架腿制动螺旋应旋紧,整个三脚架应稳定。

(3) 安放仪器时应将仪器连接螺旋旋紧,防止仪器脱落。

(4) 水准仪至前、后视水准尺的视距尽可能相等,每次读数前必须注意消除视差,习惯用瞄准器寻找和瞄准,操作时细心认真,做到人不离开仪器。

(5) 立尺时应双手扶尺,以使水准尺保持竖直,并注意保持尺上圆气泡居中。

(6) 读数时不要忘记精平,读数应迅速、准确,特别是应认真估读毫米数。

(7) 做到边观测、边记录、边计算,记录时使用铅笔。字体要端正、清楚,不准连环涂改,不准用橡皮擦改,如按规定可以改正时,应在原数字上划线后再在上方重写。

(8) 每站应当场计算,检查符合要求后才能搬站。搬站时先检查仪器连接螺旋是否旋紧,一手扶托仪器,一手握住三脚架稳步前进。

(9) 搬站时,应注意保护好原前视点尺垫位置不被碰动。

(10) 发现异常问题应及时向指导老师汇报,不得自行处理。

第七节　自动安平水准仪

自动安平水准仪的结构特点是没有管水准器和微倾螺旋,而只有一个圆水准器进行粗略整平。当圆水准器气泡居中后,仪器视线仍有微小倾斜,但可借助仪器内的自动安平补偿器,使视准轴在数秒中内自动成水平状态,从而读出水准尺的读数,省略了精平过程,从而提高了观测速度和精度。图 2-21 为 DS_{30} 自动安平水准仪。

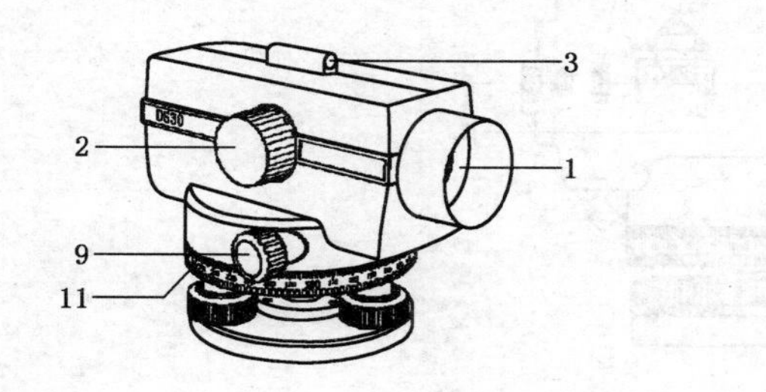

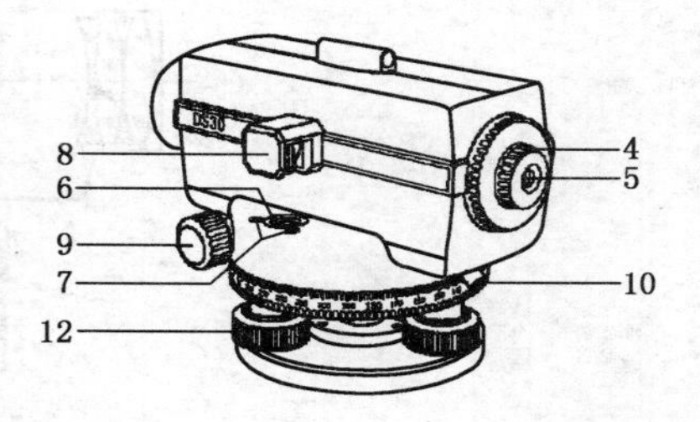

图 2-21 自动安平水准仪

1—物镜;2—物镜调焦螺旋;3—瞄准器;4—目镜调焦螺旋;5—目镜;6—圆水准器;
7—圆水准器校正螺丝;8—圆水准器反光镜;9—微动螺旋;
10—补偿器检测按钮;11—水平度盘;12—脚螺旋

一、视线自动安平原理

视线自动安平原理如图 2-22 所示。当视准轴水平时在水准尺上读数为 a,因为没有管水准器和微倾螺旋,在使用圆水准器将仪器粗平后,视准轴相对于水平面有一微小的倾角 α。如果没有补偿器,此时在水准尺上的读数为 a';当物镜与目镜之间设置有补偿器后,使通过物镜光心的光线全部偏转 β 角,成像于十字丝中心。由于 α 和 β 都是很小的角度,当下式成立时,就能达到补偿的目的。

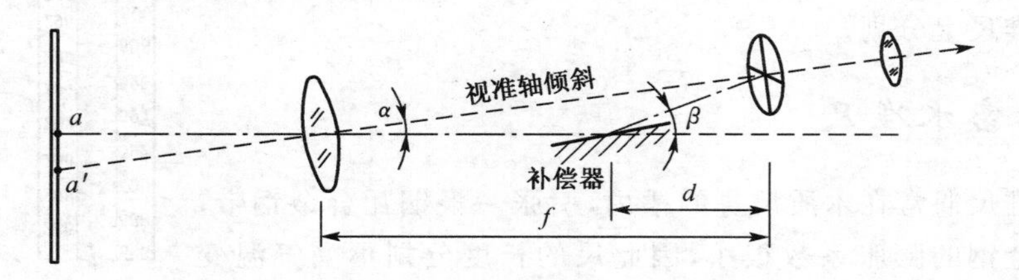

图 2-22 视线自动安平原理

$$f \cdot \alpha = d \cdot \beta$$

式中:f——物镜到十字丝分划板的距离;

d——补偿器到十字丝分划板的距离。

二、自动安平水准仪结构

水准仪内置自动安平补偿器的种类很多,常用的是采用吊挂光学棱镜的方法,借助重力的作用达到视线自动补偿的目的。图 2-23 为该类自动安平水准仪的结构示意图,其补偿器是由一套调焦透镜和十字丝分划板之间的棱镜组成的。其中屋脊棱镜固定在望远镜筒内,下方用交叉的金属丝吊挂着两个直角棱镜,悬挂的棱镜在重力的作用下，能与望远镜作相对的转动。

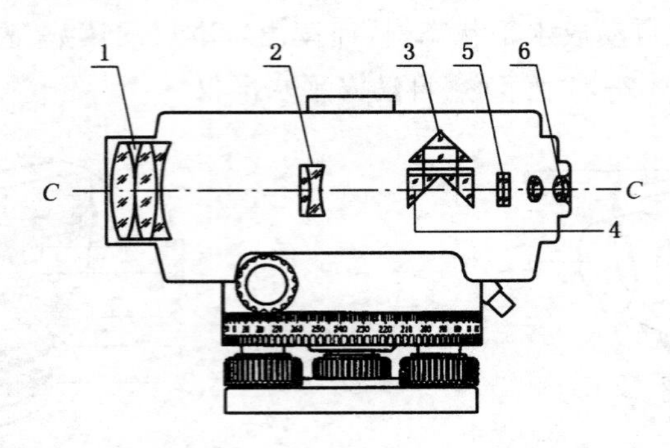

图 2-23　自动安平水准仪结构示意图

1—物镜；2—物镜调焦透镜；3—补偿器棱镜组(屋脊棱镜)；
4—补偿器棱镜组(悬挂棱镜)；5—十字丝分划板；6—目镜

第八节　精密水准仪简介

精密水准仪和精密水准尺主要用于高精度的国家一、二等水准测量以及精密工程测量中，例如，构(建)筑物的沉降观测、大型精密设备安装和大桥施工测量等测量工作。

我国将精度等级为 DS_{05}、DS_1 的水准仪称为精密水准仪。与 DS_3 普通水准仪比较，其望远镜的放大率大、分辨率高，如规范要求 DS_1 不小于 38 倍，DS_{05} 不小于 40 倍；管水准器分划值为 10″/2 mm，精平精度高；采用平板玻璃测微器读数，读数误差小；配备精密水准尺；望远镜十字丝横丝刻成楔形丝，有利于准确地夹准水准尺上分划。

一、精密水准尺

精密水准尺通常在木质尺身的槽内，引张一根铟瓦合金钢带，由于这种合金钢的膨胀系数很小，因此尺的长度分划不受气温变化的影响。为了不使铟瓦合金钢带受尺身伸缩变形的影响，以一定的拉力将其引张在尺身上。长度分划在带上，数字注记在木尺上，水准尺的分划为线条式，其分划值有 10 mm 和 5 mm 两种，如图 2-24 所示。10 mm 分划的水准尺有两排分划，如图 2-24(a)所示，右边的一排注记为 0～300 cm，称为基本分划；左边的一排注记为 300～600 cm，称为辅助分划。同一高度线的基本分划和辅助分划的读数差为常数 301.55 cm，称为基辅差或称尺常数，在水准测量中用以检查读数中可能存在的误差。5 mm 分划的水准尺只有一排分划，如图 2-24(b)所示，左边是单数分划，右边是双数分划；右边注记是米数，左边注记是分米数；分划注记值比实际长度大一倍，因此，用这种水准尺读数应除以 2 才代表实际的视线高度。

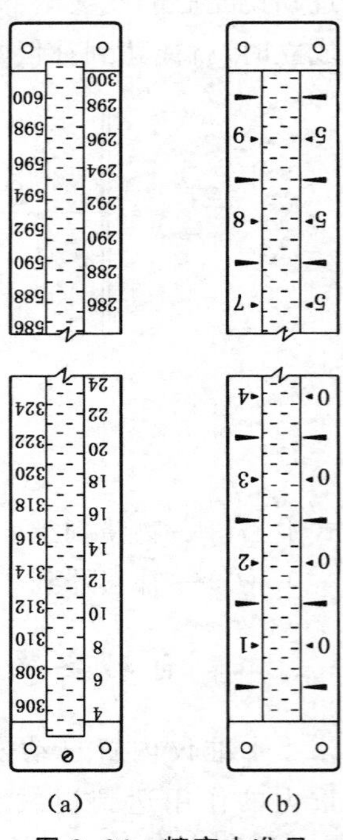

图 2-24　精密水准尺

二、国产 DSZ2 自动安平精密水准仪及其读数原理

图 2-25 为苏州一光仪器有限公司生产的 DSZ2 自动安平精密水准仪，各部件的名称见图中注记。仪器补偿器的工作范围为±14″，视线安平精度为±0.3″，安装平板玻璃测微器 FS1 时，每千米往返测高差中数的中误差为±0.5 mm，可用于国家二等水准测量。其使用方法与一般水准仪基本相同，操作可分为安置、粗平、瞄准、读数几个步骤。

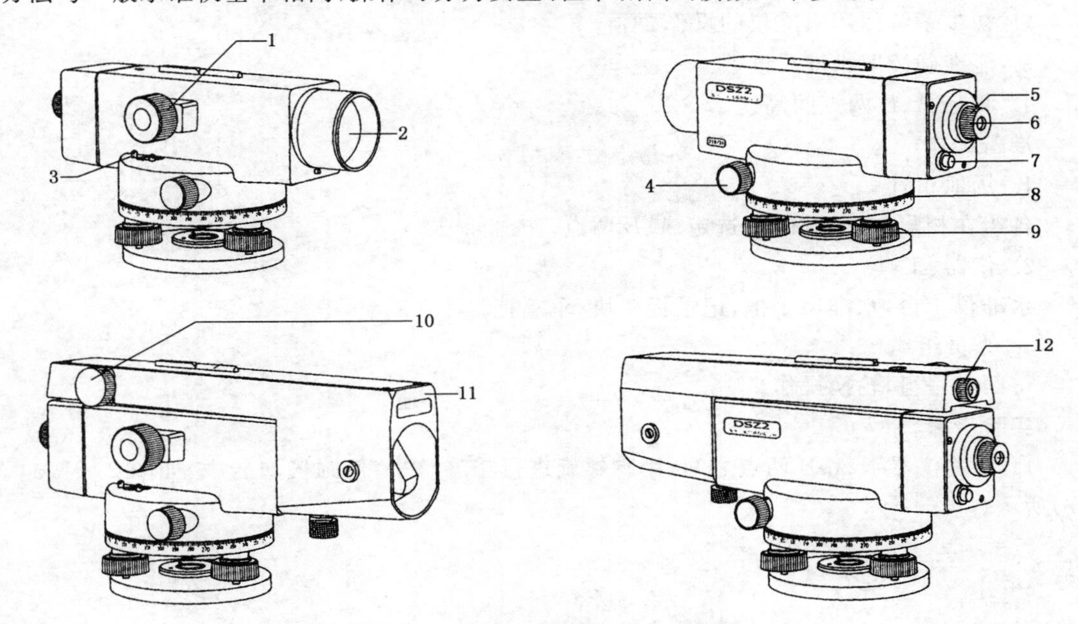

图 2-25　DSZ2 自动安平精密水准仪

1—物镜调焦螺旋；2—望远镜物镜；3—圆水准器；4—无限位水平微动螺旋；5—目镜调焦螺旋；6—目镜；7—补偿器按钮；8—水平度盘；9—脚螺旋；10—测微螺旋；11—FS1 玻璃测微器；12——测微读数窗

不同之处是需用光学测微器测出不足一个分划的数值，即在仪器精平后，十字丝横丝不恰好对准水准尺上某一整数分划线，此时需要转动测微螺旋使视线上、下平移，让十字丝的楔形丝正好夹住一条整分划线。图 2-26 为望远镜目镜视场及测微器显微镜视场。楔形丝夹住的基本分划读数为 148 cm，测微尺上的读数为 0.515 cm，则全读数为 148 + 0.515 = 148.515 cm = 1.485 15 m。

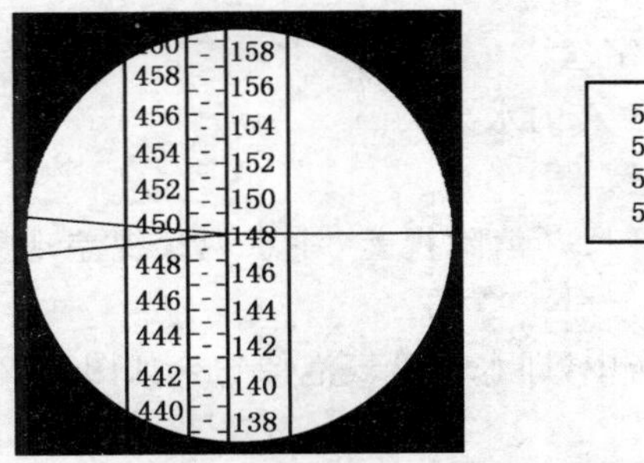

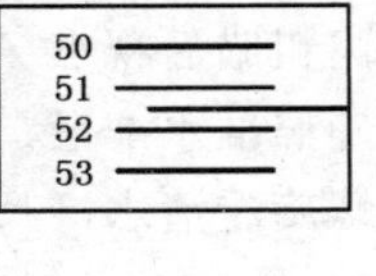

图 2-26　望远镜目镜视场及测微器显微镜视场

第九节　实验项目

一、水准仪使用

目的要求

1. 认识水准仪的基本构造，了解各部件的功能。

2. 初步了解使用水准仪的操作要领。

3. 能准确读取水准尺读数。

4. 测定 A、B 两点间高差。

准备工作

1. 场地布置

各组在相隔 30～40 m 处选定 A、B 两点，作出标记。

2. 仪器、工具

水准仪 1 台，水准尺 1 把，记录板 1 块，伞 1 把。

3. 人员组织

每四人一组，轮换操作。

实验步骤

1. 安置仪器于 A、B 两点之间，用脚螺旋进行粗略整平；使圆气泡居中，如图 2-27(a)、(b)所示。

图 2-27

2. 认出下列部件，了解其功能和使用方法：

(1)准星和照门；(2)目镜调焦螺旋；(3)物镜调焦螺旋；(4)水准管；(5)制动、微动螺旋；(6)微倾螺旋。

3. 转动目镜调焦螺旋，看清十字丝。

4. 利用准星和照门粗瞄后视点 A 的水准尺。

5. 利用十字丝精确照准水准尺。

6. 转动物镜调焦螺旋看清水准尺并消除视差，注意观察视差现象和消除视差的方法。

7. 用微倾螺旋调水准管气泡居中，即水准管气泡像吻合如图 2-28 所示。

8. 读取后视读数，并记人手簿。

9. 仿照 4～8 项读数 B 点的前视读数。

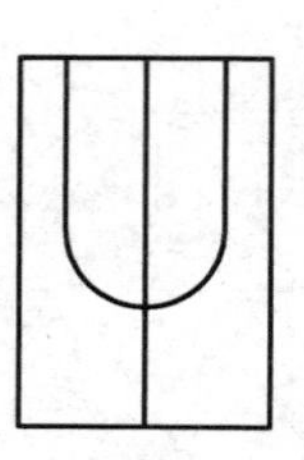

图 2-28

注意事项

1. 三脚架要安置稳妥，高度适中，架头接近水平，架腿螺旋要旋紧。

2. 读数时应以中横丝读取，由小往大数。

二、水准测量

目的要求

1. 根据水准点测算待定点的高程。

2. 熟悉闭合水准路线的施测方法。

3. 高差闭合差应 $\leqslant \pm 12\sqrt{n}$ mm。

准备工作

1. 场地布置

选一适当场地，根据组数在场地一端每组选一水准点并编号，其高程可假定为一整数，如 5 m；在场地另一端每组钉一木桩另行编号，作为高程待定点。由水准点到待定点的距离，以能安置 3～4 站仪器为宜。具体测量路线由教师事前向各实验小组布置。

2. 仪器、工具

水准仪 1 台，水准尺 2 把，记录板 1 块，尺垫 2 块，伞 1 把。

3. 人员组织

每四人一组，立尺 2 人，观测 1 人，记录 1 人，轮换操作。

实验步骤

1. 安置水准仪于距水准点 BMA 与转点 BM101 大约等距离处，在水准点上立尺，读取后视读数，在转点 BM101 上立尺，读取前视读数，记入手簿，并计算高差。

2. 安置水准仪于距转点 BM101 与转点 BM201 大概等距离处，在转点 BM101 上读取后视读数，转点 BM201 上读取前视读数，记入手簿，并计算高差，如图 2-29 所示。

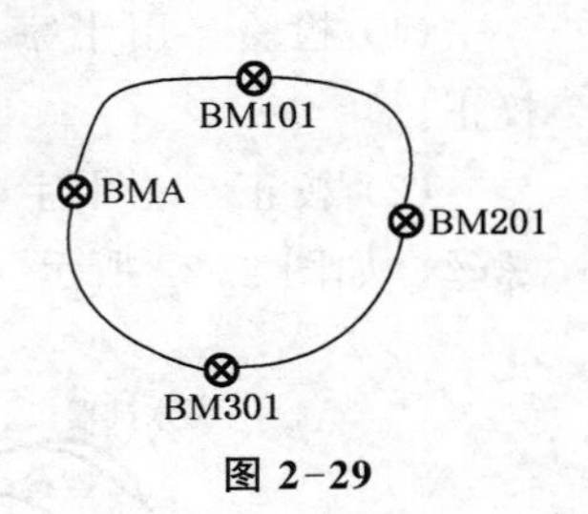

图 2-29

3. 同法继续进行，经过待定点后返回原水准点。

4. 检核计算

后视读数总和 − 前视读数总和 = 高差代数和

5. 待定点高程计算

注意事项

1. 水准点和待定点上不要放置尺垫。

2. 读完后视读数仪器不能动，读完前视读数尺垫不能动。

3. 每次读数前要调，使管水准器气泡居中。

4. 读数时，水准尺要立直。

三、水准仪检验与校正

目的要求

1. 熟悉水准仪各主要轴线之间应满足的几何条件。

2. 掌握水准仪检验与校正的操作方法。

3. 要求在弄清检校原理及校正方法的基础上完成此实验。

准备工作

1. 场地布置

选一长约 80 m 且较平坦的场地，各组仪器安置于场地中部。

2. 仪器、工具

水准仪 1 台，水准尺 2 把，尺垫 2 块，记录板 1 块，伞 1 把，校正针 1 根。

3. 人员组织

每四人一组，轮换操作。

实验步骤

1. 一般检查按实验报告所列项目进行。

2. 圆水准器轴平行于竖直轴的检验与校正。

(1) 检验　调圆水准器气泡居中，旋转 180°，若气泡偏离圆圈则需要校正。如图 2-30 所示。

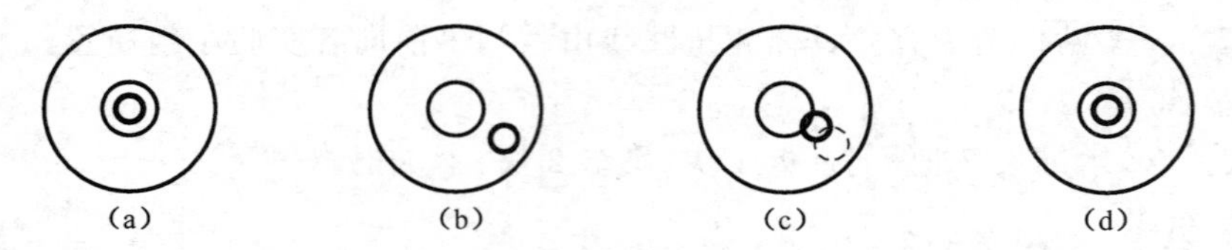

图 2-30

(2) 校正　拨圆水准器底部的校正螺丝，使气泡返回一半。如图 2-31 所示。

3. 十字丝横丝垂直于竖直轴的检验与校正。

(1) 检验　用十字丝交点照准一明细点，转动微动螺旋，若明细点离开横丝则需要校正。

(2) 校正　松十字丝网座固定螺丝，微微旋转网座，至误差不显著为止，最后拧紧固定螺丝。如图 2-32 所示。

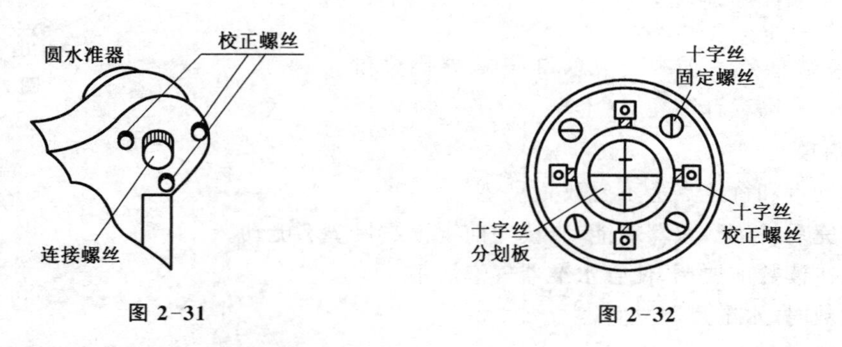

图 2-31　　图 2-32

4. 视准轴平行于水准管轴的检验与校正

(1) 检验

① 在与相距 80 m 的 A、B 两点等距离处安置仪器，并两次测得 A、B 的高差，若其差值不大于 3 mm，则取其平均值作为 A、B 的高差 h。

② 搬仪器至 A 点附近（离 A 点不小于 3 m），读 A、B 点水准尺读数，设为 a、b'，若 $a-b'$

$\neq h$，说明存在 i 角，若 $i'' = \frac{|\Delta h|}{D_{AB}} \cdot \rho'' > 20''$，则需校正。

（2）校正

① 转动微倾螺旋，使十字叉丝对准 B 尺上 $b_{应}$ 处（$b_{应} = a - h$）。

② 拨动水准管校正螺丝，使气泡居中。

注意事项

1. 拨圆水准器校正螺丝前应先松固紧螺丝，校正后再拧紧该螺丝。
2. 拨水准管校正螺丝时，要先松后紧，松紧适当。

四、电子数字水准仪的使用

目的要求

1. 了解电子数字水准仪的基本构造和性能。
2. 掌握电子数字水准仪的使用方法。

准备工作

电子数字水准仪 1 台，水准仪脚架 1 副，条形码水准尺 1 把，竹竿 2 根，记录板 1 个。

操作步骤

1. 电子数字水准仪的构造如图 2-33 所示。

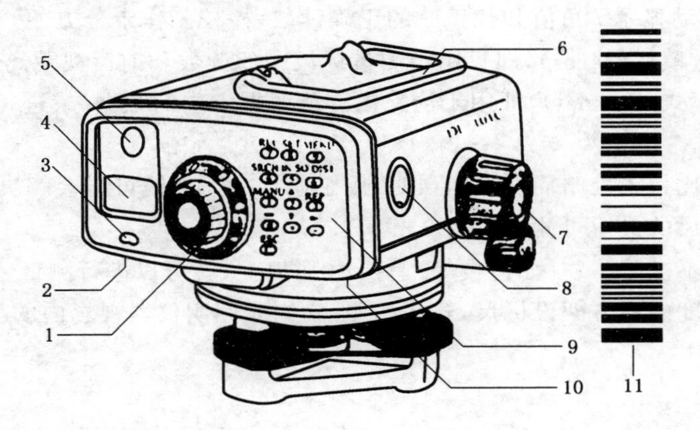

图 2-33

1—望远镜目镜；2—圆气泡调整螺丝；3—开关键(POWER)；4—显示窗；5—圆气泡窗；6—提手；7—望远镜调焦钮；8—测量钮(MEAS)；9—操作键盘；10—串行接口；11—条形码水准尺

2. 电子数字水准仪主要特点如下：

（1）它具有独立的测距功能，可方便地用于前、后视距离测量。

（2）在字母状态下，可输入数字、大小写字母及常用标点符号。

（3）具有高程放样和测量水准支点的功能。

（4）有三种线路水准测量模式，即后前前后、后后前前、后前。给定测量限差值，仪器可自动判断测量限差，超限时提示重测，能自动计算线路闭合差等。

（5）有三种记录方式：RAM 方式，直接存在仪器内部 RAM 中（128 K），可存大约2 400

组数据；RS-232C方式，即通过电缆将测量数据转存到外接计算机或用户开发的电子手簿，进行联机实时测量；OFF方式，测量结果只显示在仪器屏幕上，不进行存储。主机内存可存储约1 000个点的数据，并增加了PCMCIA卡存储功能。

（6）虽然仪器的显示屏较小，但保存在仪器内部的测量结果可在仪器上用“SRCH”键进行查阅。

（7）有多次测量自动求平均值、统计测量误差功能。

（8）当测量链不起作用时，可输入人工测量的高程和平距读数，以使线路水准测量程序能继续进行。

（9）有倒置标尺功能，适合于天花板、地下水准测量。

（10）利用图像比对进行自动读数（用条形码标尺），比人工读数精度高，且无读数误差影响。

3. 电子数字水准仪的功能主要是通过菜单操作来实现的，它有下列菜单：

（1）工具模式（Utility），即用于内存和数据卡的管理。

（2）线路测量模式（Level），即按水准测量的规则进行线路测量。它有三种线路测量模式，即后前前后、后后前前、后前。给定测量限差值，仪器自动计算线路闭合差.并判断是否超限。

（3）检校模式（Adjust），即用于水准仪 i 角的检校。校其内置程序操作，所有工作步骤都有英文提示，自动显示 i 角值和校正时的正确读数，检校工作十分方便。

（4）标准测量模式（Meas），即只用于测量标尺中丝读数和前后视距离。

（5）格式化模式（Format），即用于清除内存或数据卡中的数据，或进行初始化。

注意事项

1. 当标尺处比目镜处暗而发生错误时，用手遮挡一下目镜可能会解决这一问题。
2. 仪器到标尺的最短可测距离为2 m。
3. 只要标尺不被障碍物（如树枝等）遮挡30%以上，就可以进行测量。
4. 在足够亮度的地方架设标尺，若使用照明，则应照明仪器视场内的整段标尺。

第三章　角度测量

教学目的

1. 掌握光学经纬仪、电子经纬仪的结构及用法。
2. 掌握水平角、竖直角的测算方法。
3. 学会光学经纬仪的检验方法，一般性掌握光学经纬仪的校正方法。

教学重点

1. 光学经纬仪、电子经纬仪的结构及用法。
2. 水平角、竖直角的测算方法。
3. 光学经纬仪的检验方法与校正方法。

教学难点

光学经纬仪的校正方法。

第一节　角度的测量原理

一、水平角测量原理

水平角测量是确定地面点位的基本工作之一，空间相交的两条直线在水平面上的投影所夹的角度叫水平角。如图 3-1 所示，A、O、B 为地面上任意三点，将其分别沿垂线方向投影到水平面 P 上，便得到相应的 A_1、O_1、B_1 各点，则 O_1A_1、与 O_1B_1 的夹角 β，即为地面上 OA 与 OB 两条直线之间的水平角。

为了测出水平角的大小，设想在过 O 点的铅垂线上任一点 O_2 处，放置一个按顺时针注记的全圆量角器（相当于水平度盘），使其中心与 O_2 重合，并置成水平位置，则度盘与过 OA、OB 的两竖直面相交，交线分别为 O_2a_2 和 O_2b_2，显然 O_2a_2、O_2b_2 在水平度盘上可得到读数，设分别为 a、b，则圆心角 $\beta = b - a$，就是 $\angle A_1O_1B_1$ 的值。

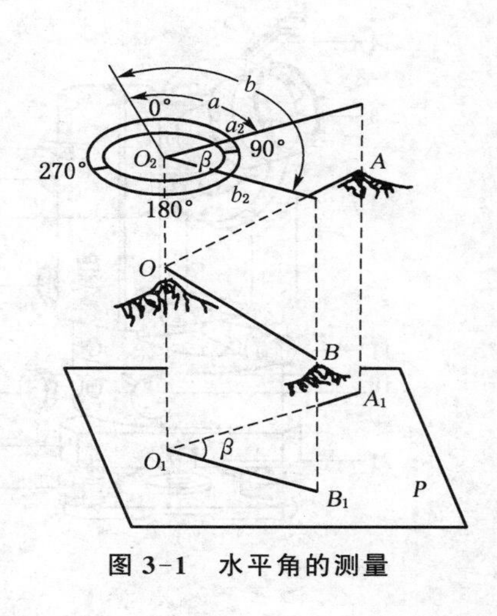

图 3-1　水平角的测量

二、竖直角测量原理

竖直角是在同一竖直面内，倾斜视线与水平线之间的夹角，简称竖角，竖直角也称倾斜角，用 θ 表示。竖直角是由水平线起算量到目标方向的角度。其角值从 0°～±90°。当视线方向在水平线之上时，称为仰角，符号为正(＋)；视线方向在水平线之下时，称为俯角，符号为负(－)，如图 3-2 所示。

在同一竖直面内，视线与铅垂线的天顶方向之间的夹角称为天顶角，也叫天顶距，用 Z 表示。天顶距的大小为 0°～180°。显然，同一方向线的天顶距和竖直角之和等于 90°。如图 3-2 中的视线 OA 的天顶角为 82°19′。

从竖直角的概念可知，它是竖直面内目标方向与水平方向的夹角。所以测定竖直角时，其角值可从竖直面内刻度盘(竖盘)上的两个方向读数之差求得。

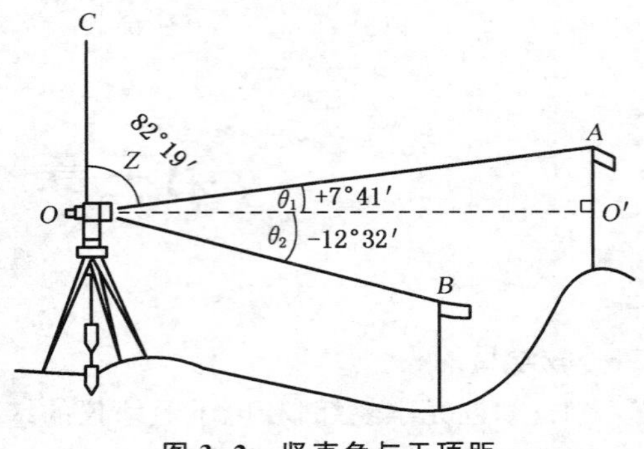

图 3-2　竖直角与天顶距

三、角度测量所用的仪器

经纬仪分为游标经纬仪、光学经纬仪和电子经纬仪。光学经纬仪的种类按精度系列可分为 DJ07、DJ1、DJ6、DJ15 和 DJ60 六个级别，其中“D”、“J”分别为“大地测量”和“经纬仪”的汉语拼音的第一个字母，数字表示仪器的精度，即一测回水平方向中误差的秒数。

第二节　DJ6 型光学经纬仪的构造

各种等级和型号的光学经纬仪，其结构有所不同，但其基本构造大致相同。光学经纬仪主要由基座、水平度盘和照准部三部分组成，如图 3-3 所示。

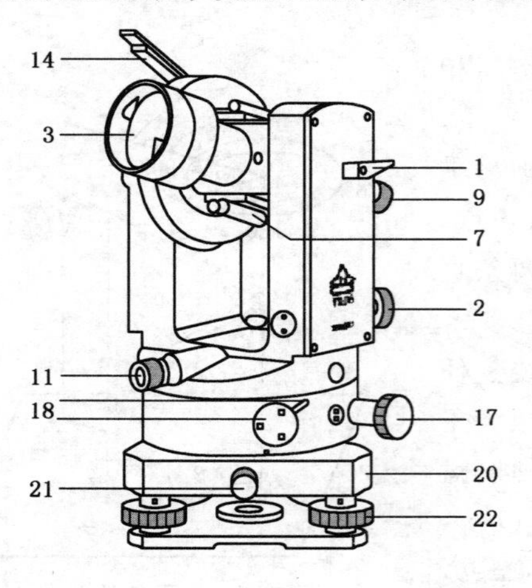

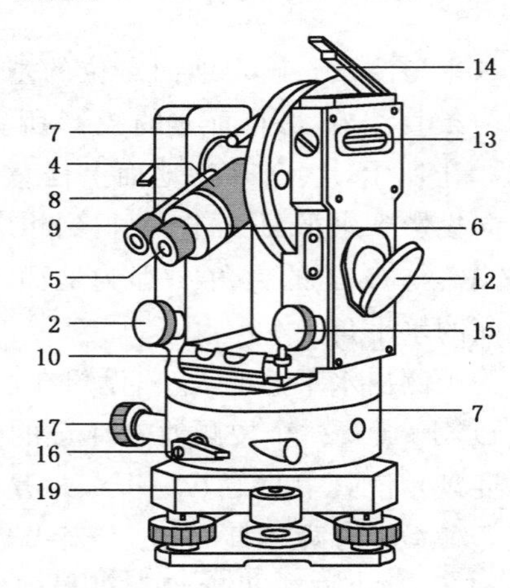

图 3-3　经纬仪的构造

1—望远镜制动螺旋；2—望远镜微动螺旋；3—物镜；4—物镜调焦螺旋；5—目镜；6—目镜调焦螺旋；7—光学瞄准；8—度盘读数显微镜；9—度盘读数显微镜调焦螺旋；10—照准部水准管；11—光学对中器；12—度盘照明反光镜；13—竖盘指标管水准器；14—竖盘指标管水准器观察反射镜；15—竖盘指标管水准器微动螺旋；16—水平方向制动螺旋；17—水平方向微动螺旋；18—水平度盘变换螺旋与保护卡；19—基座圆水准器；20—基座；21—轴套固定螺旋；22—脚螺旋

一、基座

基座用来支承整个仪器，包括轴座、脚螺旋、底板、三角压板等。基座借助连接螺旋使经纬仪与三脚架相连接，连接螺旋的下端有一个挂钩，用于悬挂垂球。其上有三个脚螺旋用来整平仪器。在经纬仪基座上还固连一个竖轴轴套和轴座固定螺旋，用于控制照准部和基座之间的衔接。轴座连接螺旋拧紧后，可使仪器上部固定在基座上；使用仪器时，切勿松动该螺旋，以免照准部与基座分离而坠地。另外，有的经纬仪基座上还装有圆水准器，用来粗略整平仪器。

二、水平度盘

水平度盘是由光学玻璃制成刻有分划线的精密刻度盘，分划从 0°～360°，按顺时针注记，最小间隔有 1°、30′、20′三种，用以测量水平角。水平度盘与照准部是分离的，水平度盘装在仪器竖轴上，套在度盘轴套内。在水平角测角过程中，水平度盘不随照准部转动。

测量中，有时需要将水平度盘安置在某一个读数位置，因此就需要转动水平度盘，常见的水平度盘变换装置有度盘变换手轮和复测扳手两种形式。当使用度盘变换手轮转动水平度盘时，要先拨开保险手柄(或拨开护盖)，再将手轮推压进去并转动，此时水平度盘也随着转动，待转到需要的读数位置时将手松开，手轮退出，再拨上保险手柄(或关上护盖)，水平度盘位置就安置好了。当使用复测扳手转动水平度盘时，先将复测扳手拨向上，此时照准部转动而水平度盘不动，读数也随之改变，待转到需要的读数位置时，再将复测扳手拨向下，此时度盘和照准部扣在一起同时转动，度盘的读数不变。

三、照准部

照准部是指位于水平度盘之上的可转动部分。主要包括望远镜、水准器、照准部旋转轴、横轴、支架、光学读数装置、竖盘装置及水平和竖直制动及微动装置等。经纬仪望远镜和水准器构造及作用和水准仪大致相同，但为了瞄准目标，经纬仪的十字丝分划板与水准仪稍有不同。望远镜与横轴固定在一起，安置在支架上并能绕其旋转轴旋转，旋转的几何中心线称为横轴。照准部在竖直面旋转中心线称为竖轴。为了控制照准部水平方向的转动，装有水平制动和微动螺旋。为了控制望远镜的转动，设有望远镜制动螺旋和微动螺旋。读数设备包括一个读数显微镜、测微器以及光路中的一系列的棱镜、透镜等，仪器外部的光线经反光镜反射进入仪器后通过一系列透镜和棱镜，可以读取水平度盘和竖直度盘的读数。照准部水准管可用来精确整平仪器。光学对中器是一个小型外对光望远镜，对中器由目镜、物镜、分划板和直角棱镜组成。当水平度盘处于水平位置时，如果对中器分划板的分划圈中心与测点标点相重合，则说明仪器中心已位于测站点的铅垂线上。照准部水准管用于使水平度盘处于水平位置，即用来精密整平仪器。

第三节　DJ6 型光学经纬仪的读数设备

光学经纬仪的读数设备包括度盘、光路系统和测微器。水平度盘和竖直度盘上的分划线是通过一系列棱镜和透镜成像于望远镜旁的读数显微镜内。由于度盘尺寸有限，最小分划间隔难以直接刻划到秒。为了实现精密测角，要借助光学测微技术。DJ6 型光学经纬仪的读数装置主要有分微尺测微器读数和单平板玻璃测微器读数两种。

一、分微尺测微器及读数方法

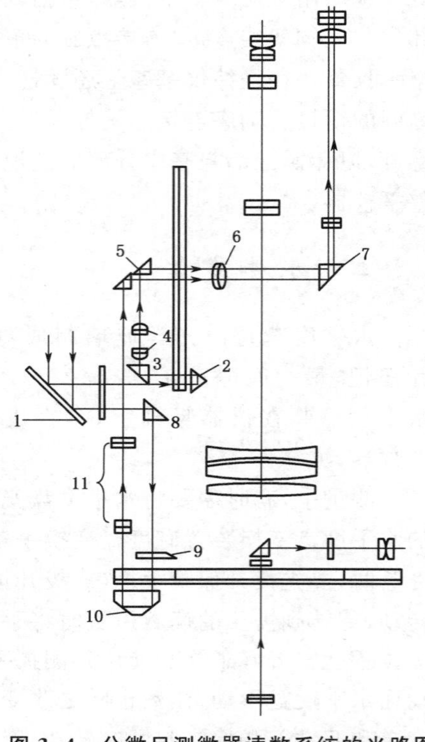

图 3-4　分微尺测微器读数系统的光路图

目前我国生产的 DJ6 型光学经纬仪大都采用分微尺测微器读数装置，其光路系统如图 3-4 所示。外来光线经反光镜 1 反射，经进光镜进入经纬仪内部。一部分光线经折光棱镜 2 照到竖直度盘上。竖直度盘像经折光棱镜 3，显微物镜 4 放大，再经过折射棱镜 5，到达刻有分微尺的读数窗 6，再通过转像棱镜 7，在读数显微镜内能看到竖直度盘分划及分微尺。外来光线另一路经折射棱镜 8、聚光镜 9、折光棱镜 10 到达水平度盘。水平度盘像经显微镜组 11 放大，在读数显微镜内可以同时看到水平度盘分划和分微尺。

角度的整度值可从度盘上直接读出，在读数显微镜中可以同时看到两个读数窗，注有“—”、“H”或“水平”的为水平度盘读数窗；注有“⊥”、“V”或“竖直”的为竖直度盘读数窗。分微尺全长代表 1°，其长度等于度盘间隔间两分划线之间的影像宽度，将分微尺分成 60 小格，每一小格代表 1′，可以估读至 0.1′，即 6″。分微尺的 0 分划线为读数指标线。读数时，先读出位于分微尺 60 小格区间内的度盘分划线的度数，再以度盘分划线为指标，在分微尺上读取不足 1°的分数，并估读到秒数（只能是 6 的倍数）。图 3-5 中水平度盘的读数为 207°54′24″，竖直度盘的读数为 66°05′30″。

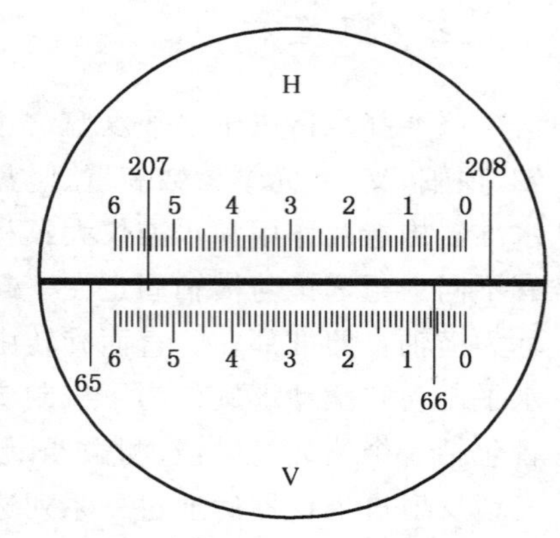

图 3-5　分微尺测微器读数

二、单平板玻璃测微器及读数方法

DJ6 型光学经纬仪光学测微器的光学元件也有的采用单平板玻璃，光线以一定入射角穿过平板玻璃时将发生移动现象。平板玻璃和测微尺用金属机件连在一起，转动测微手轮时，平板玻璃和测微尺就绕同一轴转动，度盘分划线的影像因此而产生的移动量就可在测微尺上读取。

如图 3-6(a)，当光线垂直通过平板玻璃时，读数窗中双指标线读数应为 82°＋α，测微尺上单指标线的读数为 0′00″。转动测微轮，使平板玻璃转动一个角度，如图 3-6(b)，而度盘分划线的影像经折射后平行移动 α，82°分划线的影像正好夹在双指标线的中间。由于测微尺与平板玻璃同时转动，因此 α 的大小可由测微尺读出为 17′39″。

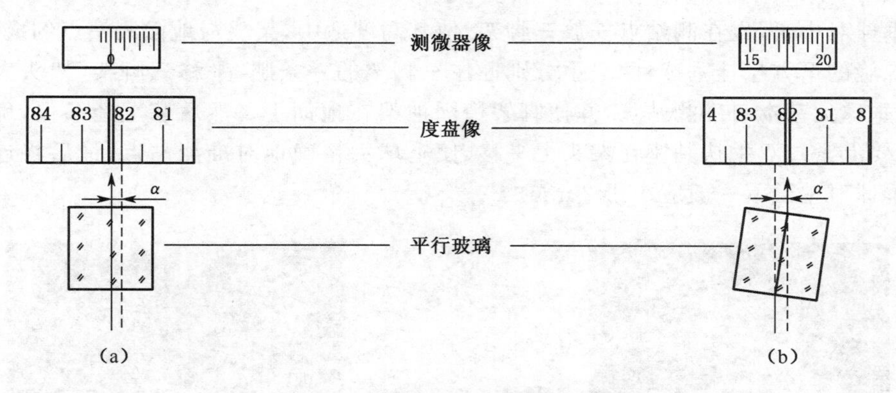

图 3-6　单平行玻璃板测微器

图 3-7 所示为读数显微镜中所看到的度盘和测微分划尺的像。实际测角时，望远镜瞄准目标后，转动测微手轮使双指标线旁的度盘分划线精确位于双指标线的中间，双指标线中间的分划线即为度盘上的读数：整度及二分之一度数(30′)根据被夹住的度盘分划线读出，30′以下的零数从测微分划尺上读得。图 3-7(a)所示水平度盘读数为4°11′44″。图 3-7(b)中竖直度盘读数为 82°17′30″。

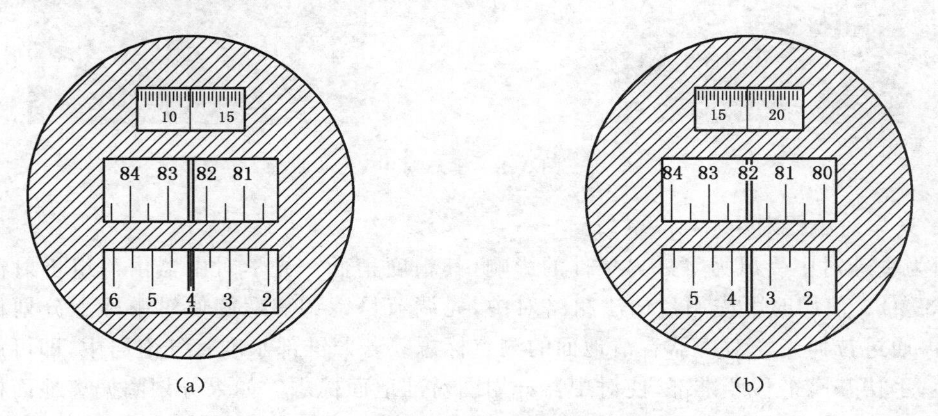

图 3-7　单平行玻璃板测微器读数

第四节　DJ6 型光学经纬仪的基本操作

在进行角度测量时，应将经纬仪安置在测站上，然后再进行观测。经纬仪的使用包括对中、整平、瞄准、读数四个基本操作步骤。

一、对中

对中的目的是使仪器中心与测站点处于同一铅垂线上。下面分别就垂球对中和光学对中器对中两种方法介绍经纬仪的安置方法。

1. 垂球对中

用垂球对中时，先在测站点安放三脚架，使其高度适中，架腿与地面测站点约成等距离。在连接螺旋的下方悬挂垂球，两只手分别握住三脚架的一条腿，平移三脚架（架头大致保持水平）使垂球尖基本对准测站点，并使脚架稳固地架在地面上。然后装上经纬仪，旋上连接螺旋（不要上紧），双手扶基座在架头上平移，使垂球尖精确地对准测站点，最后将连接螺旋拧紧。垂球对中误差一般应小于 2 mm。

图 3-8　垂球对中

2. 光学对中器对中

因为垂球对中受风力等外界条件的影响，其精度稍低。光学对中器由一组折射棱镜组成（图 3-9）。使用时可先用目估法粗略对中，先调节目镜调焦螺旋使对中标志分划板十分清晰，再通过拉伸光学对中器看清地面的测点标志。若照准部水准管气泡居中，即可旋松连接螺旋，手扶基座平移照准部，使对中器分划圈对准地面标志。如果分划圈偏离地面标志太远，可旋转基座上的脚螺旋使其对中，此时水准管气泡会偏移，可根据气泡偏移方向调整相应三脚架的架腿，使气泡居中。光学对中器对中误差应小于 1 mm。

二、整平

整平的目的是使仪器的竖轴竖直，即水平度盘处于水平位置。

具体做法如下：

（1）粗平：调节三脚架腿的伸缩连接处，利用圆水准器或水准管使经纬仪大致水平。

（2）精平：转动照准部，使照准部水准管先平行于任意两个脚螺旋的连线（如图 3-10(a)

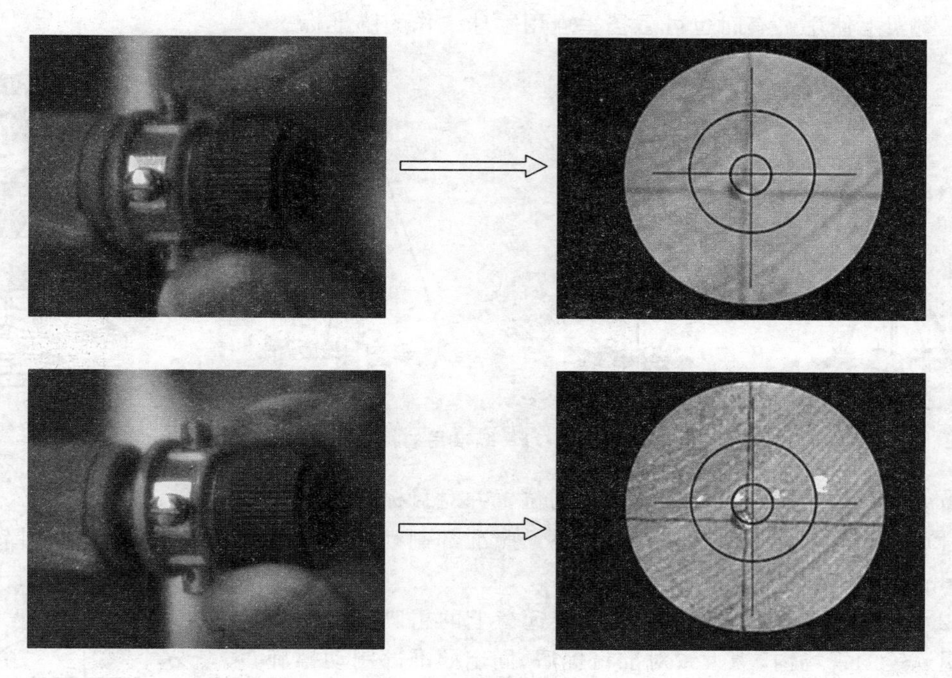

图 3-9　光学对中器

所示)，按气泡运行方向与左手大拇指旋转方向一致的规律，以相反方向同时旋转这两个脚螺旋，使水准管气泡居中。然后，将照准部旋转 90°，使水准管垂直于原先的位置，如图 3-10(b)所示。转动第三个脚螺旋使气泡居中。如此反复进行，直至照准部转至任一方向上气泡都居中为止。整平误差一般不应大于水准管分划值一格。

图 3-10　转动脚螺旋整平仪器

整平操作会略微破坏之前已完成的对中关系，应检查对中，若对中破坏，应重新对中、整平，直至整平和对中都符合要求为止。

三、瞄准

测角时的照准标志，一般是竖立于测点的标杆、测钎觇牌，如图 3-11 所示。测钎用于离测站较近的目标，标杆适用于离测站较远的目标，觇牌一般连接在基座上并通过连接螺旋固定在三脚架上使用。有时也可悬挂垂球用垂球线作为瞄准标志。

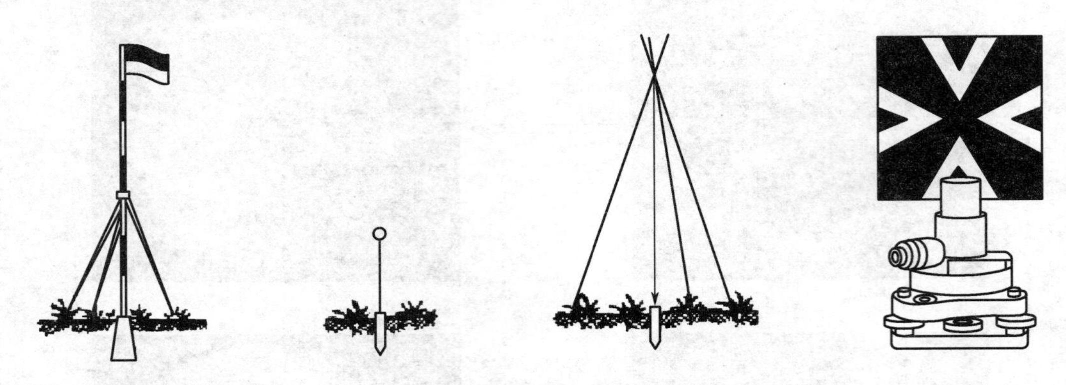

图 3-11 瞄准用的标志

瞄准的目的是确定目标方向所在的位置并对目标进行读数。

(1) 目标调焦:在瞄准目标前,应松开照准部制动螺旋和望远镜制动螺旋,先调节目镜调焦螺旋,使十字丝成像清晰。

(2) 粗略瞄准:转动照准部,利用望远镜上的粗瞄器使目标位于望远镜的视场内,当大致对准目标后,固定照准部制动螺旋和望远镜制动螺旋。

(3) 物镜调焦:即调节物镜调焦螺旋使目标影像清晰。

(4) 消除视差:左右或上下微移眼睛,观察目标像与十字丝之间是否有相对移动。如果存在视差,则需要重新进行物镜调焦,直至消除视差为止。

(5) 精确瞄准:调节照准部和望远镜的微动螺旋精确对准目标,在进行水平角观测时,应尽量瞄准目标的底部。目标成像较大时,可用十字丝的单丝去平分目标;目标成像较小时,可用十字丝的双纵丝去夹住目标,如图 3-12 所示。

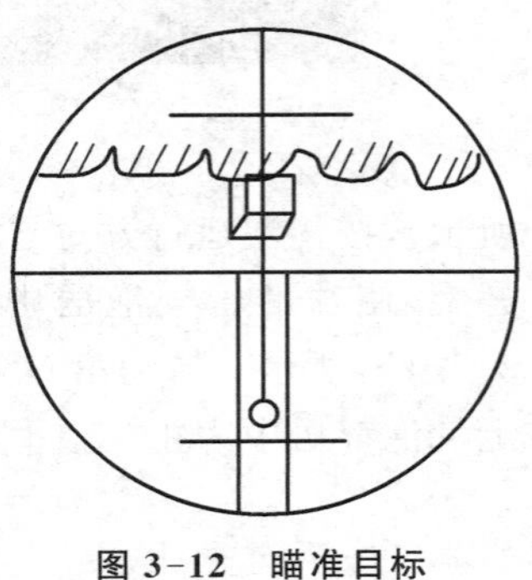

图 3-12 瞄准目标

四、读数

读数时先打开反光镜到适当的位置,使读数窗亮度适中,调节读数显微镜的目镜对光螺旋,使刻划线清晰,然后按测微装置类型和前述的读数方法读数。

第五节 水平角测量

测量水平角的方法有多种,采用何种观测方法视目标的多少而定,常用的有测回法和方向观测法。观测角度时,无论采用哪种观测方法,为了减少仪器误差的影响,一般都用盘左和盘右两个位置进行观测。所谓盘左盘右,就是当观测者正对望远镜目镜时,竖盘在望远镜的左边,此时的仪器位置称为盘左或正镜;反之,当观测者正对目镜,竖盘在右边时的仪器位置称为盘右或倒镜。

一、测回法

测回法用于两个方向的单角测量，图 3-13 是表示水平度盘和观测目标的水平投影。用测回法测量水平角$\angle AOB$ 的操作步骤如下：

(1) 安置仪器：在测站点 O 安置经纬仪，并进行对中和整平，在 A、B 点上竖立观测标志。

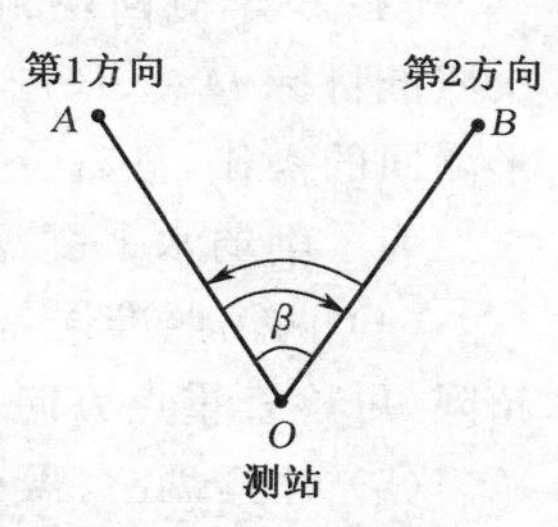

图 3-13　测回法

(2) 盘左观测：置望远镜在盘左位置，松开照准部制动螺旋，瞄准左方起始目标 A，读取水平度盘读数 a_L，顺时针旋转照准部，用同样的方法照准右边的目标 B，读取水平度盘读数 b_L，记入观测手簿，此过程称为上半测回观测。测得水平角为：$\beta_{左} = b - a$。

(3) 盘右观测：倒转望远镜成盘右位置，按上述方法先照准目标 B 进行读数，再逆时针旋转照准部照准目标 A 进行读数，分别设为 b_R 和 a_R，并记入相应的表格中。这样就完成了下半测回的操作，测得水平角为：$\beta_{右} = b - a$。用 DJ6 型经纬仪观测水平角时，上下两个半测回角值之差不超过 $\pm 40''$ 时，取盘左盘右所得角值的平均值为一测回的角值，即 $\beta = \frac{1}{2}(\beta_{左} + \beta_{右})$。

实际作业中，为了减弱度盘分划误差的影响，提高测角的精度，通常要测量多个测回，各测回的起始读数应根据规定用度盘变换手轮或复测扳手加以变换，取各测回观测角值之平均值作为最后结果。为了计算方便，通常配置第一测回起始位置水平度盘读数略大于 0°，其他各测回的读数，如果设测回数为 n，则对于 DJ6 型经纬仪，每测回应将度盘读数依次递增 $180°/n$。

测回法测角的记录及计算举例见表 3-1。

表 3-1　测回法观测手簿

测站	盘位	目标	水平度盘水平方向值读数 (° ′ ″)			水平角 半测回值 (° ′ ″)	水平角 一测回值 (° ′ ″)	备注
0	盘左	A	0	01	18	49 48 54	49 48 42	$\Delta\alpha = \alpha_{左} - \alpha_{右} = 24''$ $\Delta\alpha_{容} = 30''$
		B	49	50	12			
	盘右	B	229	50	18	49 48 30		
		A	180	01	48			

二、方向观测法

在一个测站上观测的方向为三个或三个以上时，则采用方向观测法较为方便准确。

如图 3-14，O 为测站点，A、B、C、D 为四个目标点，要测定 O 到各目标方向之间的水平角，步骤如下：

(1) 在测站点 O 安置经纬仪，并进行对中和整平。在 A、B、C、D 点上竖立观测标志。

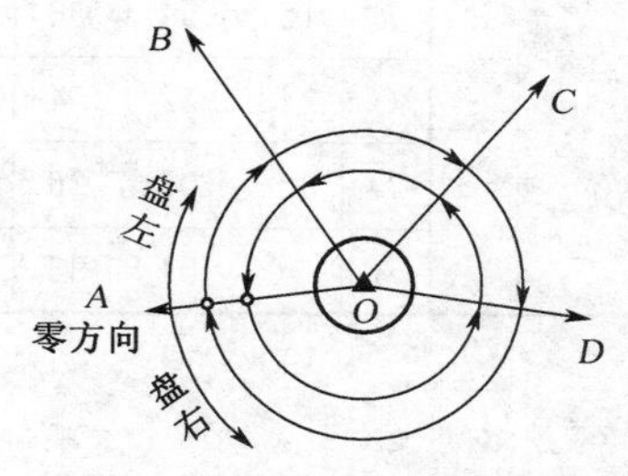

图 3-14　方向观测法

（2）上半测回观测：将经纬仪安置在测站点 O 上，令度盘读数略大于 0°，以盘左位置瞄准起始方向 A 点后，按顺时针方向依次瞄准 B、C、D 点，最后又瞄准 A 点，称为归零，目的是检查在观测过程中水平度盘的位置有无变动，两次差值一般不得大于 18″，如超过应重测。每次观测读数分别记入相应的表格内，即完成上半个测回。

（3）下半测回观测：倒转望远镜成盘右位置，按上述方法先照准目标 A 进行读数，再依次照准目标 D、C、B 进行读数，最后再瞄准 A 点，分别记入相应的表格中。这样就完成了下半测回的操作，盘右位置再一次返回起始方向 A 的操作称为第二次“归零”。

为了削弱水平度盘刻划误差的影响，仍按 $180°/n$ 变换度盘，进行多测回观测。

（4）两倍照准误差 $2c$ 的计算 $2c$ = 盘左读数 −（盘右读数 ± 180°），其变动范围要求，若超限，可检查重点方向，直到符合要求为止。

（5）计算盘左、盘右观测值的平均值，平均读数 = [盘左读数 +（盘右读数 ± 180°）]/2 起始方向有两个平均值，应将这两个平均值再次取平均值作为该方向的方向值，记入第 7 栏上方，并括上括号。

（6）计算归零方向值：某方向的一测回归零方向值是指该方向与起始方向间的水平角，其值等于该方向平均读数减去起始方向的平均读数（括号内），起始方向的归零方向值为零。

（7）计算归零后的平均方向值：多测回观测时，若对于 DJ6 型经纬仪不应大于 24″，则取各测回归零后方向值的平均值作为该方向的最后结果。

（8）各目标间水平角的计算：相邻方向值相减，即得该两方向之间的水平角。表 3-2 为方向观测法手簿。

表 3-2　方向观测法手簿

测站	测回数	目标	水平度盘读数		2c (″)	盘左、盘右平均值 (° ′ ″)	归零后水平方向值 (° ′ ″)	各测回平均水平方向值 (° ′ ″)
			盘左观测 (° ′ ″)	盘右观测 (° ′ ″)				
1	2	3	4	5	6	7	8	9
0	1	A	Δ_0 (24) 0 01 00	Δ_0 (6) 180 01 12	−12	(0 01 14) 0 01 06	0 00 00	0 00 00
		B	91 54 06	271 54 00	+06	91 54 03	91 52 49	91 52 47
		C	153 32 48	333 32 48	0	153 32 48	153 31 34	153 31 34
		D	214 06 12	34 06 06	+06	214 06 09	214 04 55	214 04 56
		A	0 01 24	180 01 18	+06	0 01 21		
1	2	A	Δ_0 (24) 90 01 12	Δ_0 (12) 270 01 24	−12	(90 01 27) 90 01 18	0 00 00	
		B	181 54 06	1 54 18	−12	181 54 12	91 52 45	
		C	243 32 54	63 33 06	−12	243 33 00	153 31 33	
		D	304 06 26	124 06 20	+06	304 06 23	214 04 56	
		A	90 01 36	270 01 36	0	90 01 36		

第六节　竖直角测量

一、竖直角的计算公式

盘左竖直角：　$\alpha_L = 90° - L$

盘右竖直角：　$\alpha_R = R - 270°$

指标差：　$x = [(L + R) - 360°]/2$

盘左盘右取平均：　$\alpha = (\alpha_L + \alpha_R)/2$

二、竖直角测量步骤

(1) 安置仪器：将经纬仪安置于测站点，然后对中、整平，正确判定该台仪器的竖直角计算公式。

(2) 盘左位置瞄准目标，使十字丝的中横丝切于目标某一位置，转动竖盘水准管微动螺旋使竖盘水准管气泡居中，读取竖盘读数 L，称为上半测回。

(3) 倒转望远镜，盘右用同样方法照准同一目标，使指标水准器气泡居中后，读取竖盘读数 R，称为下半测回。

(4) 根据判断出的竖直角计算公式计算竖直角。

以上盘左、盘右观测构成一竖直角测回。

三、记录和计算

将各观测数据及时填入表中，并分别计算出半测回竖直角及一测回竖直角。表 3-3 为竖直角观测手簿。

表 3-3　竖直角观测手簿

测站	目标	竖盘位置	竖盘读数 (°　′　″)	半测回竖直角 (°　′　″)	指标差 (″)	一测回竖直角 (°　′　″)
A	B	左	81　18　42	+8　41　18	+6	+8　41　24
		右	278　41　30	+8　41　30		
	C	左	124　03　30	−34　03　30	+12	−34　03　18
		右	235　56　54	−34　03　06		

第七节　DJ6 型光学经纬仪的检验与校正

一、经纬仪轴线及其应满足的几何条件

同水准仪一样，经纬仪也是由多个不同的部件组合而成，因此利用经纬仪进行角度测量时，为保证观测值的精度，经纬仪的结构上也必须满足一定的条件。经纬仪结构上的关系也

是用其轴线上的关系来表示的，如图 3-15 所示。经纬仪各轴线应满足下列条件：

(1) 平盘水准管轴垂直于竖轴，即 $LL \perp VV$。

(2) 视准轴垂直于横轴，即 $CC \perp HH$。

(3) 横轴垂直于竖轴，即 $HH \perp VV$。

(4) 圆水准器轴应平行于竖轴，即 $L'L' \parallel VV$。

(5) 十字丝竖丝应垂直于横轴。

(6) 光学对中器的视准轴应与竖轴重合。

(7) 竖盘指标差 x 应小于规定的数值。

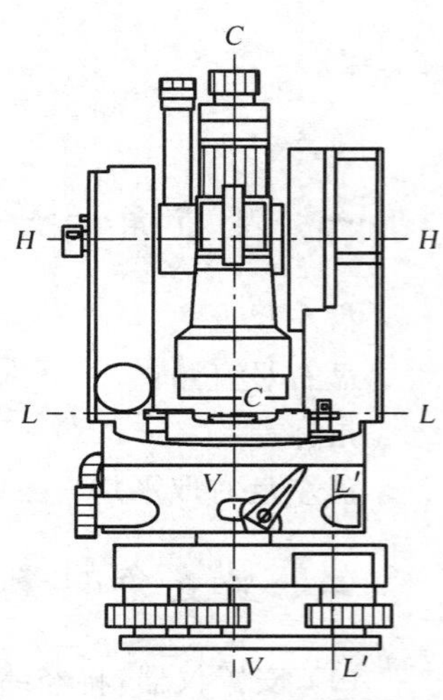

图 3-15 经纬仪的轴线关系

仪器在出厂时，以上各条件一般都能满足。但由于在搬运或长期使用过程中的震动、碰撞等原因，各项条件往往会发生变化。因此，在使用仪器作业前，必须对仪器进行检验与校正，即使新仪器也不例外。检验时按下列顺序进行，如不满足，应进行校正。校正后的残余误差，还应采用正确的观测方法消除其影响。检验和校正应按一定的顺序进行，确定这些顺序的原则是：

(1) 如果某一项不校正好，会影响其他项目的检验时，则这一项先做。

(2) 如果不同项目要校正同一部位则会互相影响，在这种情况下，应将重要项目放在后面检验，以保证其条件不被破坏。

(3) 有的项目与其他条件无关，则先后均可。

第八节　角度观测注意事项

为了保证测角的精度，角度观测时应注意下列事项：

(1) 角度观测前必须检验仪器，如发现仪器有误差，应进行校正，或采用正确的观测方法，减少或消除仪器误差对观测结果的影响。

(2) 仪器安置的高度应合适，脚架应踩实，中心螺旋拧紧，观测时手不扶脚架，转动照准部及使用各种螺旋时用力不宜过大。

(3) 测角精度要求越高或边长越短，则对中要求越严格，整平误差应在一格以内。

(4) 瞄准时要注意消除视差。水平角观测时，应以望远镜十字丝的竖丝对准目标根部；竖直角观测时，应以十字丝的横丝切准目标。

(5) 读数应准确并及时记录和计算，注意检查限差，发现错误立即重测。

第九节　电子经纬仪的测角原理

一、电子经纬仪测角原理

随着电子技术的发展和电子经纬仪的出现，标志着测角工作向自动化迈出了新的一步。它由精密光学器件、机械器件、电子扫描度盘、电子传感器和微处理机等组成，采用光电测角代替光学测角。它的外形和结构与光学经纬仪基本相似，但测角和读数系统有很大的区别。

它利用光电转换原理，微处理器自动对度盘进行读数并显示于读数屏幕，使观测时操作简单，避免产生读数误差。电子经纬仪能自动记录、储存测量数据和完成某些计算，还可以通过数据通信接口直接将数据输入计算机。电子经纬仪采用光电扫描度盘和自动显示系统，主要有编码度盘测角、光栅度盘测角以及格区式度盘动态测角三种。

1. 编码度盘测角原理

编码度盘就是在光学圆盘上刻制多道同心圆环，每一个同心圆环称为一个码道。编码度盘属于绝对式度盘，即度盘的每一个位置均可读出绝对的数值。图 3-16 为一编码度盘。整个圆盘被均匀地分成 16 个扇形区间，每个扇形区间由里到外分成四个环带，称为四条码道。图中黑色部分表示透光区，白色部分表示不透光区。这样通过各区间四条码道的透光和不透光，即可由里向外读出四位二进制数来。

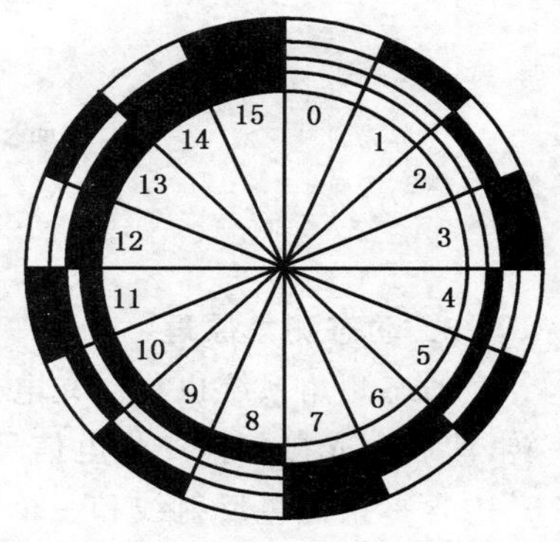

图 3-16　编码度盘测角原理

在编码度盘的一侧安有光源，另一侧直接对着光源安有光传感器，电子测角就是通过光传感器来识别和获取度盘位置信息的。当光线通过度盘的透光区并被光传感器接受时表示为逻辑 0，当光线被挡住而没有被光传感器接受时表示为逻辑 1。因此当望远镜照准某一方向时，度盘位置信息通过各码道的传感器，再经光电转换后以电信号输出，这样就获得了一组二进制代码；当望远镜照准另一方向时，又获得一组二进制代码。有了两组方向代码，就得到了两方向间的夹角。

2. 光栅度盘测角原理

光栅度盘是指在度盘圆环径向上刻上许多均匀分布的透明和不透明的刻线，构成等间隔的明暗条纹——光栅。通常光栅的刻线宽度与缝隙宽度相同，两者之和称为光栅的栅距。栅距所对应的圆心角即为栅距的分划值。如在光栅度盘上下对应位置安装照明器和光电接收管，光栅的刻线不透光，缝隙透光，即可把光信号转换为电信号。

当照明器和接收管随照准部相对于光栅度盘转动，由计数器计出转动所累计的栅距数，就可得到转动的角度值。因为光栅度盘是累计计数的，所以，通常称这种系统为增量式读数系统。仪器在操作中会顺时针转动和逆时针转动，因此，计数器在累计栅距数时也有增有减。例如在瞄准目标时，如果转动过了目标，当反向回到目标时，计数器就会减去多转的栅距数。所以，这种读数系统具有方向判别的能力，顺时针转动时就进行加法计数，而逆时针转动时就进行减法计数，最后结果为顺时针转动时相应的角值。

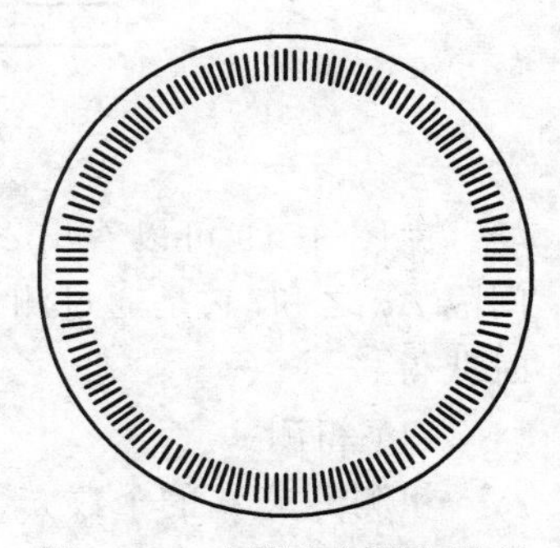
图 3-17　光栅度盘测角原理

光栅度盘的栅距就相当于光学度盘的分划，栅距越小，则角度分划值越小，即测角精度越高。例如在直径 80 mm 的光栅度盘上，刻划有 12 500 条细线，栅距分密度为 50 条/mm，要想再提高测角精度，必须对其作进一步的细分。然而，这样小的栅距，再细分实属不易。所以，在光栅度盘测角系统中，采用了莫尔条纹技术进行测微。

所谓莫尔条纹，就是将两块密度相同的光栅重叠，并使它们的刻划线相互倾斜一个很小的角度，此时便会出现明暗相间的条纹，这样，就可以对栅距进一步细分，以达到提高测角精度的目的，如图 3-18 所示。

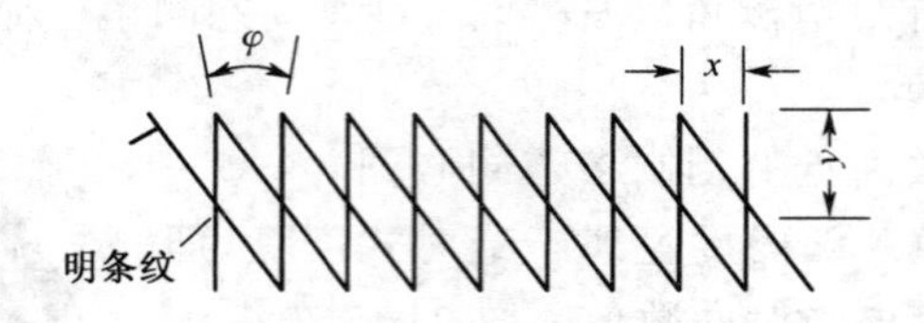

图 3-18 动态测角原理

3. 动态测角原理

动态测角系统也称作光电扫描测量系统，测角时度盘由马达带动以额定转速不停地旋转，然后由光栅扫描产生电信号取得角值。度盘刻有 1 024 个分划，两条分划条纹的角距为 φ，内含一条黑色反射线和一个白色空隙，相当于不透光区和透光区，在度盘的外缘，装有与基座相固联的固定检测光栅 L_S，相当于光学经纬仪度盘的零位，在度盘的内缘装有随照准部转动的活动检测光栅 L_R，如图 3-19 所示。φ 表示望远镜照准某方向后 L_S 和 L_R 之间的角度，计取通过两指示光栅间的分划信息，即可求得角值。

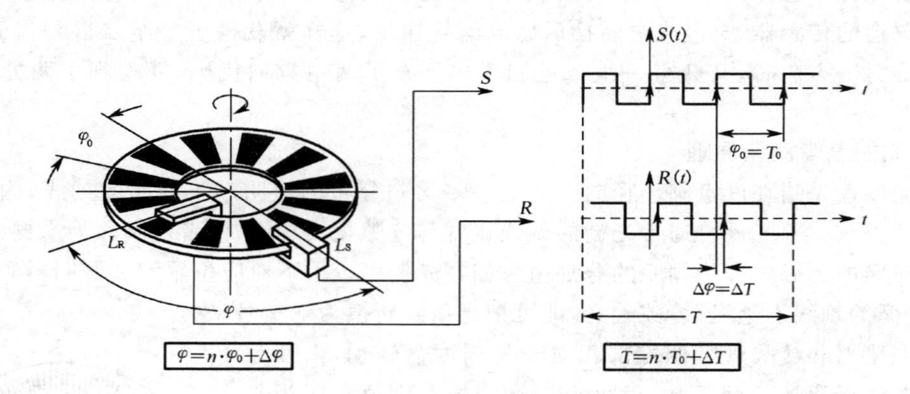

图 3-19 动态测角原理

由图 3-19 可以看出 $\varphi = n\varphi_0 + \Delta\varphi$，即 φ 角等于 n 个整分划间隔 φ_0 和不足一个整分划间隔 $\Delta\varphi$ 之和。它是通过测定光电扫描的脉冲信息 $nT_0 + \Delta T = T$，n 分别由粗测和精测同时获得。

（1）粗测

粗测只求 φ_0 的个数 n，即测定通过 L_S 和 L_R 给出的脉冲计数 nT_0 求得 φ_0 的个数 n。在度盘的同一径向的外、内缘上设有两个标记 a 和 b，度盘旋转时，从标记 a 通过 L_S 时起，计数器开始记取整数间隔 φ_0 的个数，当另一标记 b 通过 L_R 时计数器停止记数，此时计数器所得到的数值即为 φ_0 的个数 n。

（2）精测

精测即测量 $\Delta\varphi$。通过光栅 L_S 和 L_R 分别产生两个信号 S 和 R，$\Delta\varphi$ 可由 S 和 R 的相位差求得。精测开始后，当某一分划通过 L_S 时开始精测计数，记取通过的计数脉冲的个数，一个脉冲代表一定的角度值，当另一个分划通过 L_R 时停止计数。由计数器中所计得的数值即可求得 $\Delta\varphi$，度盘一周有 1 024 个间隔，每一个间隔计一次 $\Delta\varphi$ 的数，则度盘转一周可测得 1 024 个 $\Delta\varphi$，取平均值可得最后的 $\Delta\varphi$。测角精度完全取决于精测的精度。

通常在度盘对径位置的两端各安置一个检测光栅，用来消除光栅盘的偏心差。

二、DT200 型电子经纬仪的使用

下面简单介绍一下苏州一光生产的 DT200 型电子经纬仪的使用，其外形如图 3-20 所示。

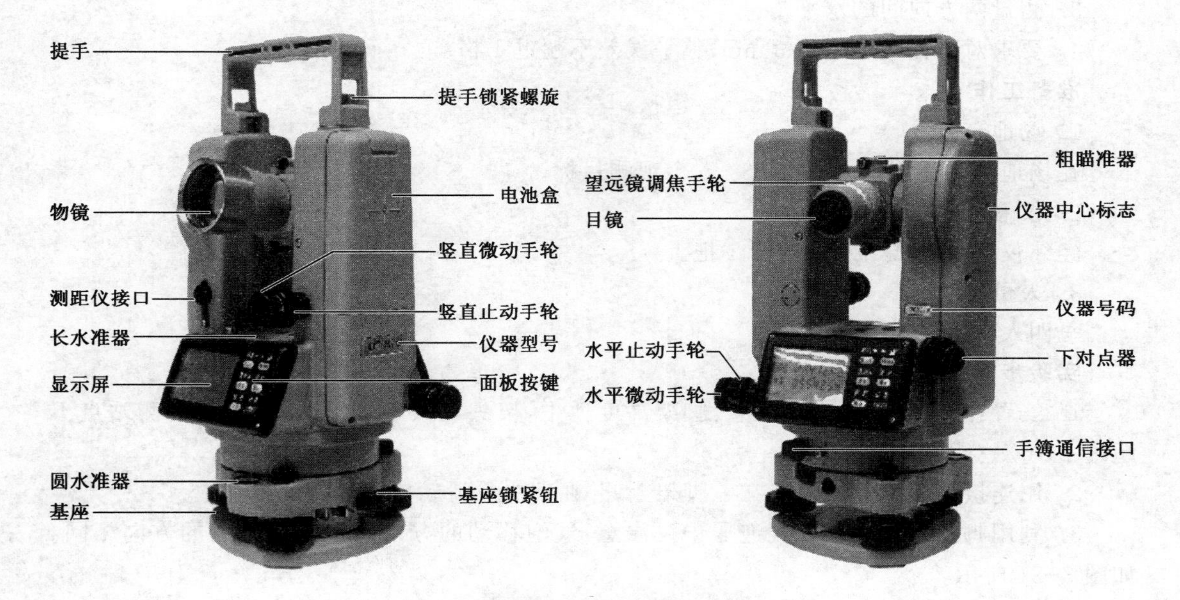

图 3-20　DT200 型电子经纬仪

DT200 型电子经纬仪使用的基本步骤如下：

(1) 水平角度测量（顺时针）

① 将仪器在站点上安装好且对中整平后开机。

② 通过水平盘和垂直盘的制微动螺旋使仪器精确地瞄准第一个目标 A。

③ 按置 0 键设定水平角度值为 0°00′00″。

④ 通过水平盘和垂直盘的制微动螺旋使仪器精确地瞄准第二个目标 B。

⑤ 读出仪器显示的角度(α)。

(2) 垂直角度测量

① 将仪器在站点上安装好且对中整平后开机。

② 通过水平盘和垂直盘的制微动螺旋使仪器精确地瞄准目标 A。

③ 读出仪器显示的角度(θ)。按角度/斜度键可以查看坡度。

第十节　实验项目

一、经纬仪使用

目的要求

1. 了解 DJ6 型光学经纬仪的基本构造和各部件的功能。
2. 掌握经纬仪对中、整平、照准、读数的方法。
3. 测量两方向间的水平角。
4. 要求对中偏差不超过 3 mm，整平误差不超过 1 格。

准备工作

1. 场地布置

在场地周围适当地方，指定 3～5 个观测目标。

2. 仪器、工具

经纬仪 1 台，记录板 1 块，伞 1 把。

3. 人员组织

每四人一组，轮换操作。

实验步骤

1. 安置：脚架于测站上。注意：脚架高度适中，架头大致水平，垂球尖端偏离测站点不超过 1 cm。

2. 用连接螺旋将经纬仪连在三脚架上，并在架头上滑动仪器进行准确对中。

3. 利用脚螺旋使水准管气泡居中。注意：气泡移动的方向与左拇指移动的方向相同。如图 3-21 所示。

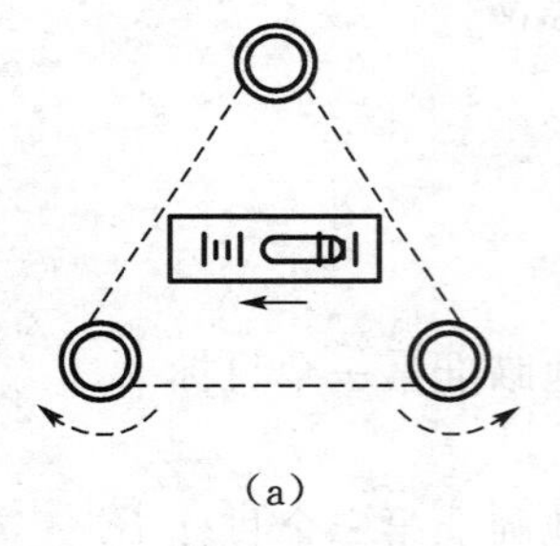

(a)

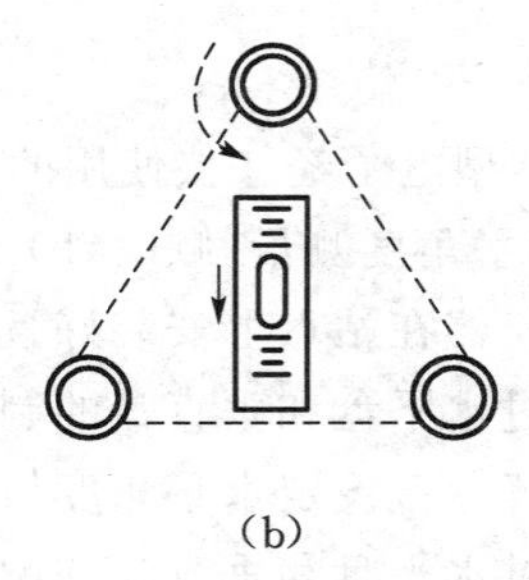

(b)

图 3-21

4. 按顺时针方向分别用十字丝交点，照准左、右目标，同时读取水平度盘读数，记入手簿，并计算水平角，注意尽量照准目标底部。

注意事项

1. 瞄准目标时，尽可能瞄准目标底部。目标较粗，用双丝夹住；目标较细，用单丝平分。
2. 读数时，认清水平度盘读数窗。

二、水平角观测(测回法)

目的要求

1. 掌握测回法测水平角的操作方法。

2. 进一步熟悉经纬仪的使用。

3. 用测回法对同一角度观测三测回,各测回的角值较差不得超过 40″。

准备工作

1. 场地布置

在场地一侧按组数打下木桩若干,桩间相距不少于 5 m,桩上钉以小钉,作为测站点 O;在场地另一侧距测站约 40～50 m 远处选定两点,左边点为 A,右边点为 B,在点上安放简易竹竿架并悬挂垂球,作为观测目标。

2. 仪器、工具

经纬仪 1 台,记录板 1 块,伞 1 把。

3. 人员组织

每四人一组,轮换操作。

实验步骤

1. 安置仪器于 O 点。

2. 盘左置度盘读数稍大于 0°,按顺时针方向依次照准 A、B 目标,读取水平度盘读数,记入手簿,并计算上半测回角值,如图 3-22 所示。

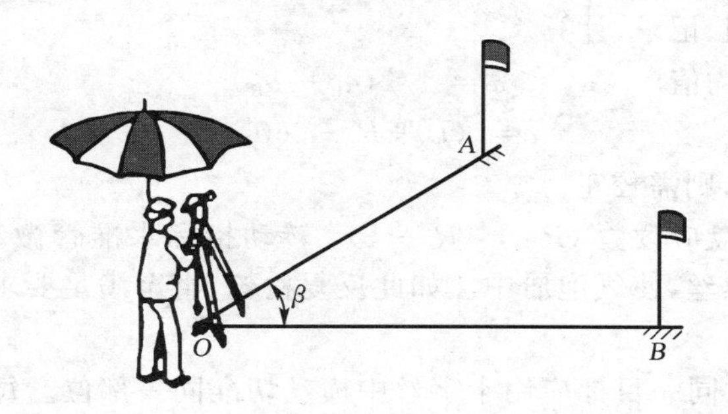

图 3-22

3. 盘右按逆时针方向照准 B、A,读取读数,记入手簿,并计算下半测回角值。

4. 计算一测回角值。

5. 置度盘起始读数分别为 60°、120°,进行第二、三测回的水平角观测,并将观测数据依次记入手簿。

6. 计算三个测回的平均角值。

注意事项

1. 如果度盘变换器为复测式,盘左度盘配置时,应先转动照准部,使读数为配置度数,将复测扳手扳下,再瞄准 A 目标,将扳手扳上;如为拨盘式度盘变换器的,应瞄准 A 目标,再拨度盘变换器,使读数为配置度数。

2. 观测过程中,应注意观察水准气泡,若发现气泡偏移超过一格时,应重新整平重测该测回。

3. 竖直观测及竖盘指标差检验与校正。

三、竖直角观测

目的要求

1. 熟悉经纬仪竖盘部分的构造;并掌握确定竖直角计算公式的方法。

2. 掌握竖直角观测、记录、计算及指标差的检校方法。

准备工作

1. DJ6 型经纬仪 1 台,记录板 1 块,测伞 1 把,拨针 1 根。

2. 每三人一组,轮换操作。

实验步骤

1. 在指定测站点安置仪器,并进行对中、整平。

2. 根据竖盘读数变化,写出竖直角计算公式。

3. 盘左:瞄准目标,用十字丝中横丝切于目标某一部位或顶端,调节指标水准管气泡居中,读取竖盘读数,记入手簿并计算竖直角,如图 3-23 所示。

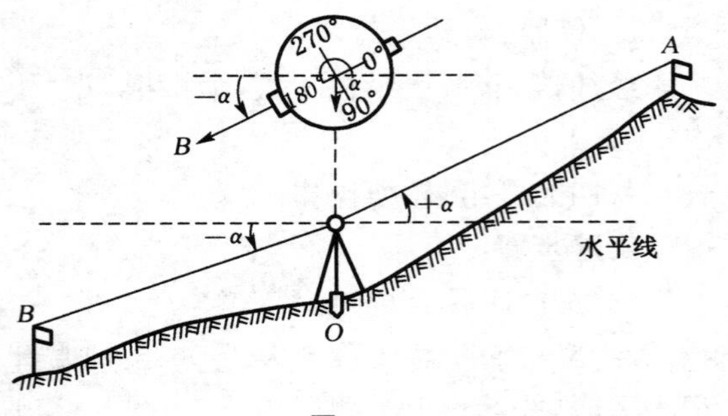

图 3-23

4. 盘右:同法观测、记录、计算。

5. 计算竖直角平均值 $\alpha = 1/2(\alpha_L + \alpha_R)$

计算指标差 $x = (L + R - 360°)/2$

当 $|x| > 1'$ 时,则需校正。

6. 计算盘右时竖盘应读数 ($R_{应} = R - x$),转动指标水准管微动螺旋,使竖盘读数为 $R_{应}$,拨动水准管校正螺丝,使气泡居中。如此反复检校,直至满足要求为止。

注意事项

1. 观测过程中,对同一目标应用十字丝中横丝切准同一部位。每次读数前应使指标水准管气泡居中。

2. 计算竖直角和指标差应注意正、负号。

3. 同一台仪器观测数据指标差之间的互差不得超过 25″,超限应重测。

4. 竖直角有正负之分,计算结果应在 −90°～+90°之间。

四、经纬仪检验与校正

目的要求

1. 熟悉经纬仪各主要轴线之间应满足的几何条件。

2. 掌握经纬仪检验与校正的操作方法。

3. 要求在弄清检校原理及校正方法的基础上完成此实验。

准备工作

1. 场地布置

在墙上适当高处，设置若干照准标志，标志下方离地约 1.5 m 处横置水准尺数根，作为投点用；在水准尺的正前方约 60～80 m 处插标杆若干根，并在每根标杆高 1.5 m 处做一照准标志。

2. 仪器、工具

经纬仪 1 台，记录板 1 块，伞 1 把，校正针 1 根。

3. 人员组织

每四人一组，轮换操作。

实验步骤

1. 一般检查按实验报告所列项目进行。

2. 照准部水准管轴垂直于竖直轴的检验与校正，如图 3-24 所示。

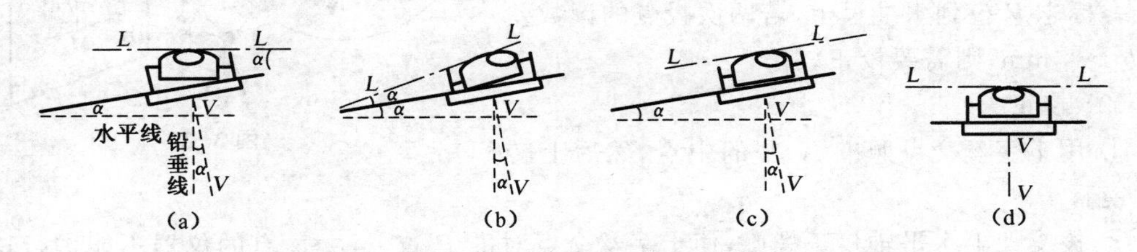

图 3-24

(1) 检验　在两互相垂直方向上，调水准管气泡严格居中，旋转 180°，若气泡中心偏离零点大于半格，则需校正。

(2) 校正　拨水准管一端的校正螺丝，使气泡返回偏离格数的一半。

3. 十字丝竖丝垂直于水平轴的检验与校正，如图 3-25 所示。

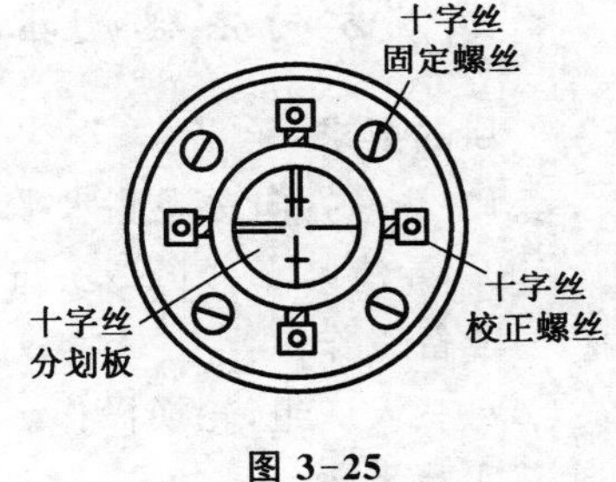

图 3-25

(1) 检验　用十字丝交点照准一明细点，转动望远镜微动螺旋，若明细点离开竖丝，则需要校正。

(2) 校正　微微转动十字丝网座，使竖丝与明细点重合。

4. 视准轴垂直于水平轴的检验与校正，如图 3-26 所示。

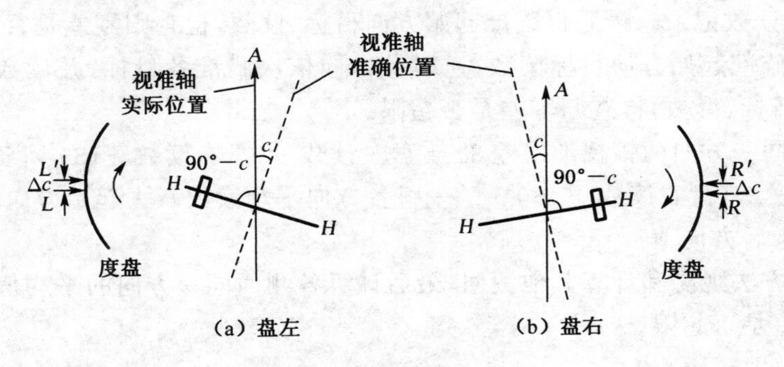

图 3-26

(1) 检验

① 安置仪器于水准尺和标杆之中点。

② 盘左、盘右分别用十字丝交点照准标杆上同一标志，纵转望远镜在水准尺上读取数 b_1、b_2，若 $b_1 \neq b_2$ 而其差值大于 4 mm，则需校正。

(2) 校正

① 按式 $b = b_2 - (b_2 - b_1)/4$ 计算盘右时正确读数 b。

② 拨动十字丝环左、环右校正螺丝，使十字丝交点对准正确读数 b。

5. 水平轴垂直于竖直轴的检验与校正，如图 3-27 所示。

(1) 检验

① 安置仪器于离水准尺约 10 m 处。

② 盘左、盘右分别用十字丝交点将高墙上方的同一标志 P 投到水准尺上，若两次投点的读数差 $a - b > 4$ mm，则需要校正。

(2) 校正

① 用十字丝交点照准 A、B 的中点，然后上转望远镜看 P。

② 拨支架上水平轴校正螺旋，使十字丝交点对准 P 点。注意：有的仪器不能进行这项校正

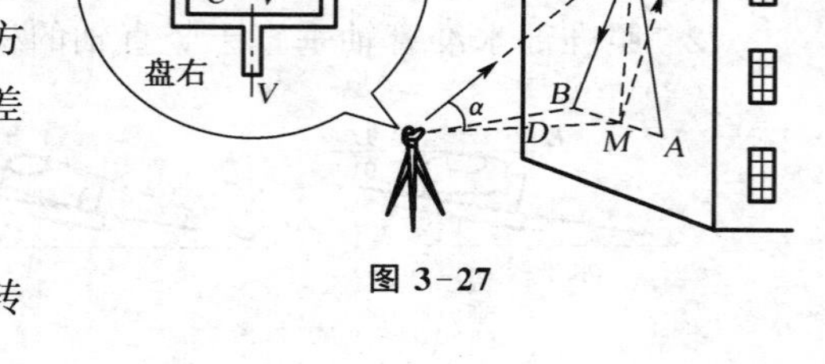

图 3-27

五、方向法观测水平角

目的要求

1. 掌握方向法观测水平角的操作顺序及记录、计算方法。

2. 弄清归零、归零差、归零方向值、$2c$ 变化值的概念以及各项限差的规定。

准备工作

每三人一组，轮换操作。每组领取 DJ6 型经纬仪 1 台，记录板 1 块，测伞 1 把。

实验步骤

1. 在指定的测站点安置仪器，进行对中、整平。在测站周围选择 3 个以上目标。

2. 盘左。瞄准起始方向目标，使水平度盘读数略大于零，记入手簿。顺时针方向依次瞄准各目标，并读数记录。最后仍瞄准起始方向目标、读数，检查归零差是否超限。

3. 盘右。瞄准起始方向目标读数，逆时针方向依次瞄准各目标，并读数记录。最后仍瞄准起始方向目标、读数，检查归零差是否超限。

4. 计算。同一方向两倍视准误差 $2c$ = 盘左读数 −（盘右读数 ± 180°）；各方向的平均读数 = [盘左读数 +（盘右读数 ± 180°）]/2；将各方向平均读数减去起始方向的平均读数，即得各方向的归零后方向值。

5. 依上述方法观测和计算其他测回，最后计算各测回同一方向的平均值并检查同一方向位各测回互差是否超限。

注意事项

1. 应选择远近适中，易于瞄准的清晰目标作为起始方向。如果方向数只有 3 个，可以不归零。

2. 限差规定。半测回归零差 ±18″，同一方向各测回互差 ±24″。超限应重测。

第四章　距离测量与直线定向

教学内容

1. 钢尺量距离的工具、方法及成果处理。

2. 视距测量原理。

3. 光电测距仪。

4. 直线定向。

重点和难点

1. 重点　钢尺量距离的方法及成果处理,直线定向。

2. 难点　钢尺精密量距离的成果处理。

距离测量是测量的基本工作之一。地面上两点间的距离是指这两点沿铅垂线方向在大地水准面上投影点间的弧长;当测区面积不大,可用水平面代替水准面时,距离是指地面上两标志点之间的水平直线长度(简称平距)。如图 4-1 所示,$A'B'$的长度就代表了地面点 A、B 之间的水平距离,AB 的长度则是倾斜距离(简称斜距)。

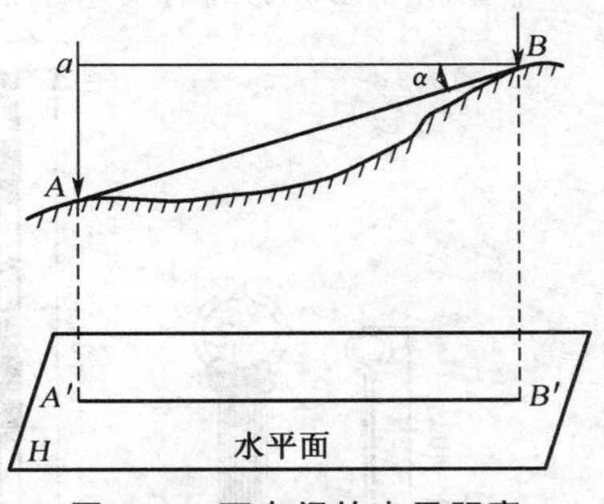

图 4-1　两点间的水平距离

根据所用测距工具的不同,水平距离测量的方法包括钢尺量距、视距测量、光电测距等。

第一节　钢尺量距

钢尺量距是传统的量距方法,适用于地面平坦、边长较短的距离测量。按丈量方法的不同分为一般量距和精密量距。

一、量距工具

钢尺分为普通钢卷带尺(简称钢卷尺)和铟瓦线尺两种。

钢卷尺,宽 10～15 mm,厚 0.2～0.4 mm,长度有 20 m、30 m 和 50 m 等几种,卷放在圆形盒或金属架上。钢尺的基本分划为“cm”,最小分划为“mm”,在“m”处和“dm”处有数字注记。

钢卷尺分为端点尺和刻线尺两种。端点尺是以尺外缘作为尺的零点,如图 4-2(a)。刻线尺是以尺的前端某一刻线作为尺的零点,如图 4-2(b)。较精密的钢尺,制造时有规定的温度及拉力，如在尺端刻有“30 m、20℃、100 N”字样。它表示在检定该钢尺时的温度为20℃，拉力为100 N，30 m为钢尺刻线的最大注记值，通常称之为名义长度。

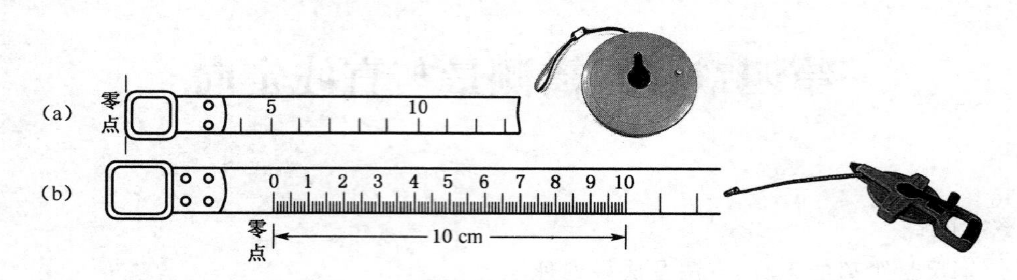

图 4-2　端点尺和刻线尺

铟瓦线尺是用镍铁合金制成的，尺线直径1.5 mm，长度为24 m，尺身无分划和注记，在尺两端各连一个三棱形的分划尺，长8 cm，其上最小分划为1 mm。铟瓦线尺全套由4根主尺、1根8 m(或4 m)长的辅尺组成。不用时卷放在尺箱内。

如图4-3所示，钢尺量距的辅助工具有测钎、标杆、垂球、弹簧秤和温度计。

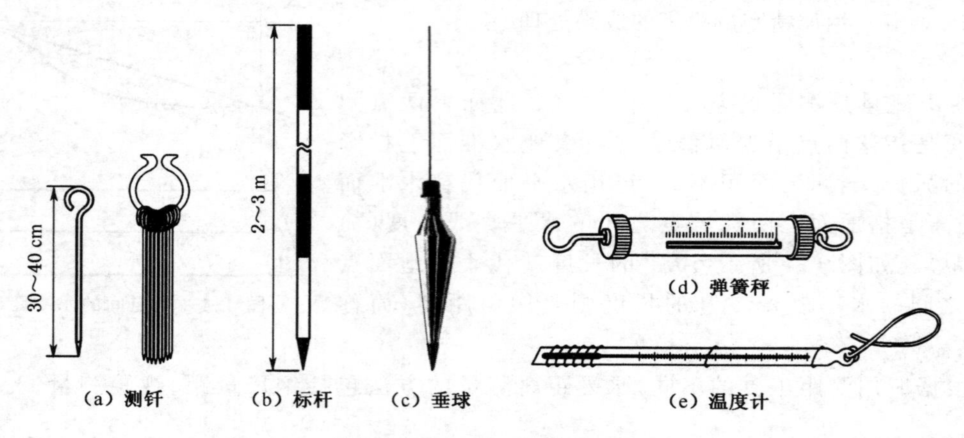

图 4-3　钢尺量距的辅助工具

标杆又称花杆，长2～3 m，直径3～4 cm，杆上涂以20 cm间隔的红、白漆，底部装有铁脚，用于标定直线。测钎用粗钢丝制成，用来标志尺段的起、讫点和计算量过的整尺段数。垂球用来投点。弹簧秤用于控制拉力。温度计用于测定温度。

二、直线定线

当两个地面点之间的距离超过一尺长或地形起伏较大时，为使钢尺量距方便，需要在直线的方向线上先定出一些临时性标志点以保证分段所丈量的距离在同一直线上，这个工作叫做直线定线。一般量距采用目估法定线，精密量距采用经纬仪或全站仪定线。

目估法定线如图4-4(a)所示，先在端点A、B处立标杆，甲在A点后瞄准B，使视线与标杆边缘相切，甲再指挥乙左右移动标杆，直到A、1、B三标杆在一条直线上，然后在标杆根部插下测钎。依此类推，在所有整尺段位置上插上测钎。直线定线一般由远及近进行。

经纬仪定线是以望远镜十字丝纵丝为准，概量定点。如图4-4(b)所示，在起点A安置经纬仪，望远镜精确瞄准终点 B 上的标杆，此时照准部在水平方向上固定；再沿 BA 方向按尺段长概量 $B1$ 距离；然后纵转望远镜瞄到 1 处附近，指挥 1 号分段点测钎定在十字丝的纵丝影像上。同法依次在 AB 线上定分段点 2、3 等。

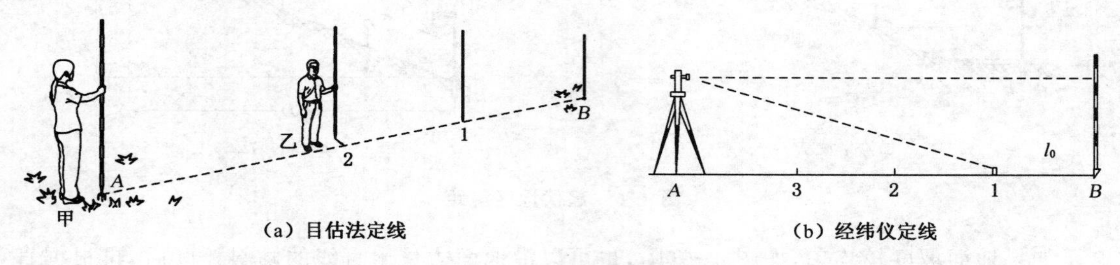

(a) 目估法定线　　(b) 经纬仪定线

图 4-4　直线定线

三、钢尺量距的一般方法

1. 平坦地区水平量距

在平坦地区量距时，钢尺可沿地面用整尺法丈量，即在直线定线的基础上，依次丈量 n 个整尺段，再量取余长段的距离。如图 4-5 所示，丈量距离 AB。

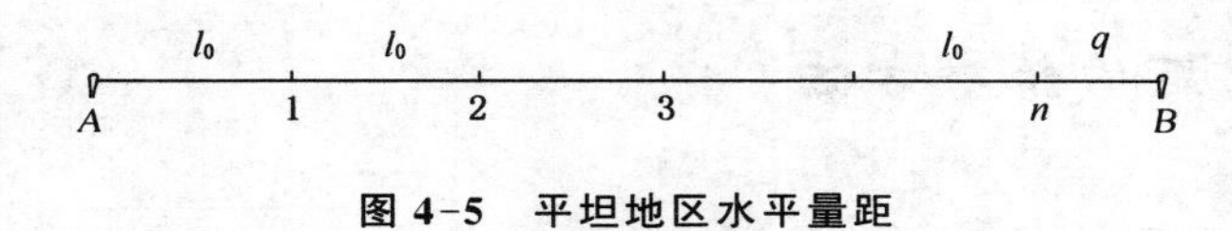

图 4-5　平坦地区水平量距

后尺员持钢尺的零端立于 A 点，前尺员持钢尺末端和测钎沿 AB 方向线前进并伸展钢尺至一整尺处的 1 点。两人同时将钢尺抖动使之平贴在地面上，随后以均匀的拉力渐渐将钢尺拉紧拉直。当后尺端零分划线准确对准 A 点时，后尺员发出口令，前尺员在听到口令的同时将测钎对准整尺段分划垂直插入土中。此时便完成一个尺段的丈量。按上述方法继续丈量余下的尺段。每丈量完一个尺段，后尺员便收集前尺员所插的测钎。如果最后一段不足一整尺时，由前尺员读出终点 B 所对准的分划线读数（即尾数，一般读至厘米），便完成了 AB 距离的一次丈量。所测 AB 的距离 D 为：

$$D = n \cdot l_0 + q$$

式中：n——整尺段数（测钎数）；

l_0——整尺长；

q——余长段的距离。

2. 起伏地区量距

在倾斜不大的地区量距，一般采取抬高尺子的一端或两端，使尺子呈水平状态以量得直线的水平距离。如图 4-6(a)，地面倾斜较小，在丈量时，使尺子一端对准地面标志点，将另一端抬高使尺子呈水平（目估）。拉紧后，对准尺上分划悬挂垂球线，再标出垂球尖端所对的地面点位，即为该分划线的水平投影位置。连续分段丈量，得到 AB 直线的水平距离 D。这种丈量方法要掌握好钢尺水平、垂球稳定、每段高差适当。一般从高处向低处丈量，能获得较好的结果。

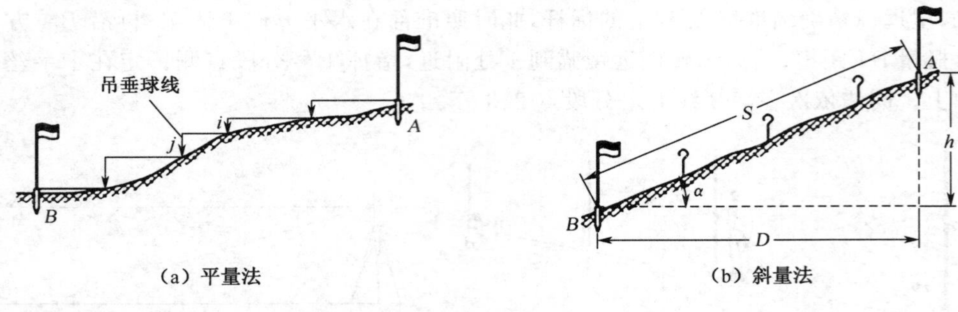

图 4-6　起伏地区量距

如果地面坡度较均匀，如图 4-6(b)，也可以沿地面丈量出直线的倾斜长度后，再根据直线的倾角或直线两端点的高差，通过计算求得直线的水平距离 D：$D=\sqrt{S^2-h^2}$。

3. 往返丈量

为了检核并提高精度，应进行往返丈量，计算相对误差 $K=\dfrac{|D_{往}-D_{返}|}{D_{平均}}=\dfrac{1}{\dfrac{D_{平均}}{|D_{往}-D_{返}|}}\leqslant\dfrac{1}{3\,000}$。

四、钢尺量距的精密方法

1. 量距方法

量距前首先清理现场，利用经纬仪定线，标定被测距离的端点、分段点位置，在桩顶绘制十字标志作为丈量标志。如图 4-7 所示，精密量距需要 5 名工作人员，使用检定过的基本分划为毫米的钢尺，2 人拉尺，2 人读数，1 人指挥、记录并读温度。

丈量时，一人手拉挂在钢尺零分划端的弹簧秤，另一人手拉钢尺另一端，将尺置于被测距离上，张紧尺子，待弹簧秤上指针指到该尺检定时的标准拉力(100 N)时，两端的读尺员同时读数，估读至 0.5 mm。每段距离要移动钢尺位置丈量 3 次，移动量一般在 1 cm 以上，3 次量距较差一般不超过 3 mm。每次读数的同时读记温度，精确至 0.5℃。然后用水准仪测量两端点桩顶高差，一般进行往返测量，往返测得的高差较差应不超过±10 mm。

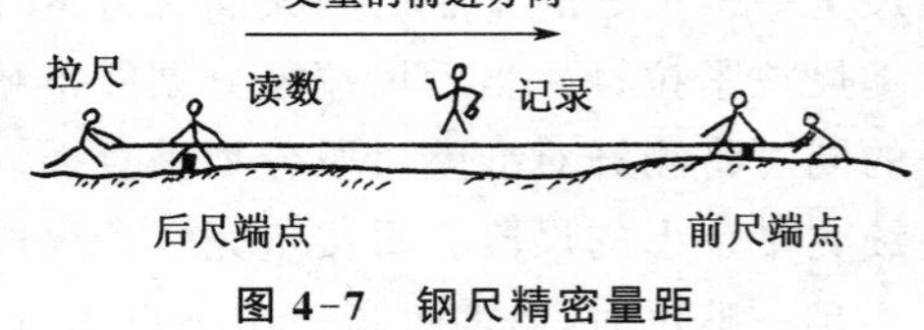

图 4-7　钢尺精密量距

2. 成果整理

钢尺精密量距的结果需进行尺长改正、温度改正及倾斜改正，求出改正后的平距。

五、钢尺量距时注意事项

(1) 钢尺必须经过检定。

(2) 设法测定钢尺表面温度。

(3) 钢尺丈量拉力应与检定拉力相同，保持拉力均匀。

(4) 认真定线，丈量时钢尺边必须紧贴定向点。

(5) 整尺段悬空时，中间应有人托住钢尺。

(6) 丈量中对准点位，配合协调，避免听错、记错数据。

第二节　视距测量

视距测量是利用测量仪器望远镜中的视距丝并配合视距尺，根据几何光学及三角学原理，同时测定两点间的水平距离和高差的一种方法。此法操作简单，速度快，不受地形起伏的限制，但测距精度较低，一般为 1/200，故常用于地形测图。视距尺一般可选用普通塔尺。

一、视线倾斜时的视距测量公式

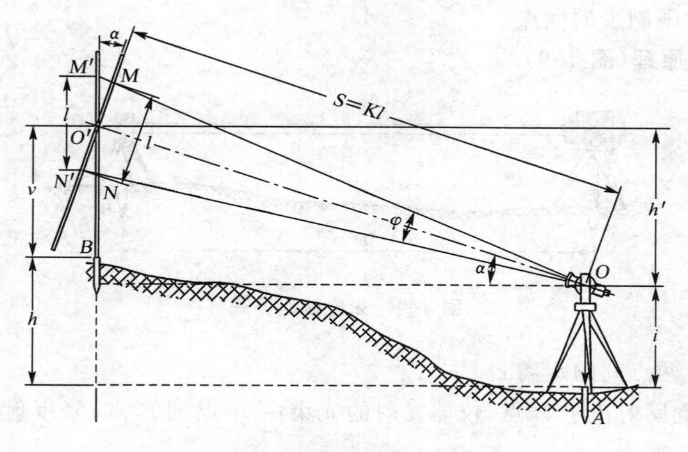

图 4-8　倾斜时的视距测量

$$D = S\cos\alpha = Kl\cos 2\alpha$$

$$h = D\tan\alpha + i - v$$

二、视距测量方法

(1) 安置仪器于测站点上，对中、整平后，量取仪器高 i，读数至厘米。

(2) 在待测点上竖立视距尺。

(3) 转动仪器照准部照准视距尺，在望远镜中分别用上、下、中丝读得读数 M、N、V；再使竖盘指标水准管气泡居中，在读数显微镜中读取竖盘读数。

(4) 根据读数 M、N 算得视距间隔 l；根据竖盘读数算得竖角 α；利用视距公式，计算平距 D 和高差 h。例如：

【例 4-1】　已知 $H_A = 35.32$ m，$i = 1.39$ m，上、下丝读数为 1.264 m，2.336 m，盘左竖盘读数 $L = 82°26'00''$，竖盘指标差 $x = 1'$，求两点间的平距和高差。

【解】　视距间隔 $l = 2.336 - 1.264 = 1.072$ m

竖角 $\alpha = 90° - 82°26'00'' + 1' = 7°35'$

平距 $D = Kl\cos 2\alpha = 105.33$ m

中丝 $v=$（上丝 + 下丝）$/2=1.8\ \mathrm{m}$

高差 $h=D\tan\alpha+i-v=+13.61\ \mathrm{m}$

B 点高程 $HB=35.32+13.61=48.93\ \mathrm{m}$。

第三节　光电测距仪

光电测距实操技术

电磁波测距（简称 EDM）是用电磁波（光波或微波）作为载波传输测距信号，直接测量两点间距离的一种方法。电磁波测距作为一种先进的测距方法，具有测程远、精度高、作业效率高、受地形条件限制少的优点。

1. 光电测距原理（图 4-9）

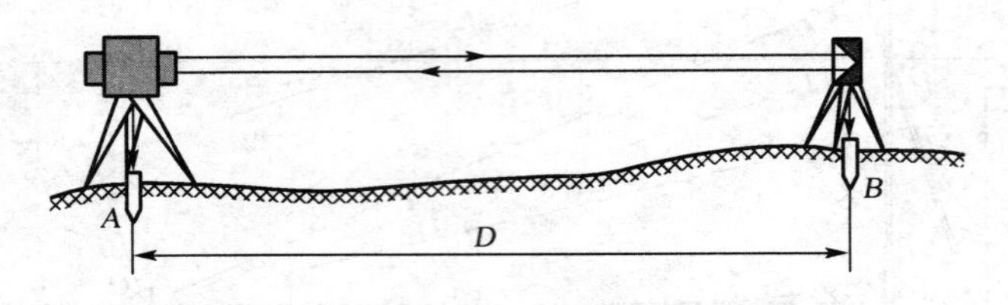

图 4-9　光电测距原理

欲测定 A、B 两点间的距离 D。

（1）首先安置反射镜于 B 点，仪器发射的光束由 A 点到 B 点，经反射镜反射后返回到仪器上。

（2）设光速 c 为已知，如果光束在欲测距离 D 上往返传播的时间 t 已知，那么，距离 D 可由下式求出：

$$D=\frac{1}{2}ct$$

$$c=c_0/n$$

式中，c_0 为真空中的光速值，$c_0=299\,792\,458\ \mathrm{m/s}$；$n$ 为大气折射率，与测距仪所用光源的波长、测线上的气温 t、气压 p 和湿度 e 有关。

2. 光电测距仪测量操作步骤与方法

（1）安置仪器　先在测站上安置好经纬仪，对中、整平后，将测距仪主机安装在经纬仪支架上，用连接器固定螺钉锁紧，在目标点安置反射棱镜，对中、整平，并使镜面朝向主机。

（2）观测垂直角、气温和气压　用经纬仪十字横丝照准觇板中心，如图 4-10 所示，测出垂直角 a，同时，观测和记录温度和气压计上的读数。

（3）测距准备　按电源开关键“PWR”棱镜常数值，主机自检并显示原设定的温度、气压和棱镜常数值，通过后将显示“good”。

如果修正原设定值，可按“TPC”键后输入温度、气压值或棱镜常数（一般通过“ENT”键）和数字键逐个输入。

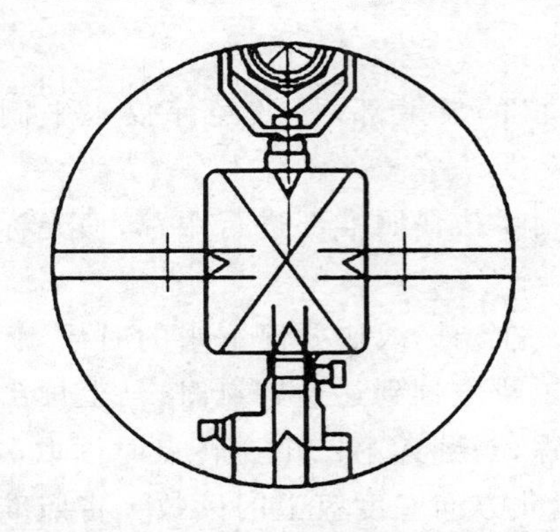

图 4-10　经纬仪十字横丝照准觇板中心图示

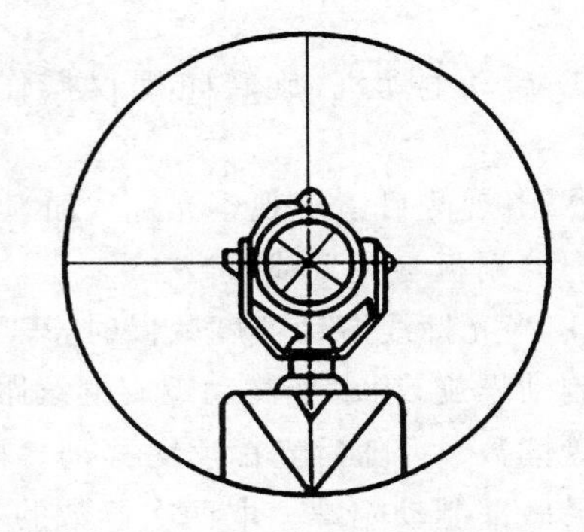

图 4-11　测距仪望远镜精确瞄准棱镜中心图示

(4) 距离测量

① 调节主机照准轴，水平调整手轮和主机俯仰微动螺旋，使测距仪望远镜精确瞄准棱镜中心，如图 4-11 所示。

② 精确瞄准后，按“MSR”键，主机将测定并显示经温度、气压和棱镜常数改正后的斜距。在测量中，若光速受挡或大气抖动等，测量将暂被中断，待光强正常后继续自动测量；若光束中断 30 s，须光强恢复后，再按“MSR”键重测。

③ 斜距到平距的改算，通常在现场用测距仪进行。操作方法是：按“V/H”键后输入垂直角值，再按“SHV”键显示水平距离。连续按“SHV”键可依次显示斜距、平距和高差。

3. 光电测距避免误差产生的注意事项

(1) 测量时测线应离开地面障碍物 1.3 m 以上，避免通过发热体和较宽水面的上空；且应避开强电磁场干扰的地方，例如变压器等。

(2) 镜站的后面不应有反光镜和其他强光源等背景的干扰。

(3) 气象条件对光电测距影响较大，微风的阴天是观测的良好时机。视场内只能有反光棱镜，应避免测线两侧及镜站后方有其他光源和反光物体，并应尽量避免逆光观测。

第四节　直线定向

直线方向的测定

1. 磁方位角的测定

(1) 将罗盘仪安置在直线的起点，对中，整平(罗盘盒内一般均设有水准器，指示仪器是否水平)。

(2) 旋松螺旋 P，放下磁针，然后转动仪器，通过瞄准设备去瞄准直线另一端的标杆。

(3) 待磁针静止后，读出磁针北端所指的读数，即为该直线的磁方位角。

2. 真方位角的测定

(1) 首先使陀螺经纬仪在测线起点，对中、整平，在盘左位置装上陀螺仪，并使经纬仪和陀螺仪的目镜同侧，接通电源。

(2) 粗定向，有两逆转点法、1/4 周期法和罗盘法。其中，两逆转点法的操作方法如下：

① 启动电动机，旋转陀螺仪操作手轮，放下陀螺仪的灵敏部，松开经纬仪水平制动螺旋。

② 由观测目镜中观察光标线游动的方向和速度，用手扶住照准部进行跟踪，使光标线随时与分划板零刻划线重合。

③ 当光标线游动速度减慢时，表明已接近逆转点。在光标线快要停下来的时候，旋紧水平制动螺旋，用水平微动螺旋继续跟踪，当光标出现短暂停顿到达逆转点时，马上读出水平度盘读数 A_1，随后光标反向移动。同法继续反向跟踪，当到达第二个逆转点时读取 A_2，托起灵敏部制动陀螺。取两次读数的平均值，即得近似北方向左度盘上的读数。将照准部安置在此平均读数的位置上，这时，望远镜视准轴就近似指向北方向。

(3) 精密定向。当望远镜已接近指北，便可进行精密定向。精密定向有跟踪逆转点法和中天法，其中跟踪逆转点法的操作方法如下：

① 将水平微动螺旋放在行程中间位置，制动经纬仪照准部。

② 启动电动机，达到额定转速并继续运转 3 min 后缓慢地放下陀螺灵敏部，并进行限幅(摆幅：3～7 为宜)，使摆幅不要超过水平微动螺旋行程范围。

③ 用微动螺旋跟踪，跟踪要平稳和连续，不要触动仪器各部位。

当到达一个逆转点时，在水平度盘上读数，然后朝相反的方向继续跟踪和读数。如此连续读取 5 个逆转点读数 a、b、c、d、e 后，结束观测。托起灵敏部，关闭电源，收测。

3. 方向测量所用的仪器

(1) 罗盘仪

① 罗盘仪的构造

罗盘仪的种类很多，用于测直线方位角的仪器构造也不同，但主要部件是磁针、刻度盘和望远镜三部分，如图 4-12 所示。

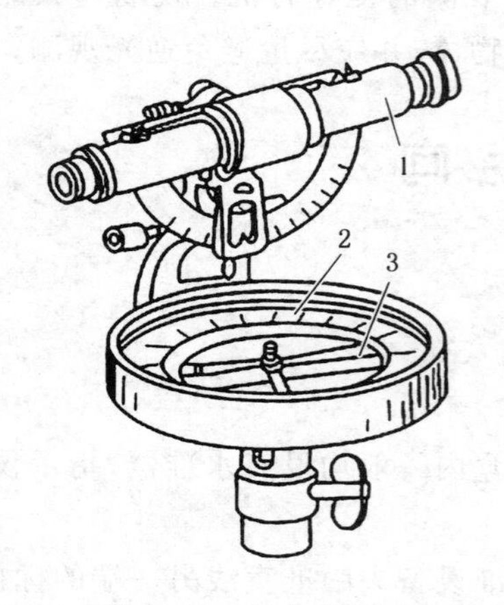

图 4-12 罗盘仪图示

1—望远镜；2—刻度盘；3—磁针

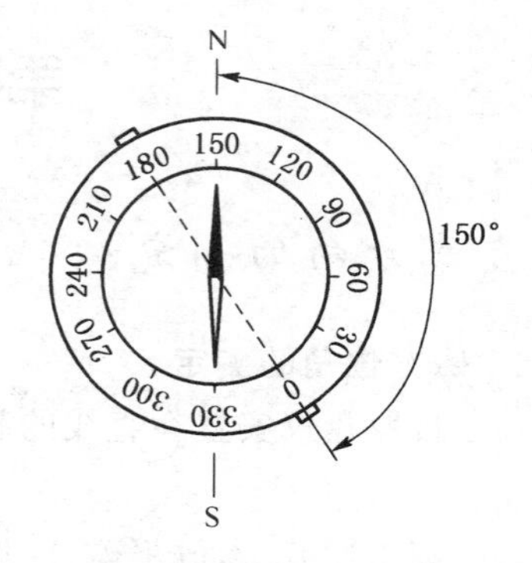

图 4-13 罗盘仪刻度盘图示

罗盘仪的磁针由磁铁制成，位于刻度盘中心的顶针上。在磁针的北端涂有黑漆，南端缠绕有细铜丝。这是因为我国位于地球的北半球，磁针的北端受磁力的影响下倾，缠绕铜丝可以保持磁针水平。磁针下方有一小杠杆，不用时应拧紧杠杆一端的小螺丝，使磁针离开顶针，避免顶针不必要的磨损。

罗盘仪的刻度盘按逆时针方向标有 0°～360°。最小分划为 1°或 30′，每 10°有一注记。物镜端与目镜端分别在刻划线 0°与 180°的上面，罗盘仪内装有两个相互垂直的长水准器，用于整平罗盘仪。罗盘仪的刻度盘如图 4-13 所示。

（2）罗盘仪使用注意事项

① 观测结束后，必须旋紧顶起螺丝，将磁针顶起，以免磁针磨损，并保护磁针的灵活性。如磁针长时间的摆动还不能静止，则说明仪器使用太久，磁针的磁性不足，应进行充磁。

② 使用罗盘仪时附近不能有任何铁器，应当避开高压线、磁场等物质，否则磁针会发生偏转而影响测量结果。

③ 罗盘仪须置平，磁针能自由转动，必须等待磁针静止时才能读数。

4. 陀螺经纬仪

（1）陀螺经纬仪的构造

陀螺经纬仪由经纬仪、陀螺仪和电源箱构成，构造如图 4-14。其中陀螺经纬仪的核心部分是陀螺电机 1，它的转速为 21 500 r/min，安装于密封充氢的陀螺房 2 中，通过悬挂柱 3 由悬挂带 4 悬挂在仪器的顶部，由两根导流丝 5 和悬挂带 4 及旁路结构为电机供电，悬挂柱上装有反光镜 6，它们共同组成陀螺仪的灵敏部。陀螺仪的光电系统经过反射棱镜和反光镜反射后，通过透镜成像在分划板上。陀螺仪的锁紧和限幅装置用于固定灵敏部或限制它的摆动。转动仪器的外部手轮，通过凸轮 9 带动锁紧限幅装置 10 的升降，使陀螺仪灵敏部被托起（锁紧）或放下（摆动）。

陀螺经纬仪外壳内壁有磁屏蔽罩，以防止外界磁场的干扰，陀螺仪的底部与经纬仪的桥形支架相连。

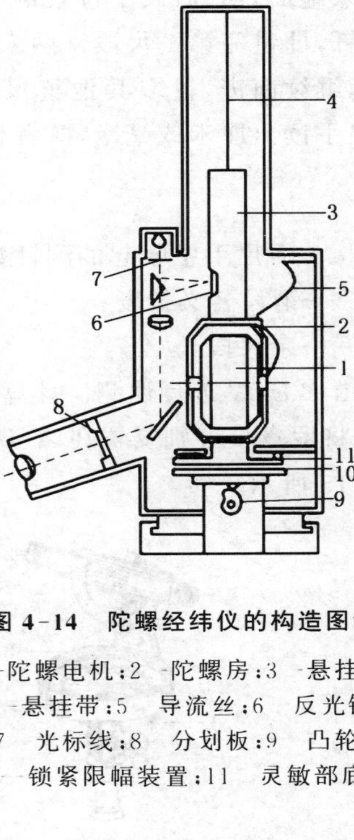

图 4-14　陀螺经纬仪的构造图示

1—陀螺电机；2—陀螺房；3—悬挂柱；4—悬挂带；5—导流丝；6—反光镜；7—光标线；8—分划板；9—凸轮；10—锁紧限幅装置；11—灵敏部底座

（2）陀螺经纬仪的特性及用途

① 定轴性。在没有外力矩作用时，其转轴的空间方位不变。

② 进动性。在外力矩作用下，如果力矩作用的转轴与陀螺的转轴不在同一铅垂面时，陀螺转轴沿最短路径向外力矩作用的转轴做“进动”，直至两轴位于同一铅垂面为止。

第五节　实验项目

一、钢尺量距与罗盘仪定向

目的要求

1. 掌握距离丈量的一般方法。

2. 学会用罗盘仪测定直线的磁方位角。

3. 要求往、返测相对误差应小于 1/3 000。

准备工作

每组 4～5 人,前尺手 2 人,后尺手 1 人,记录 1 人,定线 1～2 人。每组领取钢尺(20 m 或 30 m)1 盒、标杆 3 根、测钎 4 根、木桩及小钉各 4 个、垂球 1 个、斧头 1 把、罗盘仪 1 台、记录板 1 块。

实验步骤

1. 在较平坦地面上选定相距 50 m 或 70 m 的 A、B 两点打下木桩,桩顶钉上小钉,如在水泥地面画上"×"作为标志。

2. 在 A、B 两点竖立标杆,据此进行直线定线。

3. 钢尺量距。往测时,后尺手持钢尺零端;前尺手持尺盒并携标杆和测钎沿 AB 方向前进,行至约一尺段处停下,听后尺手(或定线员)指挥向左、右移动标杆,当标杆进入 AB 线内后插入地面,前、后尺手拉紧钢尺,后尺手将零刻划对准 A 点,喊"好",前尺手在整尺段处插下测钎,即量完第一尺段。两人抬尺前进,当后尺手行至测钎处,同法量取第二尺段,并收取测钎,继续前进,量取其他整尺段。最后为不足一整尺段时,前尺手将一整分划对准 B 点,后尺手读出厘米或毫米,两者相减即为余长 q。计算总长为

$$D_{往} = nl + q$$

式中:n——后尺手中收起的测钎数(整尺段数);

l——钢尺名义长度;

q——余尺段长。

再由 B 向 A 进行返测。计算往、返丈量结果的平均值及相对误差。

4. 将罗盘仪分别安置在 A、B 点测定磁方位角,取其平均值作为 AB 直线的磁方位角,如图 4-15 所示。

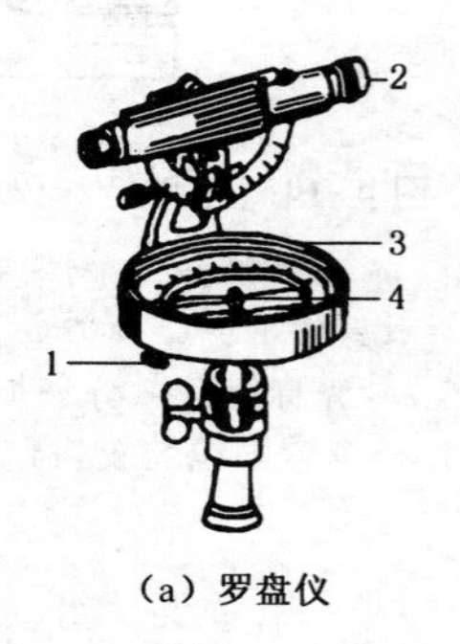

(a) 罗盘仪

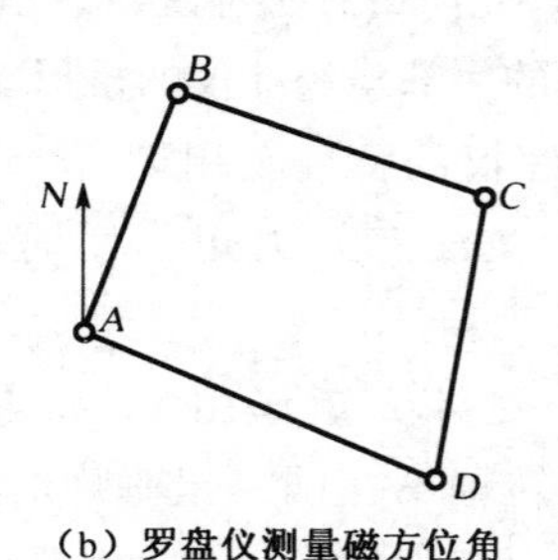

(b) 罗盘仪测量磁方位角

图 4-15

注意事项

1. 量距时,钢尺要拉直、拉平、拉稳;前尺手不得握住尺盒拉紧钢尺。

2. 测磁方位角时,要认清磁北端,应避免铁器干扰。

二、钢尺精密量距

目的要求

1. 掌握精密量距方法和成果计算。

2. 往返丈量相对误差不超过 1/10 000。

准备工作

每 6 人一组,前、后尺手各 1 人,读数 2 人,定线 1 人,记录 1 人,每组领取经纬仪 1 台,水准仪 1 台,水准尺 1 根,检定的钢尺 1 盒,弹簧秤 1 把,温度计 1 支,记录板 2 块,大木桩 5 个,斧头 1 把,铁皮 5 块,伞 1 把。

实验步骤

1. 在较平坦的地面上选定相距约 50 m 或 70 m 的 A、B 两点打下木桩,桩顶钉铁皮,在铁皮上刻"×"标志。

2. 安置经纬仪于 A 点,瞄准 B 点,在 AB 线内每隔稍短于钢尺长度的距离打一木桩,钉上铁皮,并在铁皮上刻"×"标志,如图 4-16 所示。

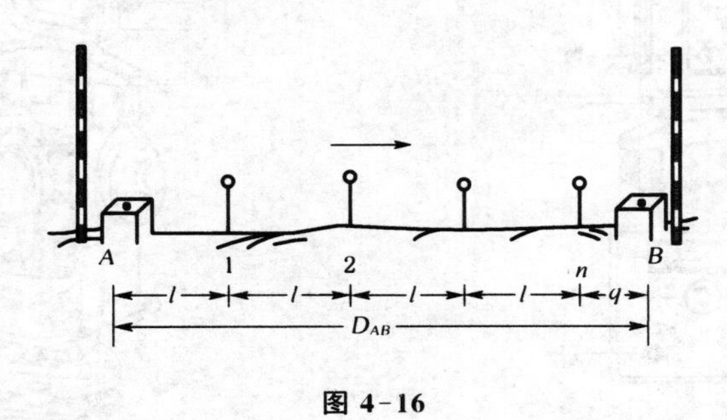

图 4-16

3. 用水准仪测定相邻两桩顶间高差,读至厘米,记入手簿。

4. 后尺手用弹簧秤对钢尺施加标准拉力,分别三次在钢尺两端进行读数,读至 0.5 mm,记入手簿。若三次丈量结果的较差 ≤ 2 mm,取其平均值作为丈量结果。

5. 在每尺段丈量时读取温度一次,读至 0.5℃,记入手簿。

6. 同法返测各尺段长度,记入手簿。

7. 成果计算。

(1) 依公式计算尺长改正、温度改正和倾斜改正及改正后尺段长度:

$$\Delta l_d = l\frac{\Delta l}{l_0}$$

$$\Delta l_t = 0.000\,012\,5(t - t_0)l$$

$$\Delta l_h = -\frac{h^2}{2l}$$

$$D = l + \Delta l_d + \Delta l_t + \Delta l_h$$

(2) 计算直线 AB 总长、平均长度及相对误差。

三、光电测距仪的使用

目的要求

1. 了解 D3000 红外测距仪的主要部件和作用。

2. 掌握 D3000 红外测距仪的使用方法。

准备工作

每实验小组的仪器工具：D3000 红外测距仪 1 台，J2 级光学经纬仪 1 台，反射棱镜 1 个。

操作步骤

1. 了解 D3000 红外测距仪的主要部件和作用

主机外貌：

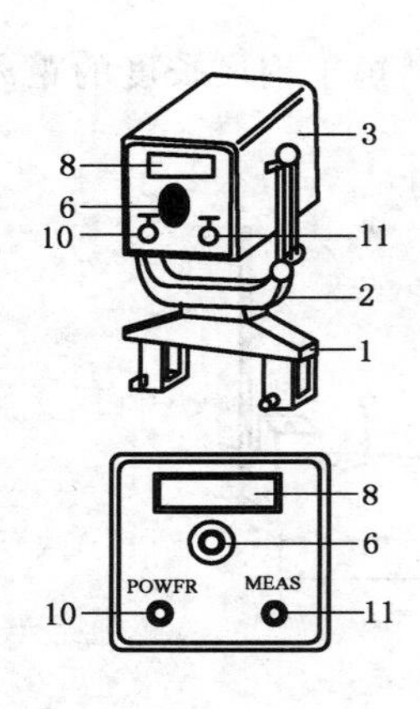

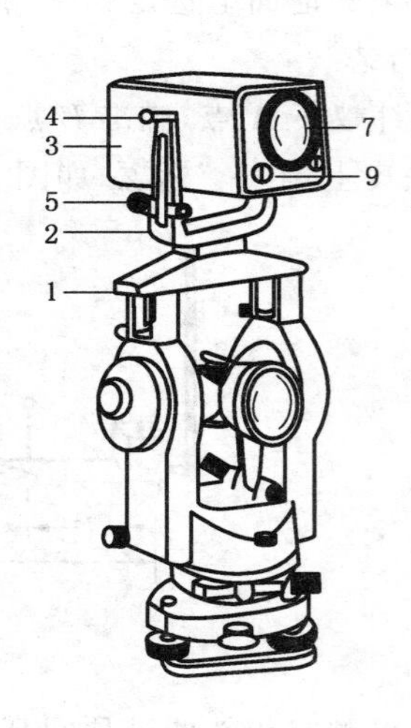

图 4-17

1—支架座；2—支架；3—主机；4—竖直制动螺旋；5—竖直微动螺旋；6—发射接收镜的目镜；7—发射接收镜的物镜；8—显示窗；9—电源电缆插座；10—电源开关键(POWER)；11—测量键(MEAS)

(1) 前面板：发射、接收物镜，数据接口。

(2) 后面板(操作面板)：

① 显示窗

② 操作键

ON	接通仪器电源	RESET	恢复处初始状态
OFF	关机	DEC	减数
SHIFT	功能变换	TRA	跟踪测距
INC	加数	ppm	乘常数预置
DIST	单次正常测距工作	DIL	连续测距
mm	加常数预置	AVE	平均测距

2. D3000 红外测距仪的使用

(1) 经纬仪安置在测站上，完成对中、整平工作。

(2) 反射器安置在测点上，完成对中、整平工作。

(3) 测距仪的安置

① 安装电池：将充满电的盒装蓄电池插入测距仪下方槽位。

② 测距仪与经纬仪连接：把测距仪安放在经纬仪支架上（不松手）与支架接合栓绞合，旋紧测距仪座架制动旋钮，检查固定后再松手。

(4) 瞄准反射器

① 经纬仪瞄准反射器的觇牌中心。

② 测距仪瞄准反射器的棱镜中心。瞄准时，利用座架的垂直制动手轮和微动手轮，使测距仪观测目镜内十字丝中心与棱镜中心重合。

(5) 开机检查　按 ON/OFF 键，在 8 s 内可依次看到全屏幕显示，加、乘常数和电量回光信号显示的内容。在仪器工作正常的情况下，回光信号在 40～60 之间并有连续的蜂鸣声响。

(6) 测距　有 4 种测距模式：

① 正常测距：按 DIST 键一次，启动正常测距功能，4 s 内显示单次测距的倾斜距离。

② 跟踪测距：按 TRC 键一次，启动跟踪测距功能，以 1 s 的间隔连续测距和显示每次测距的倾斜距离。按 RESET 键中断跟踪。

③ 连续测距：按 DIL 键一次，启动连续正常测距功能。以正常测距的规定动作，每 4 s 内显示单次测距的倾斜距离。按 RESET 键中断。

④ 平均测距：按 SHIFT 键，再按 AVE 键一次，启动平均测距功能。连续进行 5 次正常测距，然后显示 5 次正常测距的平均值，按 RESET 键中断。

⑤ 测量竖直角　测量距离并记录后，从经纬仪竖盘读取数字、记录。

⑥ 测量测站处大气压力和温度　一般可在测距前测量大气压力和温度各一次。

⑦ 测量经纬仪高度和反射棱镜中心的高度。

⑧ 由倾斜距离计算水平距离　在短距离情况下，可以不考虑气象改正，按下述公式计算平距和高差：

$$D = s\cos\alpha$$

$$h = D\tan\alpha + i - v$$

式中：s——倾斜距离；

α——竖直角；

i——仪器高度；

v——棱镜高度。

注意事项

1. 测量时，测距仪和反光棱镜均应打伞遮阳。

2. 测距仪系精密贵重仪器，应注意爱护。操作时应小心谨慎，严格按规程操作。

第五章　全站仪及其使用

全站仪(Total Station)是由电子测角、光电测距、微型机及其软件组合而成的智能型光电测量仪器。全站仪的基本功能是测量水平角、竖直角和斜距,借助于机内固化的软件,可以组成多种测量功能,如可以计算并显示平距、高差以及镜站点的三维坐标,进行偏心测量、悬高测量、对边测量、面积计算等,全站仪几乎可以用在所有的测量领域。

第一节　全站仪测量原理(电子测角、测距原理简介)

一、测角原理

光电度盘一般分为两大类:一类是由一组排列在圆形玻璃上具有相邻的透明区域或不透明区的同心圆上刻有编码所形成编码度盘进行测角;另一类是在度盘表面上一个圆环内刻有许多均匀分布的透明和不透明等宽度间隔的辐射状栅线的光栅度盘进行测角。也有将上述二者结合起来,采用“编码与光栅相结合”的度盘进行测角。

二、测距原理

如图 5-1 所示,欲测定 A、B 两点间的距离 D,安置仪器于 A 点,安置反射镜于 B 点。仪器发射的光束由 A 至 B,经反射镜反射后又返回到仪器。设光速 c 为已知,如果光束在待测距离 D 上往返传播的时间为 t,则距离 D 可由 $D=\frac{1}{2}ct$ 求出。式中 $c = c_0/n$。c_0 为真空中的光速值,其值为 299 792 458 m/s;n 为大气折射率,它与测距仪所用光源的波长、测线上的气温 t、气压 p 和湿度 e 有关。

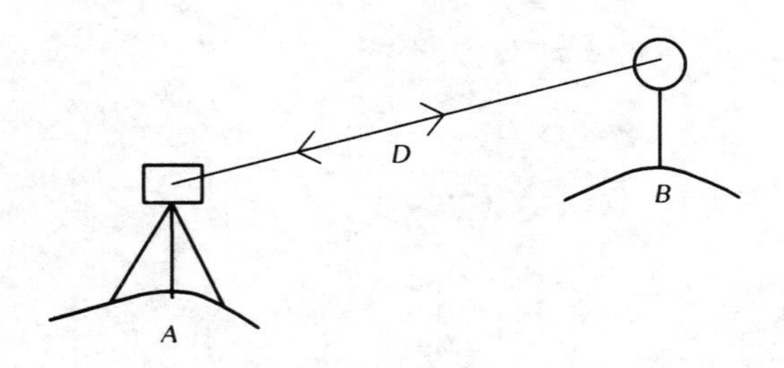

图 5-1　测距原理

第二节　全站仪的使用

一、全站仪安置

包括对中与整平,方法与经纬仪基本相同。有的全站仪用激光对中器,操作十分方便。仪器有双轴补偿器,整平后气泡略有偏差,对观测并无影响。

二、开机和设置

开机后仪器进行自检,自检通过后显示主菜单。测量前进行相关设置,如各种观测测量单位与小数点位数设置、测距常数设置、气象参数设置、标题信息设置、测站信息设置、观测信息设置等。

三、角度、距离、坐标测量

在标准测量状态下,角度测量模式、斜距测量模式、平距测量模式、坐标测量模式之间可互相切换。全站仪精确照准目标后,通过不同测量模式之间的切换,可得所需的观测值。不同型号的全站仪,其具体操作方法会有较大的差异。

1. 水平角测量

(1) 按角度测量键,使全站仪处于角度测量模式,照准第一个目标 A。

(2) 设置 A 方向的水平度盘读数为 $0°00'00''$。

(3) 照准第二个目标 B,此时显示的水平读盘读数即为两方向间的水平夹角。

2. 距离测量

(1) 设置棱镜常数。测距前需将棱镜常数输入仪器中,仪器会自动对所测距离进行改正。

(2) 设置大气改正值或气温、气压值。光在大气中的传播速度会随大气的温度和气压而变化,15℃、760 mm Hg 是仪器设置的一个标准,此时的大气改正为 0×10^{-6}。实测时可输入温度和气压值,全站仪会自动计算大气改正值(也可直接输入大气改正值),并对测距结果进行改正。

(3) 测量仪器高、棱镜高并输入全站仪。

(4) 距离测量。照准目标棱镜中心,按测距键,距离测量开始,测距完成时显示斜距、平距、高差。

应注意,有些型号的全站仪在距离测量时不能设定仪器高或棱镜高,显示的高差值是全站仪横轴中心与棱镜中心的高差。

3. 坐标测量

(1) 设定测站点的三维坐标。

(2) 设定后视点的坐标或设定后视方向的水平度盘读数为其方位角。当设定后视点的坐标时,全站仪会自动计算后视方向的方位角,并设定后视方向的水平度盘读数为其方位角。

（3）设置棱镜常数。

（4）设置大气改正值或气温、气压值。

（5）测量仪器高、棱镜高并输入全站仪。

（6）照准目标棱镜，按坐标测量键，全站仪开始测距并计算显示测点的三维坐标。

第三节　徕卡 TS02Power－5 教学版介绍

一、徕卡 TS02 全站仪的使用

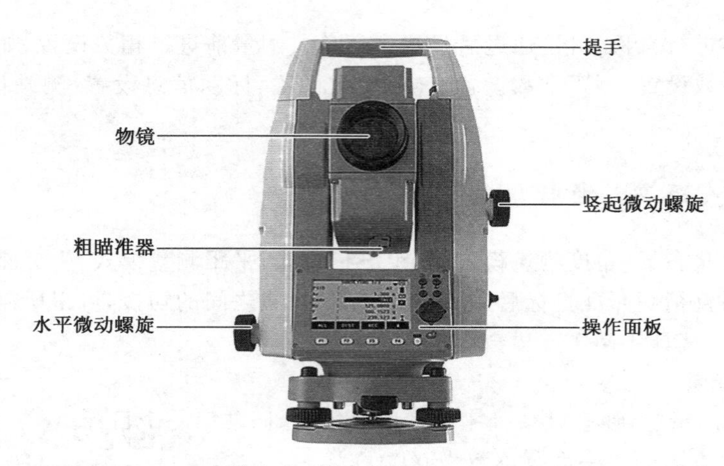

图 5-2　徕卡 TS02Power－5

TS02 是徕卡 TS 系列全站仪中一款基本型全站仪，配有标准的应用程序，能够满足一般测量作业的要求。

1. 仪器的对中整平

仪器的对中整平是使用全站仪的第一步。全站仪架上三脚架后仪器电源开机，仪器的激光对中器将自动激活，并且仪器出现“整平/对中”界面。先用圆气泡整平，再根据图中的电子气泡按照提示精确整平（图 5-3）。

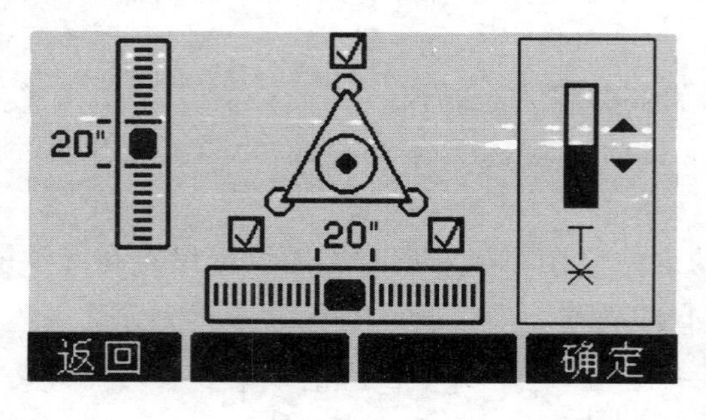

图 5-3

2. 仪器界面图标的认识

（1）键盘的认识（图 5-4）

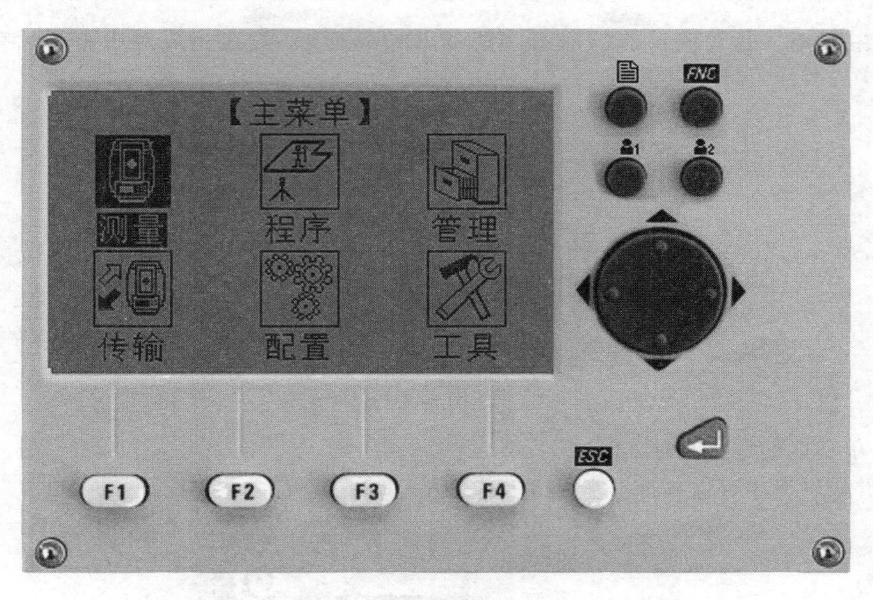

图 5-4

按　键	说　明
	翻页键。当有多页可用时显示下一屏
FNC	FNC 键。快速进入测量辅助功能
	用户自定义键。在 FNC 目录中可自己定义功能
	用户自定义键。在 FNC 目录中可自己定义功能
	导航键。在屏幕上移动光标并进入特定域 与电脑中的方向键功能类似
ESC	右边的为回车键。确认输入然后到下一个域 同电脑中的回车键类似
ESC	左边的为 ESC 键。不做任何更改的退出当前屏或编辑模式。回到高一级的目录 同电脑中的退出键类似
F1 F2 F3 F4	对应于屏幕底部显示功能的功能键

(2) 主菜单　是访问仪器的所有功能的开始界面，一般在完成对中整平后就会出现(图 5-5)。

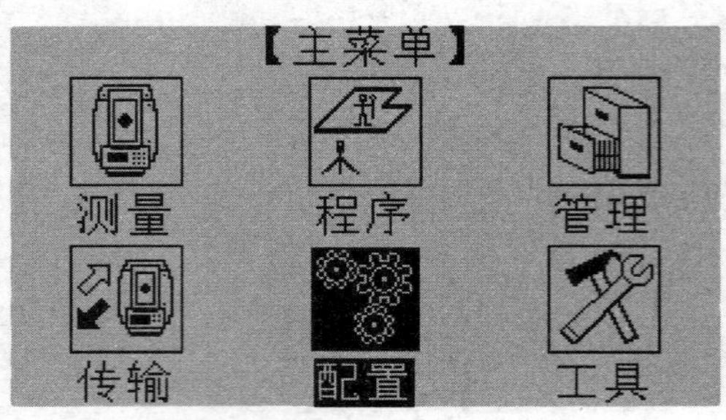

图 5-5

主菜单功能的详细描述：

测量：测量程序可以立即开始测量(图 5-6)。

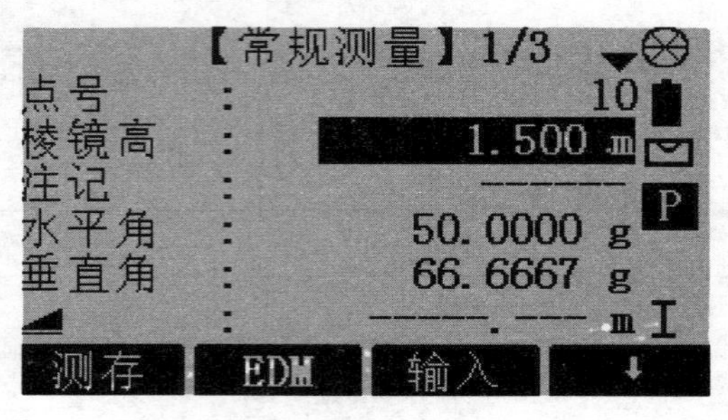

图 5-6

程序：包含了全站仪的全部程序(图 5-7)。

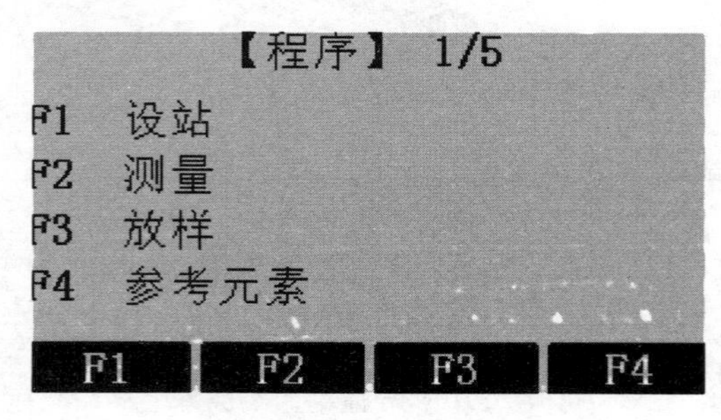

图 5-7

管理：管理作业、数据、编码表、格式文件、系统内存和 USB 储存卡文件(图 5-8)。

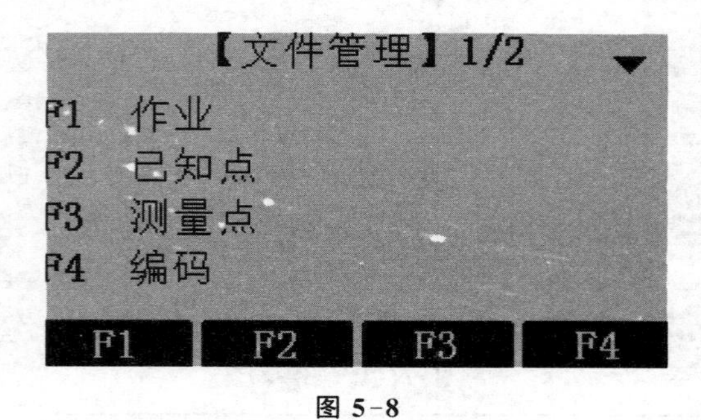

图 5-8

传输:数据的输入和输出(图 5-9)。

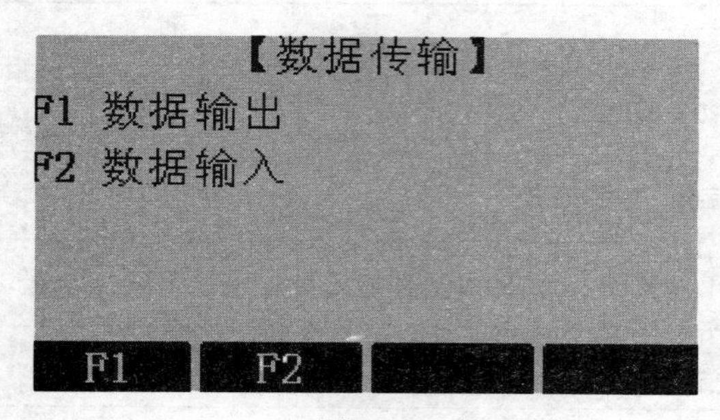

图 5-9

配置:更改 EDM 设置、通讯参数和一般设置(图 5-10)。

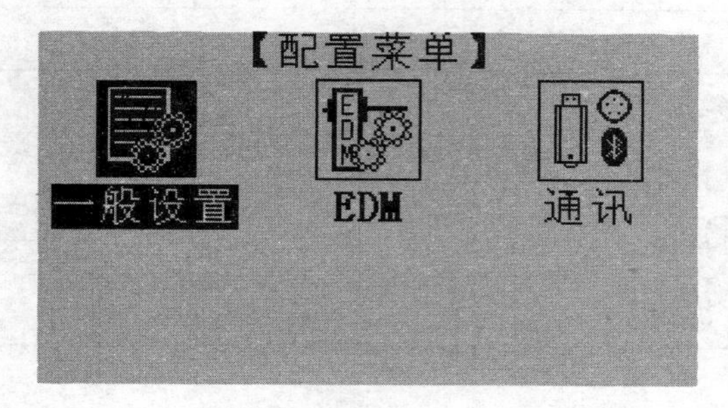

图 5-10

工具:与仪器相关的一些工具(图 5-11)。

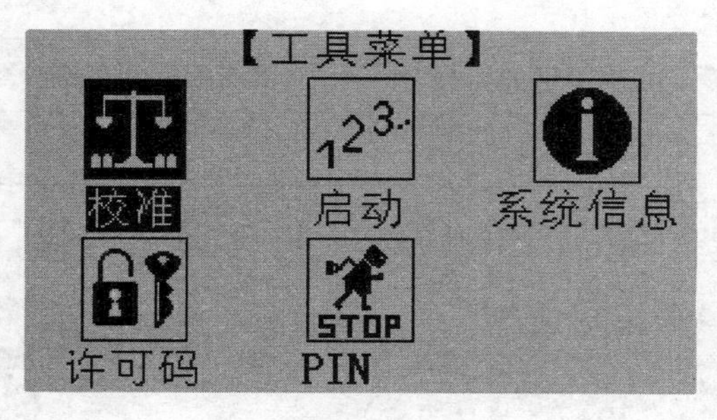

图 5-11

(3) 状态图标:提供与仪器功能有关的状态信息。

图 标	说 明
	电池符号显示电池的剩余电量,当前图例显示还有 75%电量
	补偿器开
	补偿器关
P	EDM 棱镜模式,适用于棱镜和反射目标间的测量
NP	EDM 无棱镜模式,适用于所有目标的测量
!	偏置已激活

续表

图　标	说　明
012	输入法为数字模式
ABC	输入法为字母/数字模式
	表示水平角设置为“左角测量”，即逆时针旋转增加
◀▶	左右箭头表明这个域内有多项内容可选
▲,▼,	上下箭头表明有多个页面可用，使用“ ”进入
Ⅰ	表示望远镜位置在面Ⅰ
Ⅱ	表示望远镜位置在面Ⅱ
	Leica 标准棱镜
MINI	Leica 微型棱镜
	Leica 360°棱镜
MINI	Leica 360°微型棱镜
	Leica 反射片
1　2	用户自定义棱镜
	蓝牙已连接。如果图标旁边有一个十字，表明蓝牙连接端口已选择，但是并未激活
	USB 通讯端口

软按键功能：软按键功能是通过对应的 F1～F4 来实现的(图 5-12)。

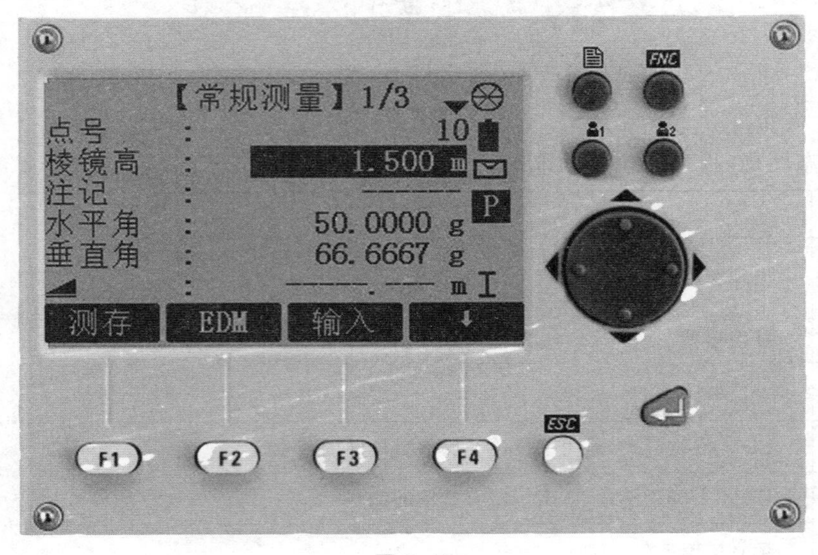

图 5-12

按　键	说　　明
→ABC	切换到字母数字输入模式
→012	切换到数字输入模式
测存	进行距离和角度测量并存储结果
测距	进行距离和角度测量但不存储结果
EDM	查看和更改 EDM 设置
坐标	打开手动输入坐标界面
退出	退出当前屏幕或应用程序
查找	搜索一个已输入的点
输入	TS02　激活字母数字软按键输入文本
P/NP	在棱镜模式和无棱镜模式间进行切换
列表	显示可用点列表
确定	如果是输入界面:确认测量值或输入值并进入下一步操作 如果是消息界面:确认消息并按选择的操作继续或者返回到前一界面重新选择
后退	退回到前一个激活的对话框
记录	记录当前显示数据
重置	恢复所有可编辑的域值为默认值
查看	显示选中点的坐标和作业详细信息
⬇	显示下一级软按键
|⬅	返回到第一级软按键

二、全站仪的基本功能的使用

1. 仪器测量前的设置

仪器在测量前要进行一些基本设置,比如棱镜的选择,是无棱镜还是有棱镜等。主要一些设置如下:

一般设置:进入主菜单,选择配置,选择一般设置。主要设置如图 5-13 所示。

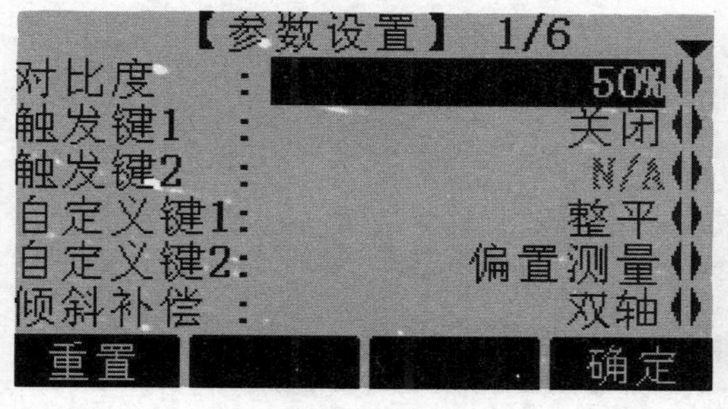

(a)

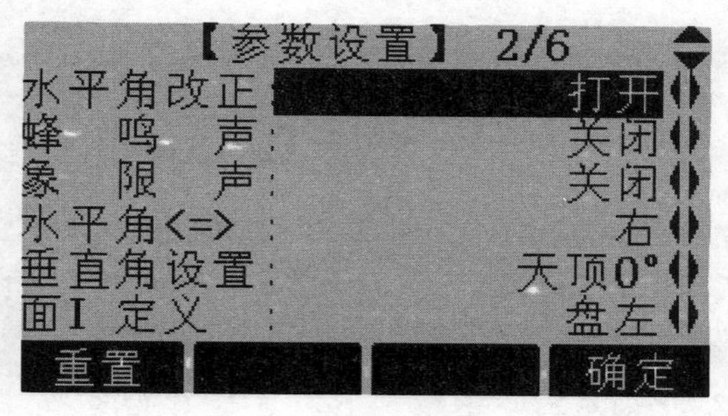

(b)

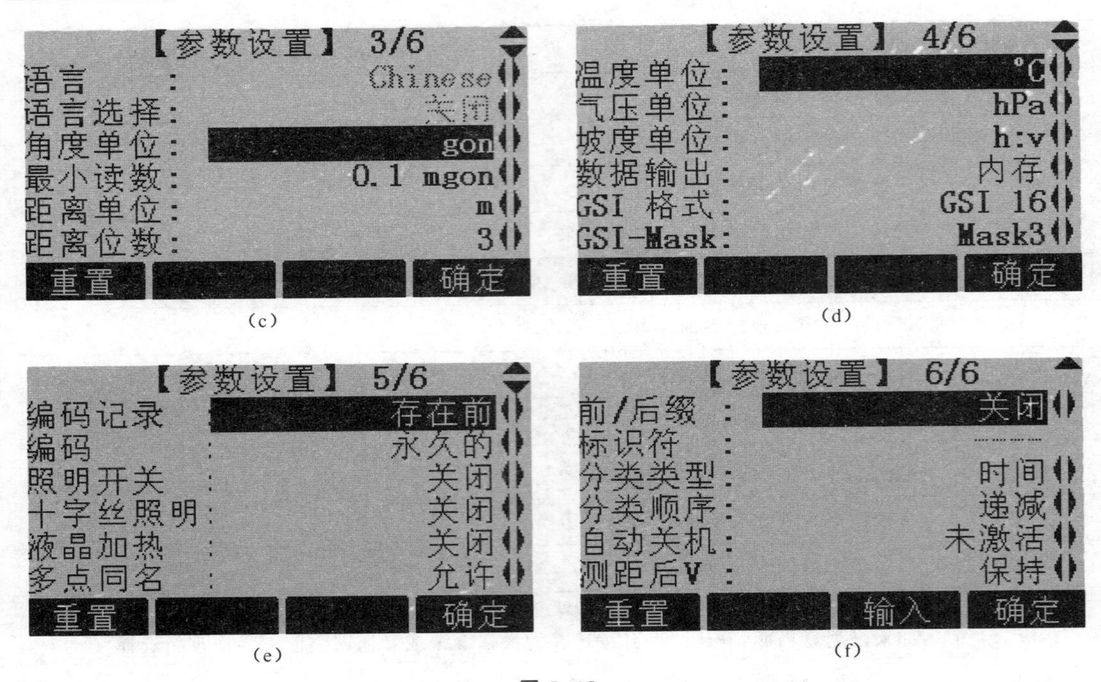

(c)　　(d)

(e)　　(f)

图 5-13

EDM 设置(图 5-14)：　　气象改正(图 5-15)：

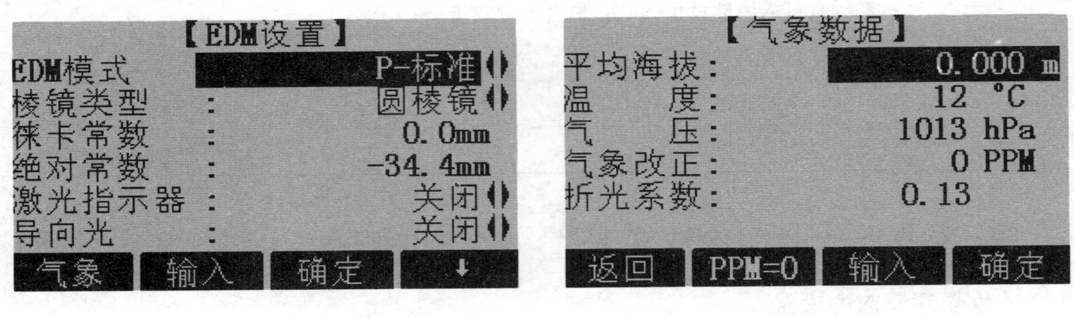

图 5-14　　**图 5-15**

2. 角度和距离的测量

进入主菜单，选择测量选项，在这里可以进行常规的角度和距离测量(图 5-16)。

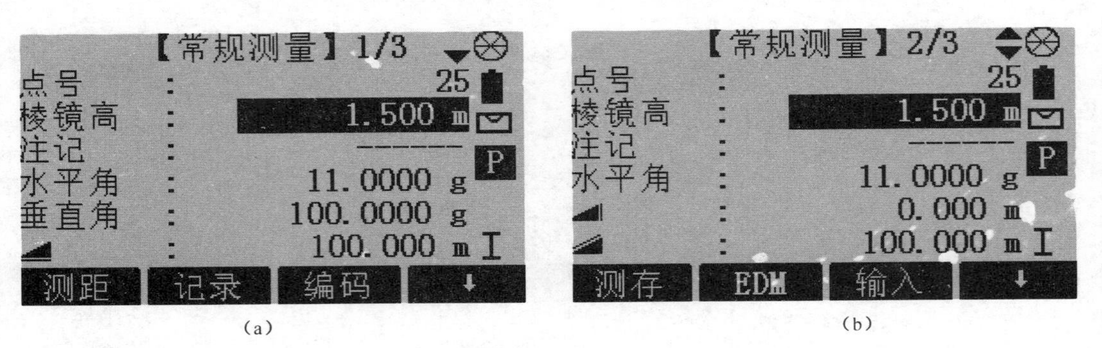

(a)　　(b)

图 5-16

3. 坐标测量

第一步进行设置作业。不同类型的测量数据都存放在如同目录一样的“作业”里，每个“作业”都可以单独管理，分别输出、编辑或删除。因此开始测量前首先要设置一个“作业”以便进行数据管理。设置作业的过程如下：进入主菜单，启动【程序】菜单（图 5-7），按“F2”键（测量），再按“F1”键（设置作业），如图 5-17 所示。此时可以选择仪器中已有的作业，按“确定”键继续测量；或者按“新建”，输入作业名、作业员的姓名，新建一个作业，使后续测量数据都存放在这个作业目录下，再按“确定”键返回上一级界面。也可以启动【文件管理】菜单（图 5-8），按“F1”（作业）键进入【设置作业】界面。如果没有设置作业就启动应用程序，仪器会自动创建一个名为“DEFAULT”的作业。

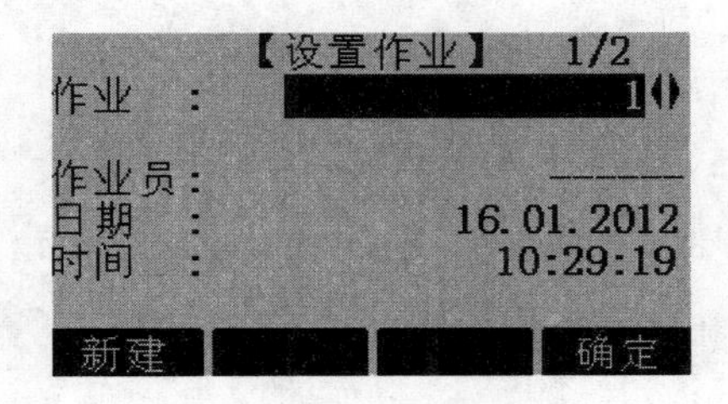

图 5-17　TS02 全站仪设置作业界面

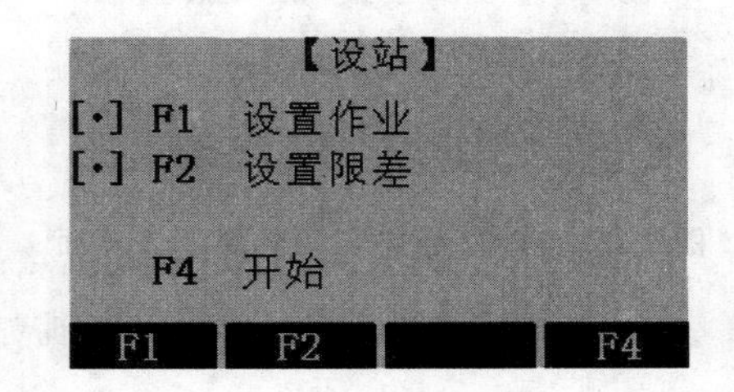

图 5-18　TS02 全站仪设置界面

第二步进行设站。所有测量值和坐标计算都与测站坐标及定向有关，所以设站的目的就是输入测站点和后视点的坐标或已知边的方位角。在 TS02 全站仪中提供了角度定向、坐标定向、后方交会和高程传递四种设站方法。这里主要介绍常用的角度定向和坐标定向方法。

【角度定向设站方法】

(1) 在主菜单界面启动【程序】菜单界面（图 5-16），按“F1”（设站）键进入【设站】程序，如图 5-18 所示。

(2) 按“F4”键开始，进入【输入测站数据】界面，如图 5-19 所示。利用导航键在“方法”后选择“角度定向”；在“测站”后输入测站点号；用小钢卷尺量取仪器高并且输入仪器。

(3) 按“确定”键进入【人工输入】界面，如图 5-20 所示。将仪器瞄准后视点，在“水平角”后输入已知边的方位角。按“设定”键完成设站并返回【程序】菜单。

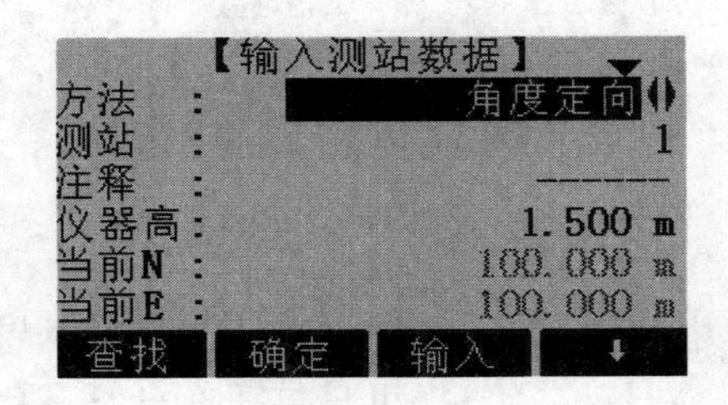

图 5-19　TS02 全站仪输入测站数据界面

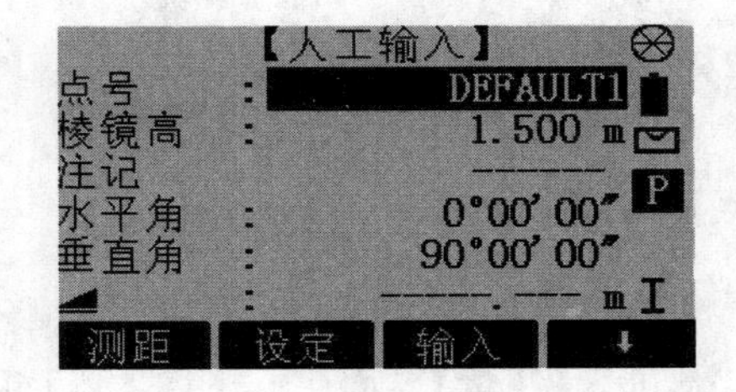

图 5-20　TSO2 全站仪人工输入界面

【坐标定向设站方法】

(1) 在【程序】菜单界面，按“F2”键（测量），再按“F2”键（设站），进入【设站】界面（图 5-18）。

(2) 按“F4”键（开始），进入【输入测站数据】界面（图 5-19）。在“方法”后选择“坐标定向”;在“测站”后输入测站点号,输入或“查找”测站点坐标;用小钢卷尺量取仪器高并且输入仪器。

(3) 按“确定”键进入【目标点输入】界面,如图 5-21 所示。输入后视点点号,按“确定”键搜索内存中的点。选择“列表”中想要的点或按“新点”键输入后视点的坐标。

(4) 按“确定”键进入【测量目标点】界面,如图 5-22 所示。将仪器瞄准后视点,按“测存”键观测后视点。

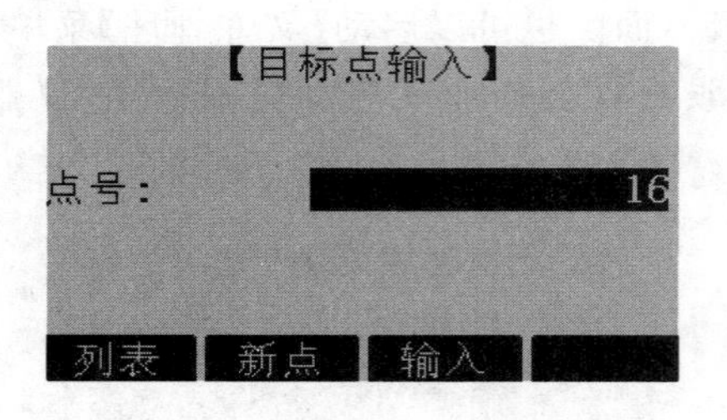

图 5-21 TS02 全站仪目标点输入界面

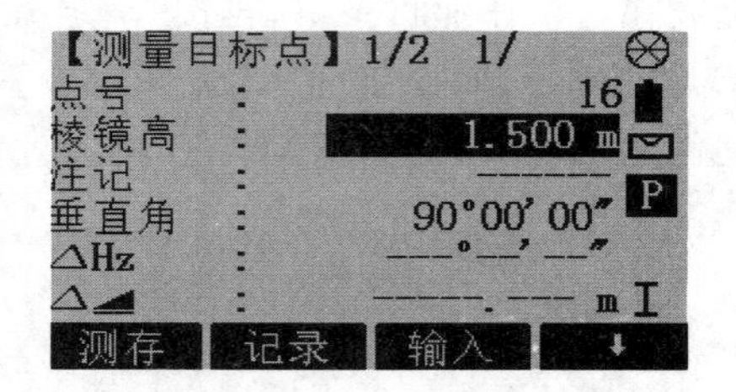

图 5-22 TS02 全站仪目标点测量界面

(5) 进入【结果】界面,如图 5-23 所示。按“F1”键计算测站坐标和方位角。

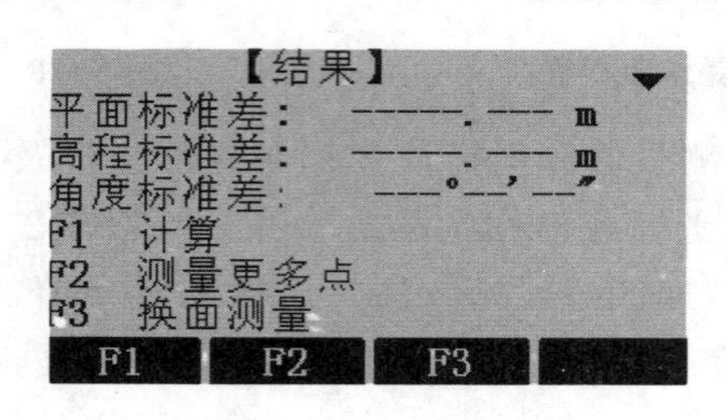

图 5-23 TS02 全站仪结果界面

(6) 进入【设站结果】界面,如图 5-24 所示,显示出测站的坐标和方位角。按“F4”键(设定),选择“新值”,完成设站并返回【程序】菜单。

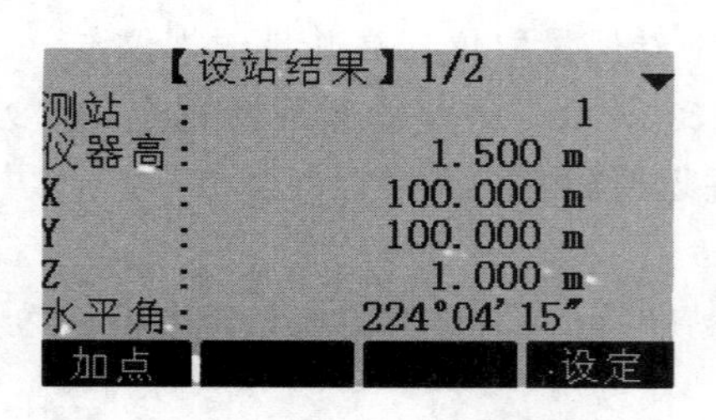

图 5-24 TS02 全站仪设站结果界面

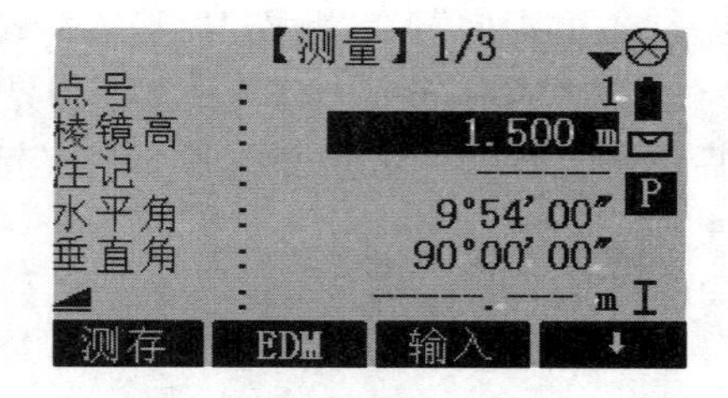

图 5-25 TS02 全站仪测量界面

第三步进行待测目标点坐标测量。在【程序】菜单中(图 5-7),按“F2”键(测量),再按“F4”键进入【测量】界面(图 5-18)。目标点号可由仪器自动产生,也可自行输入点号。在对中杆上读取目标棱镜高,输入仪器。将仪器瞄准目标棱镜,按“F1”键(测存),即可测出目标点的三维坐标,再按“翻页键”查看目标点的坐标。瞄准下一个目标继续测量其他点的坐标,每按一次“测存”键,目标点号自动加 1。按“ESC”键退出应用程序。

4. 放样

(1) 在仪器主菜单中启动【程序】界面,按“F3”键(放样)进入【放样】界面,如图 5-26(a)

所示。首先进行设置作业和设站，方法同前。

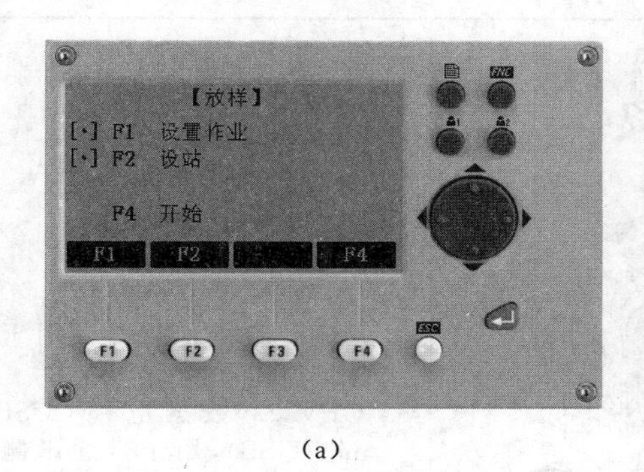

(a)

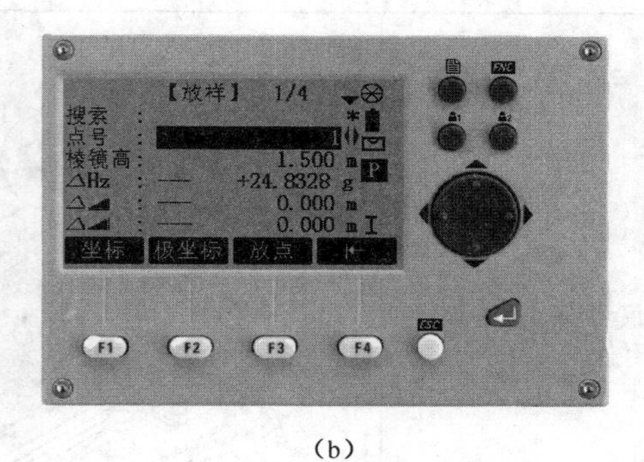

(b)

图 5-26　TS02 全站仪放样界面

(2) 设站完成后，瞄准目标棱镜，按"F4"键(开始)进行放样，如图 5-26(b)所示。再按"F1"键(坐标)，进入【坐标输入】界面，如图 5-34 所示，输入待放样点的点号和坐标。

按"F4"键(确定)，输入棱镜高。

(3) 按"放点"，瞄准对中杆棱镜，按"测距"，仪器显示棱镜当前位置与设计点位的角度差值(ΔH_Z)、距离差值(△◢　)、填挖高度(△◢|　)，用户通过翻页键可以选择其他的显示内容。若待放样点已经存储在仪器中可以不用再输入点号与坐标，直接进行调用。转动望远镜使角度差值(ΔH_Z)趋近于零，测量员指挥持镜员移动棱镜，直到棱镜位于望远镜十字丝竖丝处，再按"测距"，显示新的差值，沿当前棱镜与仪器连线量取距离差值，定出待放样点位。

(4) 按"测存"键记录放样点的观测值，按"ESC"键退出应用程序。

第四节　实验项目

一、全站仪的认识和使用

1. 仪器箱中的仪器及附件

仪器箱中的仪器及附件	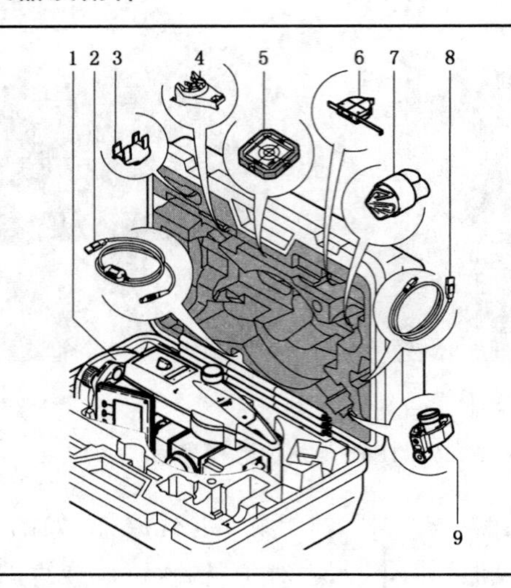	1. 带三角基座的仪器 2. GEV189 数据电缆(USB - RS232) * 3. GLI115 外挂水准器 * 4. GHT196 量高尺支架 * 5. CPR105 扁平棱镜 * 6. GHM007 量高尺 * 7. 用于仪器的保护盖及用于物镜的遮阳罩 * 8. GEV223 数据电缆(USB - mini USB),用于带通讯侧盖的仪器 9. GMP111 微型棱镜 * 注:* 为选配

2. 仪器部件

仪器部件(1/2)		1. USB 存储卡和 USB 电缆接口槽 * 2. 蓝牙天线 * 3. 粗瞄器 4. 装有螺钉的可分离式提把 5. 电子导向光(EGL) * 6. 集成电子测距模块(EDM)的物镜,EDM 激光束出口 7. 竖直微动螺旋 8. 开关键 9. 触发键 10. 水平微动螺旋 11. 第二面键盘 * 注:* 为选配
仪器部件(2/2)	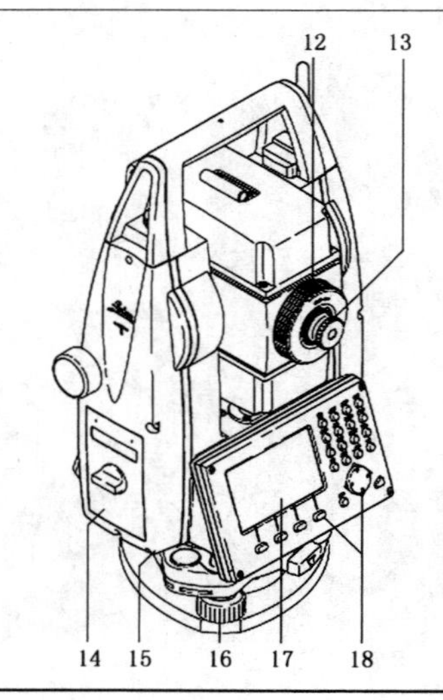	12. 望远镜调焦 13. 目镜;调节十字丝 14. 电池盖 15. RS232 串口 16. 脚螺旋 17. 显示屏幕 18. 键盘

二、用户界面

1. 键盘

<table>
<tr><td>键盘</td><td>标准键盘
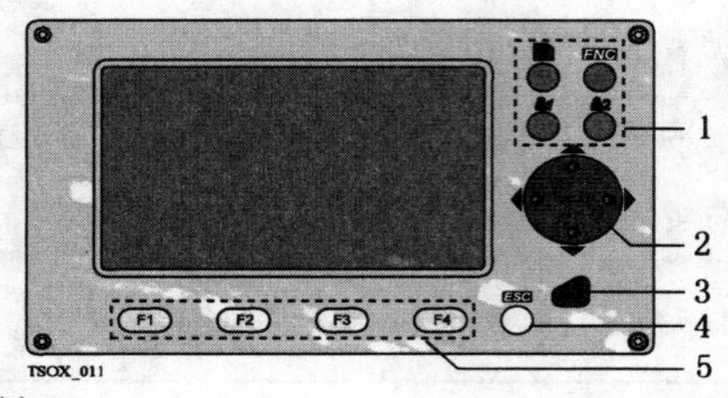

1. 特定按键　　4. ESC 键
2. 导航键　　5. 功能键 F1～F4
3. 输入回车键</td></tr>
</table>

	按　键	说　明
按键	（翻页键图标）	翻页键。当有多页可用时显示下一屏
	（FNC键图标）	FNC 键。快速进入测量辅助功能

2. 屏幕

<table>
<tr><td>屏幕</td><td>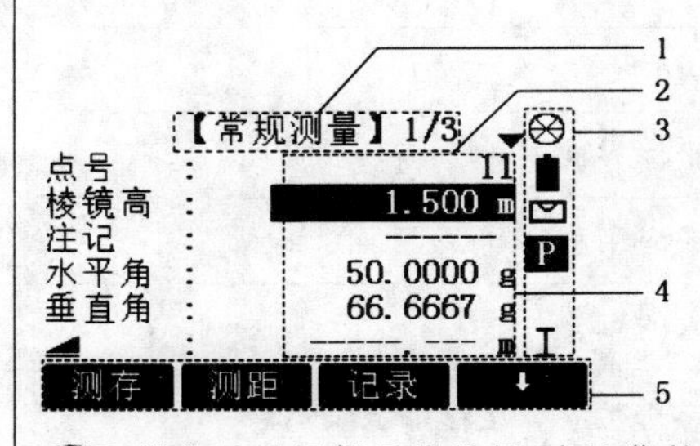

1. 屏幕标题
2. 光标所在处，激活区域
3. 状态图标
4. 域
5. 软按键
☞ 所有显示屏都只是示例，本地化的固件版本可能和基础版本有区别。</td></tr>
</table>

3. 状态图标

说明	图标提供与仪器基本功能有关的状态信息。不同的固件版本会显示不同的图标	
图标	图标	说　明
	（电池图标）	电池符号显示电池的剩余电量，当前图例显示还有 75%电量
	（补偿器开图标）	补偿器开
	（补偿器关图标）	补偿器关
	P	EDM 棱镜模式，适用于棱镜和反射目标间的测量
	NP	EDM 无棱镜模式，适用于所有目标的测量

续表

	图标	说　　明
图标	!	偏置已激活
	012	输入法为数字模式
	ABC	输入法为字母/数字模式
	↺	表示水平角设置为“左角测量”，即逆时针旋转增加
	◀▶	左右箭头表明这个域内有多项内容可选
	▲,▼,⬍	上下箭头表明有多个页面可用，使用 进入

4. 软按键

说明	软按键通过对应的 F1 到 F4 功能键来选择。这一节描述了系统中所使用的公共软按键的功能，更多特定软按键会在它们出现的应用程序章节进行说明	
公共软按键功能	按　键	说　　明
	－>ABC	切换到字母数字输入模式
	－>012	切换到数字输入模式
	测存	进行距离和角度测量并存储结果
	测距	进行距离和角度测量但不存储结果
	EDM	查看和更改 EDM 设置
	坐标	打开手动输入坐标界面
	退出	退出当前屏幕或应用程序
	查找	搜索一个已输入的点
	输入	TS02 激活字母数字软按键输入文本
	P/NP	在棱镜模式和无棱镜模式间进行切换
	列表	显示可用点列表
	确定	如果是输入界面：确认测量值或输入值并进入下一步操作 如果是消息界面：确认消息并按选择的操作继续或者返回到前一界面重新选择
	后退	退回到前一个激活的对话框
	记录	记录当前显示数据
	重置	恢复所有可编辑的域值为默认值
	查看	显示选中点的坐标和作业详细信息

	插入一个字母到当前光标位置　删除当前光标位置的字母
☞	在编辑模式小数位的位置无法改变。小数点的位置可以跳过去

	字　符	说　明
特殊字符	*	在点号或编码的搜索域中用作通配符
	+/-	在字母数字字符设置中,"+"和"-"只是用作一般字符,没有数学功能 ☞ "+"/"-"只能用在输入的数字前面

【程序】 1/5 ▼ F1　测量　(1) F2　放样　(2) F3　自由设站　(3)	这个图例中在字母数字键盘选择 2 会启动放样程序

5. 点搜索

说明	点搜索是在程序里用来搜索存储设备中的测量点或已知点的功能。 搜索的范围可以限定在某个特定的作业中或是全部内存。满足搜索条件的已知点总是先于测量点显示出来。如果有多个点满足搜索条件,那么结果会按照输入的日期排序。仪器总是先找到当前最新的已知点
直接搜索	输入一个确切的点号,如 402,然后按"搜索",当前作业中所有相应点号的点都会显示 【检索点】 作业：14 点号：DEFAULT 选择作业或 手工输入点的坐标! 搜索　置零　坐标 搜索 搜索当前作业中符合条件的点 置零 设置点号的所有坐标为 0
通配符搜索	通配符搜索由"*"显示。星号作为占位符可以代表任何字符。通配符可以用在不能确切知道要查找的点的点号,或者需要搜索一批特定点
点搜索示例	*　查找出所有点 A　查找出所有点号为"A"的点 A*　查找出所有以"A"开头的点,如 A9、A15、ABCD、A2A *1　查找出所有包含一个"1"的点,如 1、A1、AB1 A*1　查找出所有以"A"开头并包含一个"1"的点,如 A1、AB1、A51

三、操作

1. 仪器安置

说明	本主题描述了应用激光对中器在地面标志点上安置仪器的过程。当然,在仪器的安置过程中也可能不需要地面标志点

续表

	要点： ● 强力推荐使用遮阳伞、遮阳罩等设备保护仪器，使仪器免于阳光直射及周围温度不均 ● 本主题所描述的激光对中器嵌于仪器的竖轴内。其将一个红色光点投射于地面，令仪器的对中更为轻松便捷 ● 对于装配有光学对中器的三角基座，激光对中器不能与之配套使用
三脚架	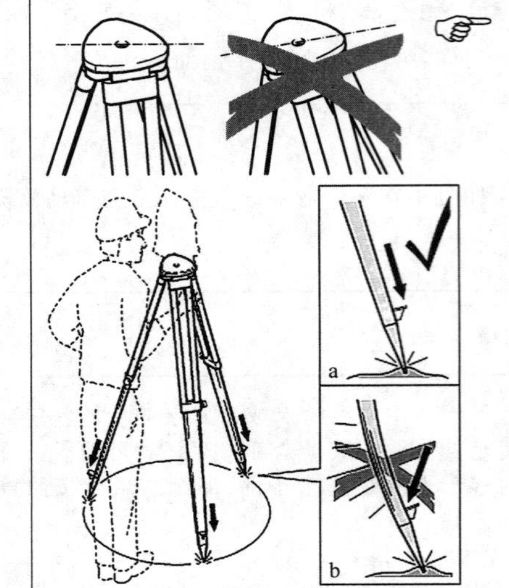 当架设三脚架时，注意保证其上端水平。轻微的倾斜可以通过基座脚螺旋来调节。较大的倾斜需要通过脚架来调节 松开脚架腿上的螺丝，放开到需要的长度然后拧紧螺丝 a. 为了保证脚架稳固，需要将脚架腿尖踩入土地里 b. 注意踩的时候需要沿着脚架腿的方向施压  脚架操作注意事项 ● 检查所有螺丝是否拧紧 ● 运输过程使用包装箱 ● 只用其进行测量工作
安置步骤	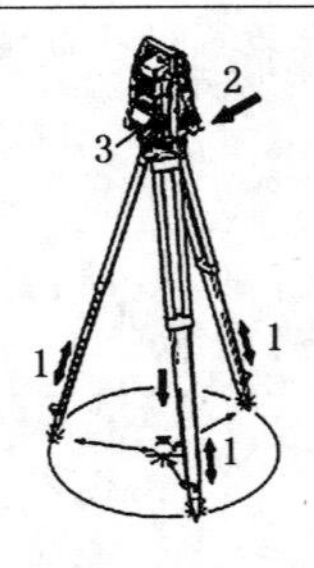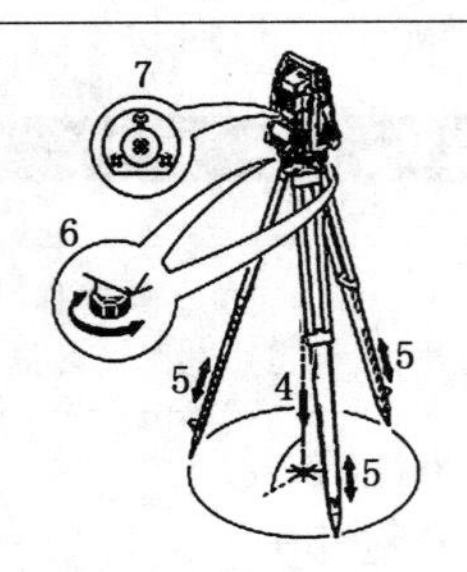 1. 顾及观测姿势的舒适性，调节三脚架腿到合适的高度。将脚架置于地面标志点上方，尽可能地将脚架面中心对准该点 2. 旋紧中心连接螺旋，将基座及仪器固定到脚架上 3. 打开仪器，如果倾斜补偿设置为单轴或者双轴，激光对中器会自动激活，然后“整平/对中”界面会出现。否则，按“FNC”键选择“整平/对中” 4. 移动脚架腿(1)，并转动基座脚螺旋(6)，使激光(4)对准地面点 5. 伸缩脚架腿(5)，整平圆水准器(7) 6. 根据电子水准器的指示，转动基座脚螺旋(6)以精确整平仪器。参照“使用电子气泡整平步骤” 7. 通过移动三脚架头(2)上的基座，将仪器精确对准地面点，然后旋紧中心连接螺旋 8. 重复第 6 步和第 7 步，直至达到所要求的精度

续表

使用电子气泡整平步骤	利用基座的脚螺旋和电子水准器，可以精确地整平仪器 1. 将仪器转动至两脚螺旋连线的平行方向（仪器横轴平行于两脚螺旋的连线） 2. 调节脚螺旋使气泡大致居中 3. 打开仪器，如果倾斜补偿设置为单轴或者双轴，激光对中器会自动激活，然后“整平/对中”界面会出现。否则，按“FNC”键选择“整平/对中” ☞ 若仪器倾斜达到一定范围，则将显示电子水准器的气泡和指示脚螺旋旋转方向的箭头 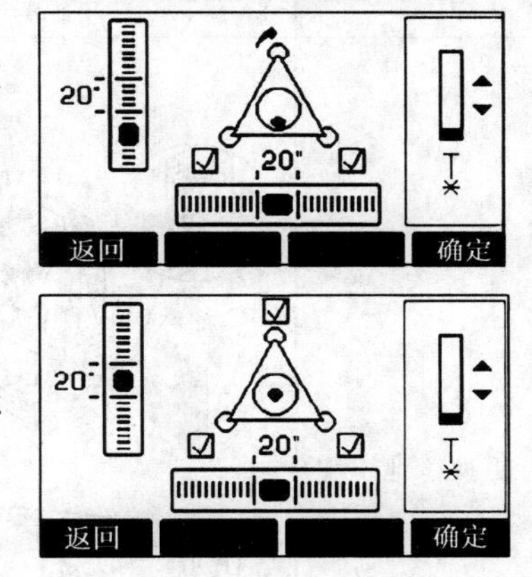 4. 通过转动这两个脚螺旋使该轴向的电子水准器气泡居中。箭头会显示需要调整的方向。当气泡居中后箭头会被两个复选标志代替 5. 转动余下的第三个脚螺旋使第二个轴向（垂直于第一个轴向）的电子水准器气泡居中。箭头会显示需要调整的方向。当气泡居中后箭头会被一个复选标志代替 ☞ 当电子水准器气泡居中且三个复选标志都显示时，表明仪器已完全被整平 6. 按“确定”键接受
改变激光对中器的激光强度	外部环境和地面条件可能导致需要调节激光对中器的激光强度 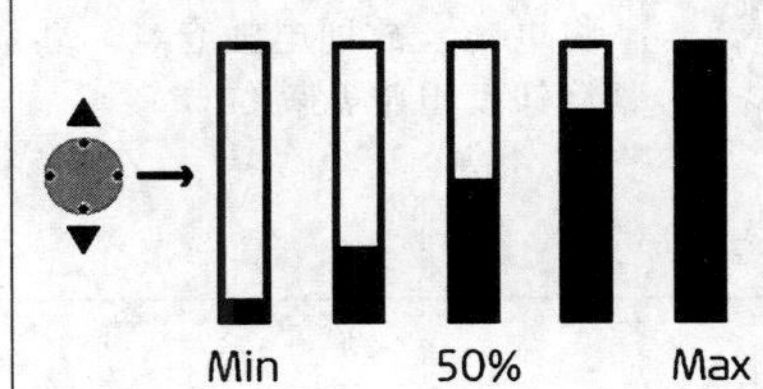 在“整平/对中”界面，使用导航键调节激光对中器的激光强度 根据需要，激光强度可以25%的步长来调节
在管道或者洞口位置	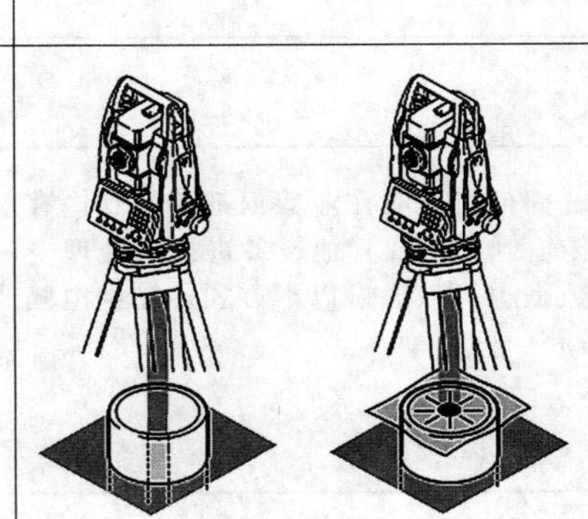 有些环境下激光点不可见，比如在管道口上。这时，将一块透明模板放在管口上，使激光点可见并容易对中到管口的中心

2. 使用电池工作

☞	充电/初次使用 ● 电池在出厂时只有最低电量，所以在第一次使用前必须充电 ● 对于新电池或长时间未用的电池（大于三个月），先进行一次完整的充放电会更有效 ● 允许充电温度范围：0℃到＋40℃/＋32℉到＋104℉。最理想的充电温度范围＋10℃到＋20℃/＋50℉到＋68℉ ● 电池在充电过程中变热属正常现象。使用 Leica Geosystems 推荐的充电器，如果温度太高，充电器将不会给电池充电 操作/放电 ● 电池工作温度范围：－20℃到＋50℃/－4℉到＋122℉ ● 低温下工作会降低电池使用时间，过高温度下工作则会缩短电池使用寿命 ● 对锂电池，当在充电器上显示的电池容量与 Leica Geosystems 产品指示的电池可用容量明显偏离时，推荐执行一次完整的充放电
更换电池步骤	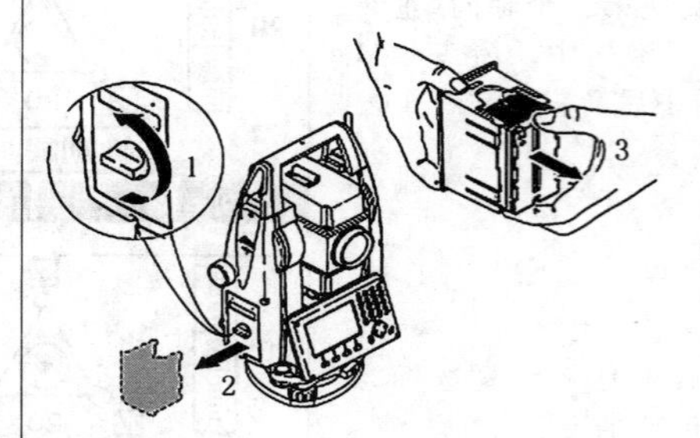 打开电池仓(1)，然后拿出电池盒(2)，从电池盒中取出电池(3) 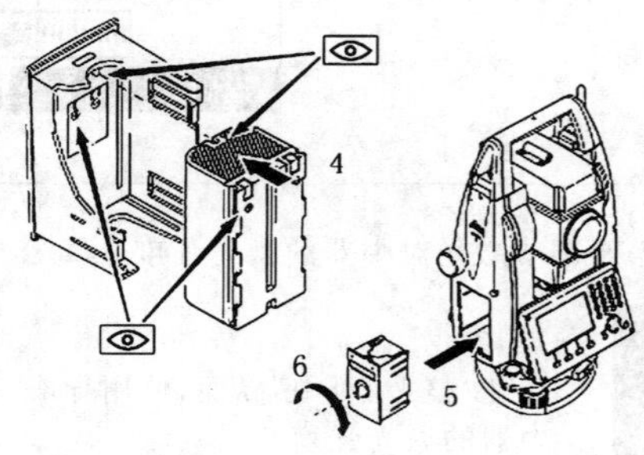 将新电池放入电池盒中(4)，确保电池触点朝外。电池放入时应刚好吻合位置 将电池盒放回电池仓(5)，转动锁紧旋钮使电池盒就位(6)
	在电池盒的内部显示有电池的极性

3. 数据存储

说明	所有仪器都配有内存。Flex Field 固件将所有作业数据都存入到内存数据库中，然后数据可以从串口通过 LEMO 电缆传输到电脑或其他设备进行后处理 装有通讯侧盖的仪器，内存中的数据也可以通过以下方式传输到电脑或其他设备： ● 插在 USB 主接口上的 USB 存储卡 ● 连接 USB 设备接口的电缆 ● 通过蓝牙连接

4. 主菜单

说明	主菜单是访问仪器所有功能的开始界面，一般是在开机并完成整平/对中后即显示
☞	如有需要，用户可自定义整平/对中后的显示界面，而不是显示主菜单

主菜单

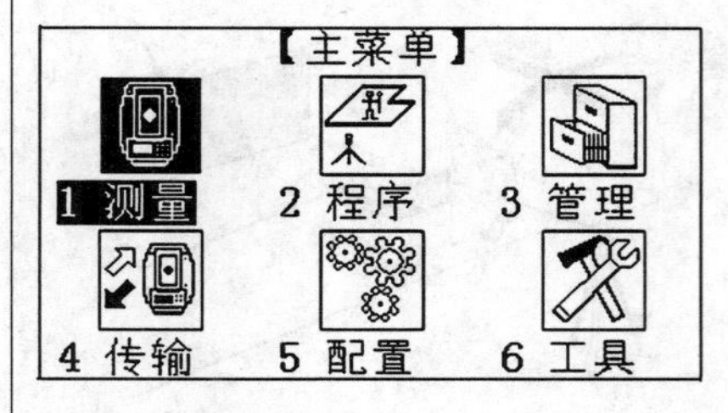

主菜单功能描述

功能	说　明
测量	测量程序可立即开始测量
程序	选择并启动应用程序
管理	管理作业、数据、编码表、格式文件、系统内存和 USB 存储卡文件
传输	输出和输入数据
配置	更改 EDM 配置、通讯参数和一般仪器设置
工具	进入与仪器相关的工具，如检查和调校、自定义启动设置、PIN 码设置、许可码和系统信息

5. 测量程序

说明	开机并正确地进行设置后，仪器就已经准备好进行测量
进入	选择“测量”，在“主菜单”中

常规测量

【常规测量】1/3
点号 : 11
棱镜高 : 1.500 m
注记 : -------
水平角 : 50.0000 g
垂直角 : 66.6667 g
: -----.--- m
测存　测距　记录　↓

↓ 编码
查找/输入编码

↓ 测站
输入测站数据并设置测站

↓ 置零
水平角置零，按“回车”键，使水平角度“0”度

↓ Hz←/Hz→
设置水平角“左角测量”（逆时针方向，即逆时针旋转增加）为“Hz←”或“右角测量”（顺时针方向）为“Hz→”

常规测量的过程和程序中测量的过程是一样的

6. 距离测量正确观测注意事项

说明	激光测距仪(EDM)安装在 Flex Line 仪器中。在所有的版本中,均可以采用望远镜同轴发射的可见红色激光束测距。有两种 EDM 模式: ● 棱镜测量　　　　● 无棱镜测量
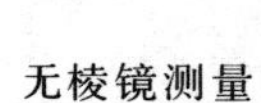 无棱镜测量	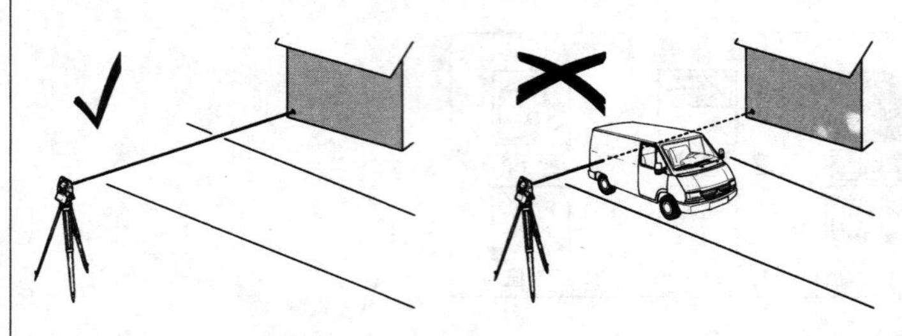 ● 当启动距离测量时,EDM 会对光路上的物体进行测距。如果此时在光路上有临时障碍物(如通过的汽车或下大雨、大雪或是弥漫着雾),EDM 所测量的距离是到最近障碍物的距离 ● 确保激光束不被靠近光路的任何高反射率的物体反射 ● 避免在进行无棱镜测量时干扰激光束 ● 不要使用 2 台仪器同时测量一个目标
棱镜测量	● 对棱镜的精确测量必须在"棱镜-标准"模式 ● 应该避免使用棱镜模式测量未放置棱镜的强反射目标,比如交通灯。这样的测量方式即使获得结果也可能是错误的 ● 当启动距离测量时,EDM 会对光路上的物体进行测距。当测距进行时,如有行人、汽车、动物、摆动的树枝等通过测距光路,会有部分光束反射回仪器,从而导致距离结果的不正确 ● 在配合棱镜测距中,当测程在 300 m 以上或 0～30 m 以内,有物体穿过光束的情况下,测量会受到严重影响 ● 在实际操作中,由于测量时间通常很短,所以用户总能想出办法来避免这种不利情况的发生
用激光对棱镜测距	● 棱镜(>3.5 km)模式可以使用可见红色激光束测量超过 3.5 km 的距离
激光配合反射片测距	● 激光也可用于对反射模片测距。为保证测量精度,要求激光束垂直于反射片,且需经过精确调整 ● 确保加常数对应选中目标(反射体)
测量	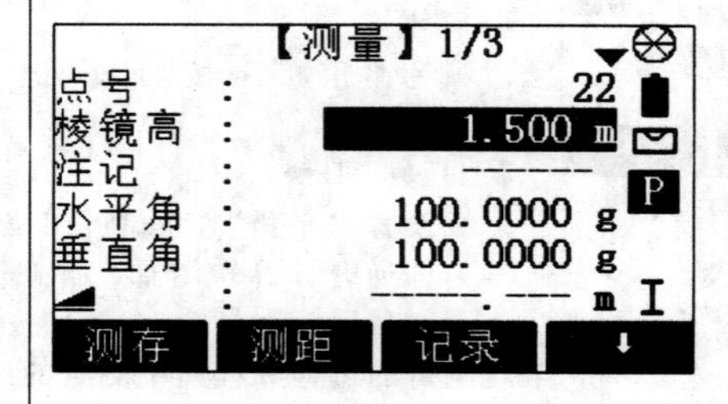 ⬇ 单独点 切换单独点和当前点 ⬇ 数据 查看测量数据 ⬇ 编码 查找和输入编码 ⬇ 速编码 激活快速编码

续表

	<table><tr><td>字段</td><td>说　明</td></tr><tr><td>注记/编码</td><td>注记或编码名决定了编码方式。有下列三种可用的编码方法： 1. 注记编码文本将和相应的测量数据一起被保存。编码和编码列表不相关，只是一种简单的注记。仪器中的编码表不是必需的 2. 编码列表中的扩展编码：按⬇编码。进入编码后在编码表中搜索编码而且可以增加编码属性。该字段名将会改变为编码 3. 快速编码：按⬇速编码并输入编码的缩写字。编码选择后，启动测量。该字段名将会改变为编码</td></tr></table>
下一步	● 可以按测存记录另一点 ● 或者按 ESC 退出应用程序

第六章 全球定位系统 GPS 的定位技术

第一节 GPS 全球定位系统概述

GPS 全球定位系统是英文 Navigation Satellite Timing and Ranging Global Positioning System 的字头缩写词 NAVSTAR/GPS 的简称。它的含义是:利用导航卫星进行测时和测距,以构成全球定位系统。GPS 是以卫星为基础的第二代精密卫星导航与定位系统。

GPS 全球定位系统是美国从 1973 年开始研制的,历时 20 年,耗资 200 亿美元,在进行了方案论证、系统试验阶段后,于 1989 年开始发射正式工作卫星,并于 1993 年 12 月全部建成并投入使用。具有全能性、全球性、全天候、连续性和实时性的导航、定位和定时的功能,能为各类用户提供精密的三维坐标、速度和时间。

GPS 早期仅限于军方使用,归美国国防部管理,主要用于军事用途,如战机、船舰、车辆、人员的精确定位。随着 GPS 定位技术的发展,其应用的领域在不断拓宽,现已在民用领域得到广泛应用。如飞机、船舶和各种载运工具的导航、高精度的大地测量、精密定位、工程测量、地壳形变监测、时间传递、速度测量、地球物理测量、航空救援、水文测量、近海资源勘探、航空发射及卫星回收等,运用的范围相当广泛。例如,1990 年 3、4 月间,我国完成了南海 5 个岛礁、8 个点位和陆地上 4 个大地测量控制点之间的 GPS 联测,初步建立了陆地南海大地测量基准。此次 GPS 测量的站间距离达 808 687.519 m,这对于常规大地测量技术是无法实现的,只有依靠 GPS 卫星定位技术才能进行远达千余公里的海岛陆地联测定位,实现海洋国土的精确划界。

第二节 GPS 全球定位系统的特点

(1) 定位精度高

采用载波相位进行相对定位,精度可达 10^{-6}。实践已经证明,GPS 相对定位精度在 50 km 以内可达 10^{-6},100～500 km 可达 10^{-7},1 000 km 以上可达 10^{-9}。在 300～1 500 km 工程精密定位中,1 h 以上观测的平面位置误差小于 1 mm,其边长较差最大为 0.5 mm,较差中误差为 0.3 mm。

(2) 快速、省时、高效率

20 km 以内相对静态定位仅需 20 min;快速静态相对定位时,当每个流动站与基准站相距在 15 km 以内时,流动站观测时间只需 2 min;动态相对定位测量时,流动站出发时观测 1～ 2 min,然后可随时定位,每站观测仅需几秒钟。

(3) 测站间无需通视

GPS 测量不要求测站之间互相通视，只需测站上空无遮挡即可，对 GPS 网的几何图形也没有严格要求，因而使 GPS 点位的选择更为灵活，可以自由布设，减少许多测量工作量。

(4) 可提供三维坐标

GPS 测量可同时精确测定测站点的三维坐标。

(5) 操作简便

随着 GPS 信号接收机的进一步改进，自动化程度越来越高，体积越来越小，重量越来越轻，可极大地减轻测量工作者的工作紧张程度和劳动强度。

(6) 全天候全球覆盖性作业

由于 GPS 卫星有 24 颗，且分布合理，在地球上任何地点、任何时刻均可连续同步观测到 4 颗以上卫星，因此在任何地点、任何时间均可进行 GPS 测量。GPS 测量不受白天黑夜、刮风下雨等天气的影响

(7) 应用广泛，功能多

GPS 系统不仅可用于测量、导航，还可用于测速、测时。

第三节　GPS 系统的组成

GPS 系统由三个独立的部分组成。空间部分：由 21 颗工作卫星和 3 颗备用卫星组成；地面控制部分：由 1 个主控站、5 个监测站和 3 个注入站组成；用户设备部分。GPS 接收机的基本类型分导航型和大地型。大地型接收机又分为单频型(L1)和双频型(L1、L2)。GPS 系统组成如图 6-1 所示。

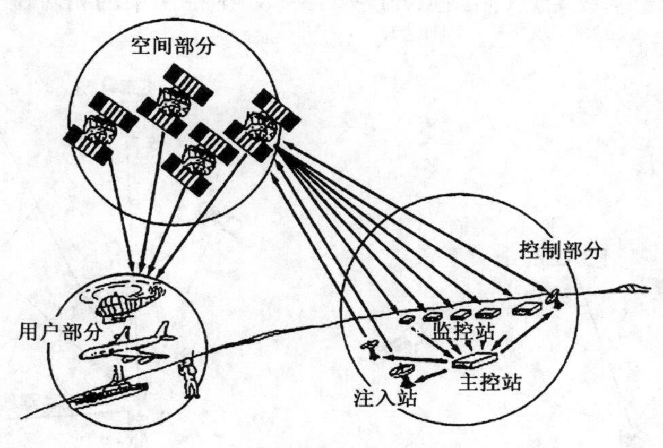

图 6-1　GPS 系统组成

第四节　GPS 定位方法分类

GPS 的定位方法，若按用户接收机天线在测量中所处的状态来分，可分为静态定位和动态定位；若按定位的结果来分，可分为绝对定位和相对定位。

静态定位，即在定位过程中，接收机天线(观测站)的位置相对于周围地面点而言，处于静止状态；而动态定位则正好相反，即在定位过程中，接收机天线处于运动状态，定位结果是

连续变化的。

绝对定位亦称单点定位，是利用 GPS 独立确定用户接收机天线（观测站）在 WGS－84 坐标系中的绝对位置。相对定位则是在 WGS－84 坐标系中确定接收机天线（观测站）与某一地面参考点之间的相对位置，或两观测站之间相对位置的方法。

各种定位方法还可有不同的组合，如静态绝对定位、静态相对定位、动态绝对定位、动态相对定位等。目前工程、测绘领域，应用最广泛的是静态相对定位和动态相对定位。

按相对定位的数据解算，是否具有实时性，又可将其分为后处理定位和实时动态定位（RTK）。其中，后处理定位又可分为静态（相对）定位和动态（相对）定位。

第五节　GPS 定位原理

利用 GPS 进行绝对定位的基本原理为：以 GPS 卫星与用户接收机天线之间的几何距离观测量为基础，并根据卫星的瞬时坐标（XS，YS，ZS），以确定用户接收机天线所对应的点位，即观测站的位置。

设接收机天线的相位中心坐标为（X，Y，Z），则有：

卫星的瞬时坐标（XS，YS，ZS）可根据导航电文获得，所以式中只有 X、Y、Z 三个未知量，只要同时接收 3 颗 GPS 卫星，就能解出测站点坐标（X，Y，Z）。可以看出，GPS 单点定位的实质就是空间距离的后方交会。

GPS 相对定位，亦称差分 GPS 定位，是目前 GPS 定位中精度最高的一种定位方法。其基本定位原理为：如图 6-3 所示，用两台 GPS 用户接收机分别安置在基线的两端，并同步观测相同的 GPS 卫星，以确定基线端点（测站点）在 WGS－84 坐标系中的相对位置或称基线向量。

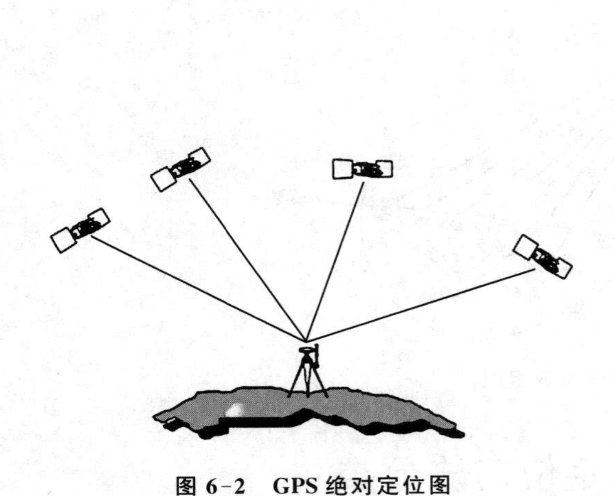

图 6-2　GPS 绝对定位图

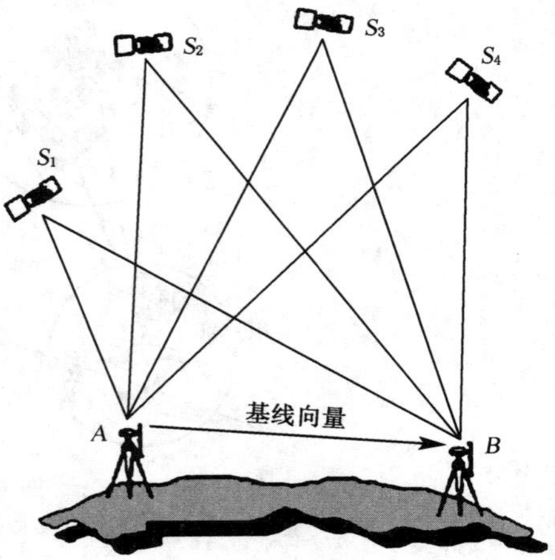

S_2　S_3　S_4　S_1　基线向量　A　B

图 6-3　GPS 相对定位图

第六节　GPS 的后处理定位方法

目前在工程中，广泛应用的是相对定位模式，其后处理定位方法有静态定位和动态定位。

（1）静态相对定位

将几台 GPS 接收机安置在基线端点上，保持固定不动，同步观测 4 颗以上卫星。可观测数个时段，每个时段观测十几分钟至 1 h 左右。最后将观测数据输入计算机，经软件解算得各点坐标，是精度最高的作业模式。主要用于大地测量、控制测量、变形测量、工程测量，精度可达到(5 mm±1 ppm)。

（2）动态相对定位

先建立一个基准站，并在其上安置接收机连续观测可见卫星，另一台接收机在第 1 点静止观测数分钟后在其他点依次观测数秒。最后将观测数据输入计算机，经软件解算得各点坐标。动态相对定位的作业范围一般不能超过 15 km，适用于精度要求不高的碎部测量，精度可达到（10 ～ 20 mm）± 1 ppm。

（3）GPS 实时动态定位（RTK）方法

此方法与动态相对定位方法相比，定位模式相同，仅要在基准站和流动站间增加一套数据链，实现各点坐标的实时计算、实时输出。

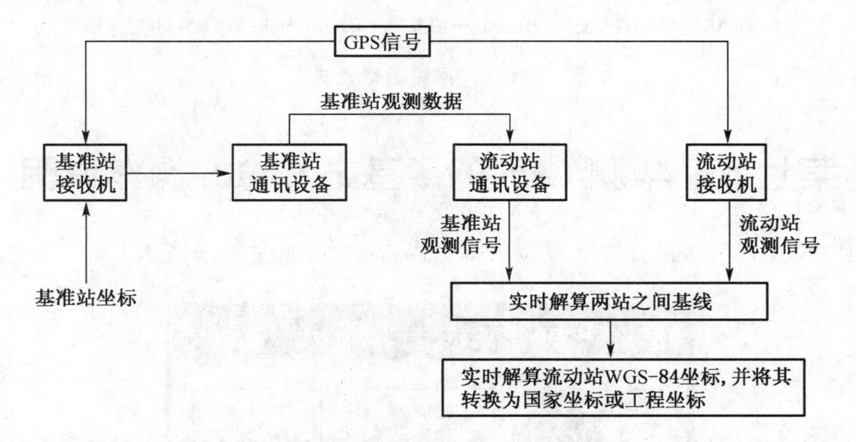

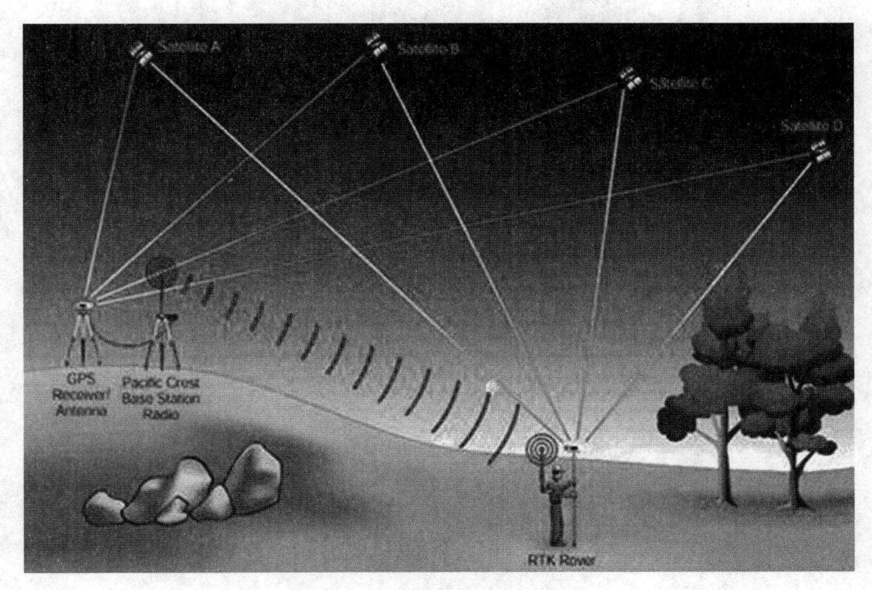

图 6-4　动态定位（RTK）方法

RTK 定位图：适用于精度要求不高的施工放样及碎部测量，目前一般为 10 km 左右，精度可达到（10 − 20 mm + 1 ppm）。

网络通信模式：GPRS 或 CDMA。

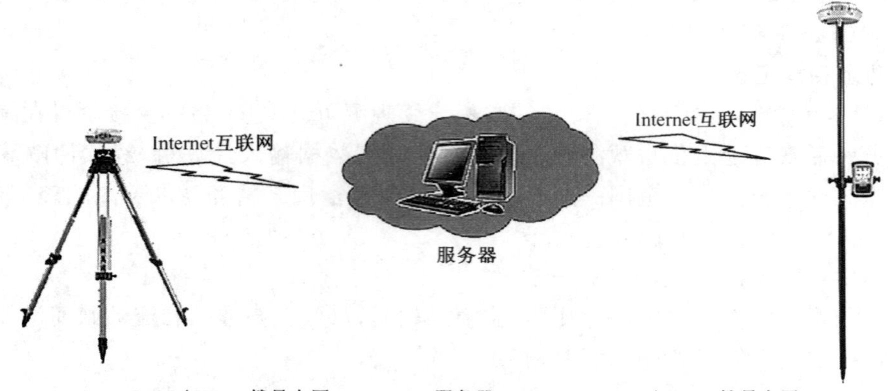

图 6-5　网络通信模式

第七节　华测 GPS 的单基站 CORS 操作说明

打开 RTKCe5.02Demo，等下方显示单点进行操作，如图 6-6 所示。

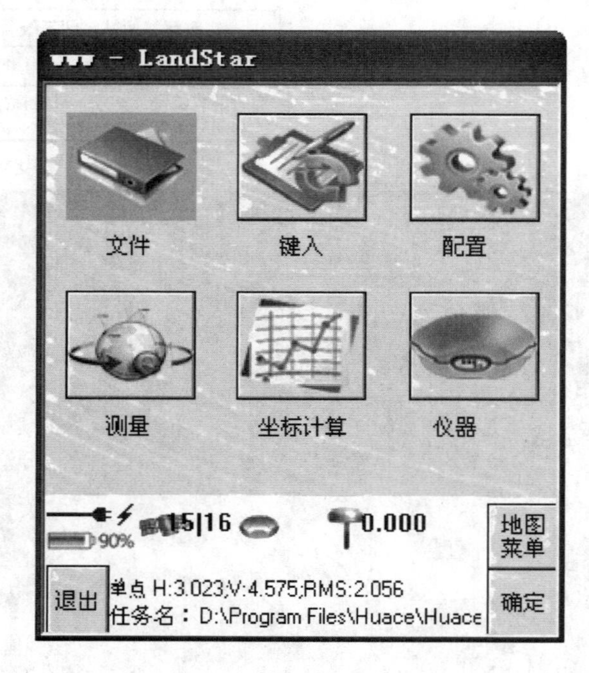

图 6-6

选择配置——基准站选项，将广播格式改为 RTCM3.0 之后点接受，如图 6-7 所示。

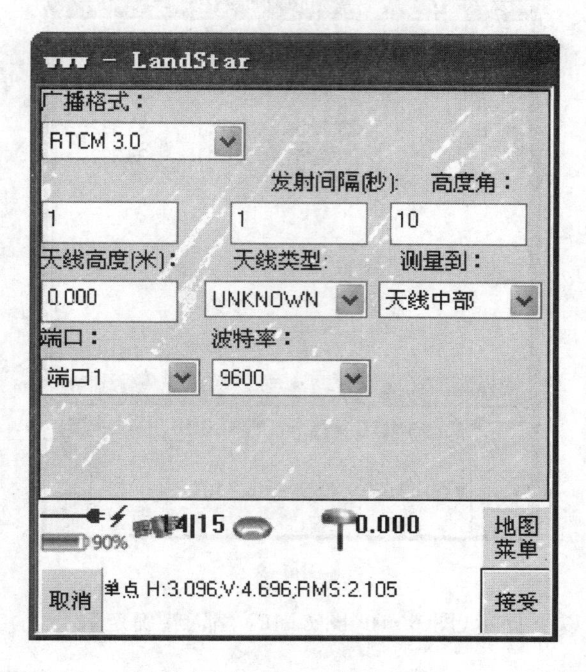

图 6-7

点击【测量】——启动基准站接收机(见图 6-8)。

图 6-8

点击【列表】，选择“1”，点【确定】，出现如图 6-9 所示界面。

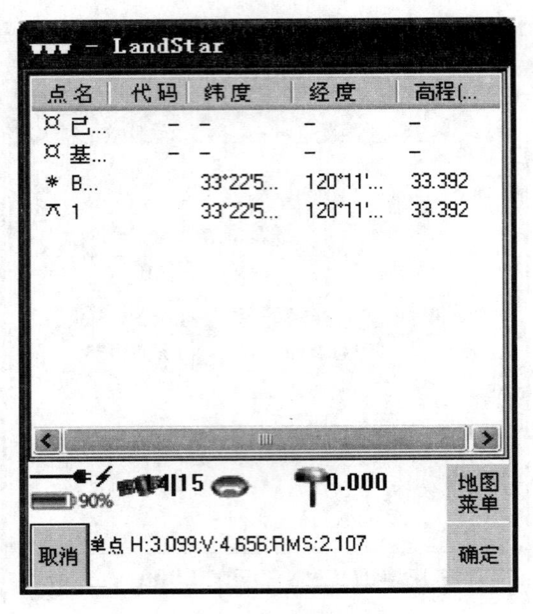

图 6-9

此时软件会出现以下提示(图 6-10、图 6-11),都点【确定】。

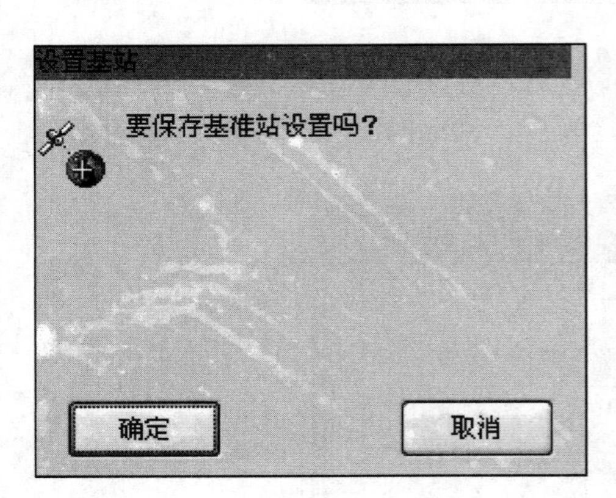

图 6-10

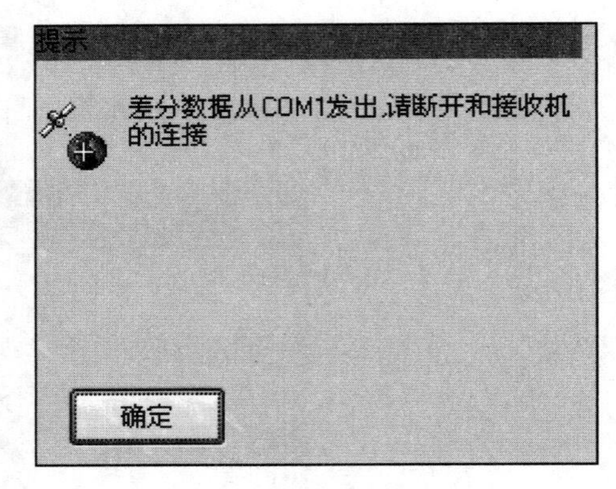

图 6-11

然后点击【退出】,出现如图 6-12 所示图示,直接点击【确定】,退出软件。

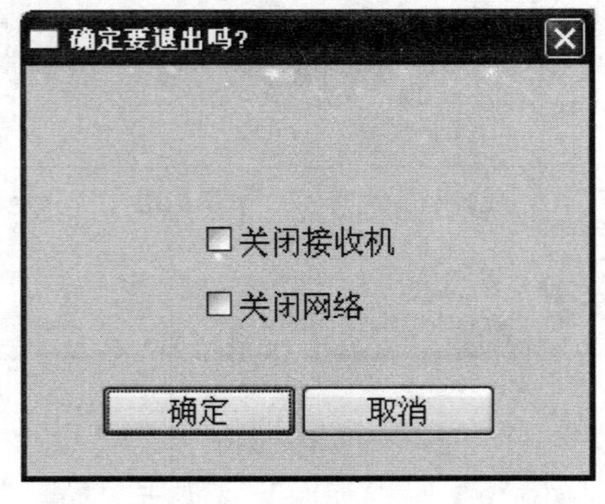

图 6-12

打开 Apis，如图 6-13。

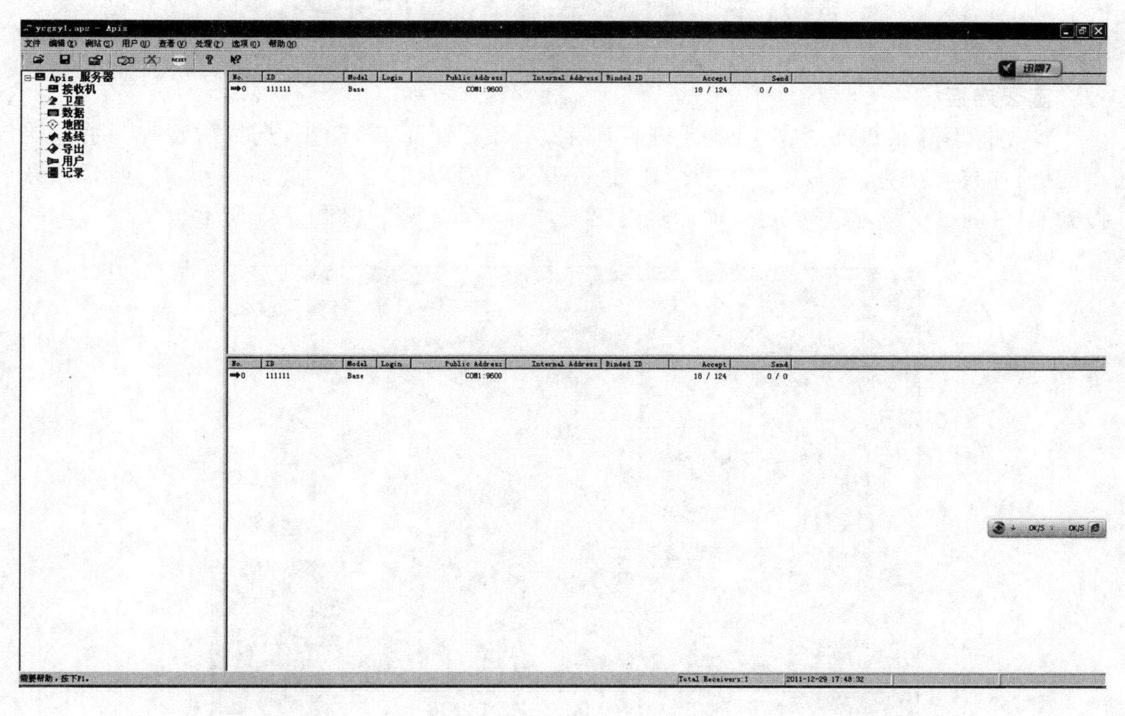

图 6-13

点击【处理】——运行。软件即可正常工作。

增加用户：选择用户——注册，输入 ID 和密码，如图 6-14 所示（此 ID 和密码即为 CORS 登录时使用的账号）。

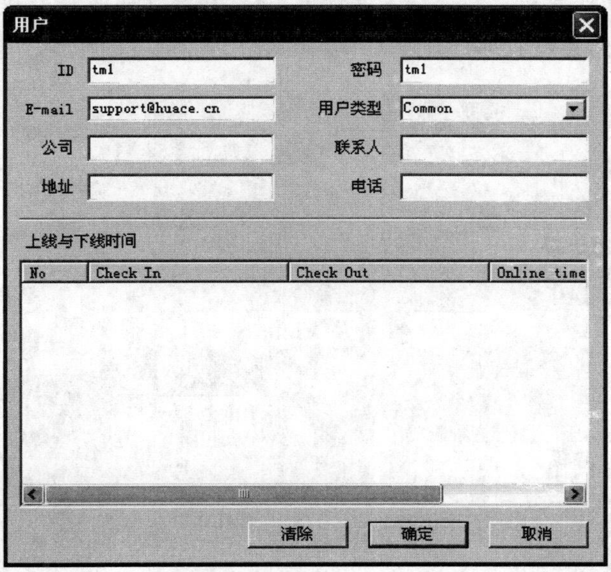

用户

ID tm1　密码 tm1

E-mail support@huace.cn　用户类型 Common

公司　联系人

地址　电话

上线与下线时间

No	Check In	Check Out	Online time

清除　确定　取消

图 6-14

第八节　GPS 手簿的操作步骤

蓝牙连接

首先将手簿和 GPS 主机用蓝牙进行连接。方法：打开 RTKCE，选择配置——手簿端口配置，连接类型为蓝牙，点下方的配置，进入蓝牙搜索界面，点击搜索，进行蓝牙搜索，选择搜到 GPS 的 SN 号，选择绑定。然后点退出——确定，即可。如图 6-15 所示。

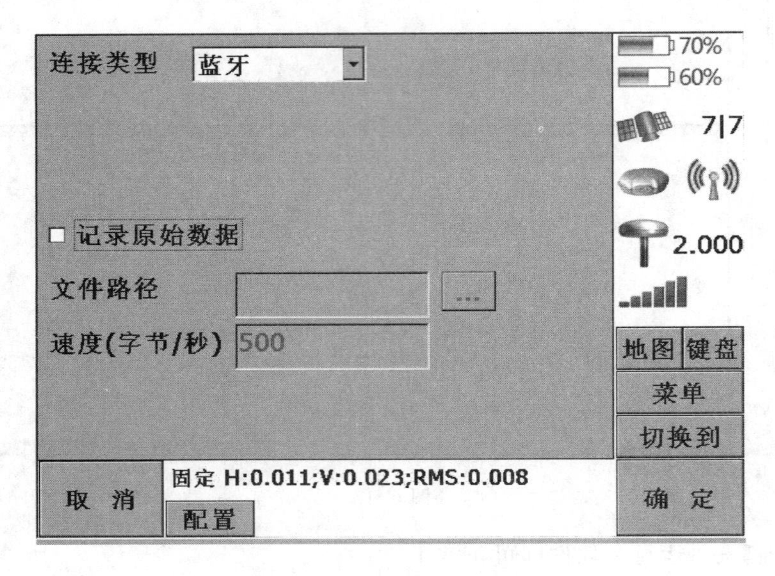

图 6-15

参数设置

在配置——移动站参数——移动站选项里，将广播格式修改为 RTCM3.0，天线高 2 m，天线类型 X90，测量到天线底部。如图 6-16 所示。

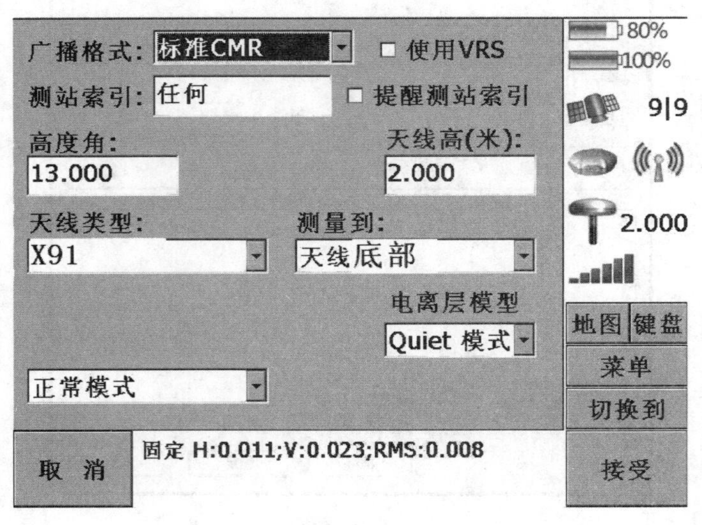

图 6-16

在配置——移动站参数——内置电台和 GPRS 选项里，将工作模式修改为 GPRS 模式，通讯协议：TCP Client；服务器 IP：222.188.2.122；端口：9901；基准站 ID：空白；GPRS 模式：移动站。如图 6-17 所示。

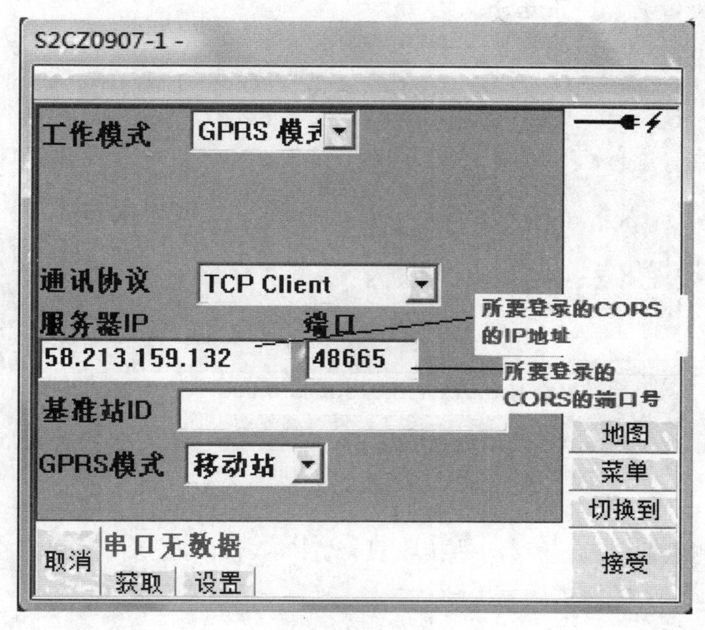

图 6-17

修改完成之后点【设置】(设置意味着修改，获取意味着查看)。

选择配置——移动站参数——内置 VRS 移动站，输入源列表：VRS_RTCM3，用户名及密码，如图 6-18 所示。

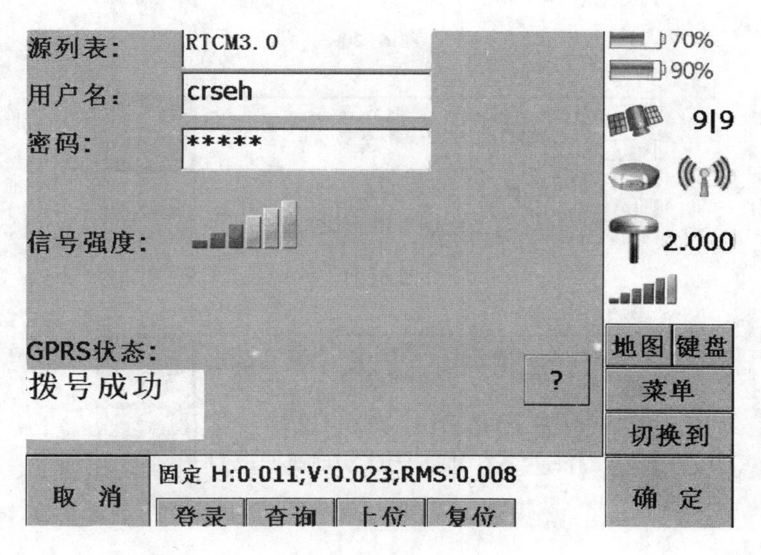

图 6-18

等 GPRS 状态显示“拨号成功”时，点【登录】，约 10 s 左右会提示“CORS 登录成功”。

点击【确定】，此时 GPRS 状态会显示"CORS 登录成功"，如图 6-19 所示。

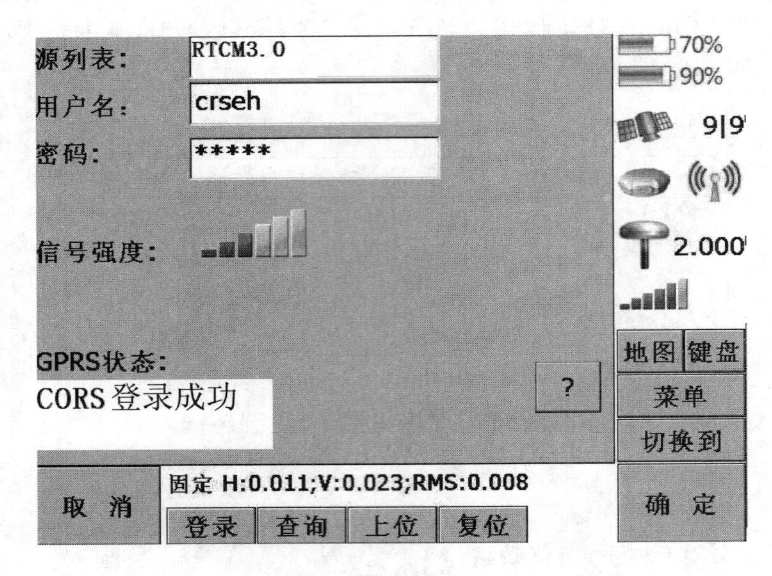

图 6-19

然后点击【测量】——启动移动站接收机，约 15 s，仪器收到信号之后会显示浮动或固定，如图 6-20～图 6-22 所示。

图 6-20

图 6-21

图 6-22

实际测量

CORS 登录成功之后，进行下一步操作。

新建任务：点击【文件】，选择【新建任务】，输入任务名称，选择相应的坐标系统，点【接受】,此时会弹出此坐标系统的参数,修改完中央子午线后,点【确定】即可,如图 6-23 所示。

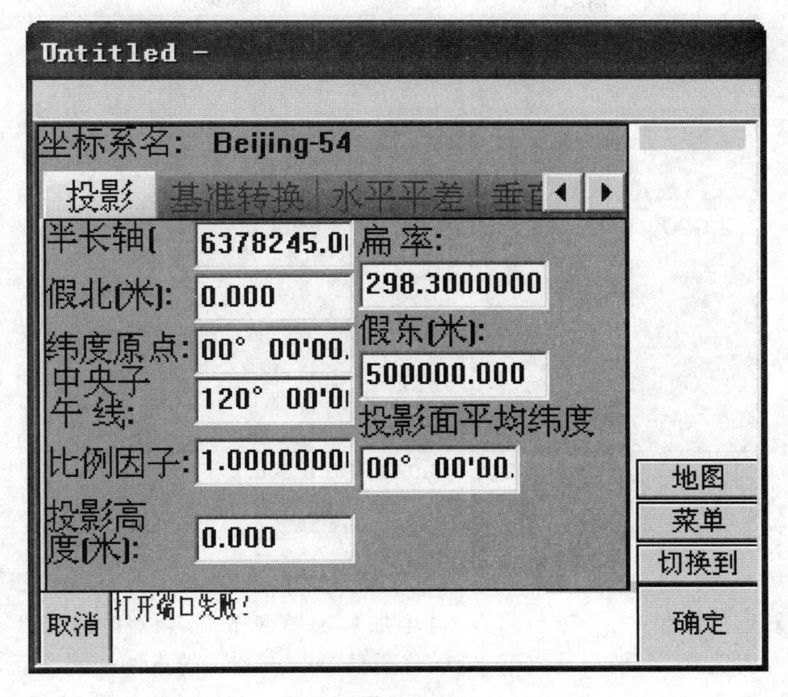

图 6-23

点击【文件】,选择【保存任务】。

输入点坐标:选择键入——点,输入已知点坐标,点击【保存】即可进行保存(图 6-24)。

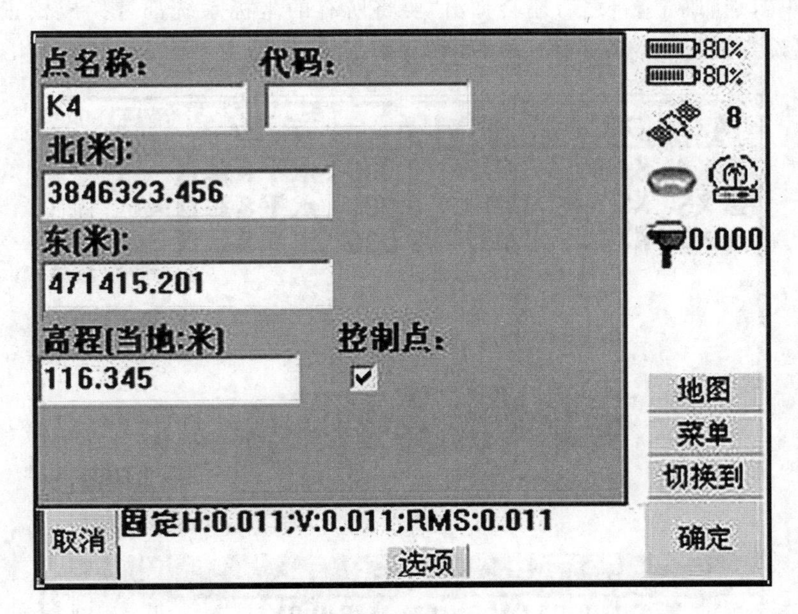

图 6-24

测量点:选择测量——测量点,输入点名称,方法为:地形点。点击【测量】,等倒计时完成后即测量完该点，如图 6-25 所示。

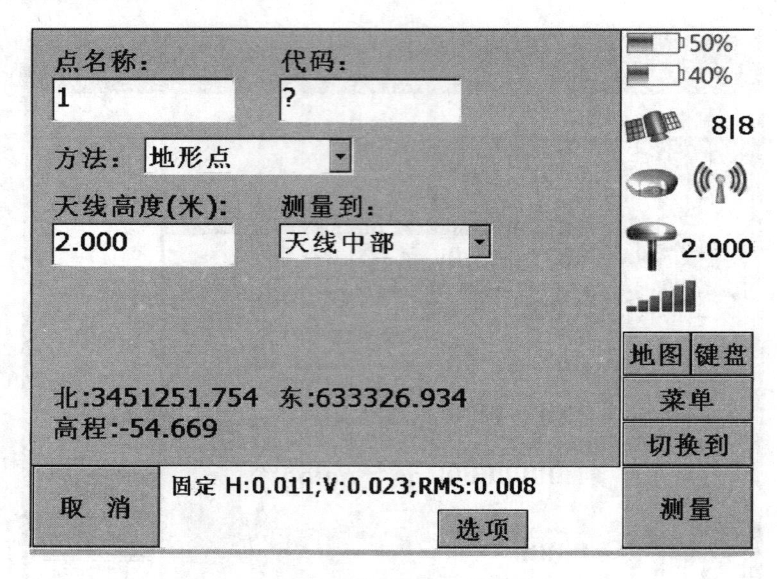

图 6-25

点【校正】：选择测量——点校正，点击【增加】，选择网格点名称和 GPS 点名称，注意一一对应，校正方法选择"水平和垂直"。依次将需要参与点校正的点增加完之后，点击【计算】得出校正参数(有三个或以上控制点参与平面"点校正"后才有水平参差，水平参差一般不要大于 0.015 m；有四个或以上的控制点参与垂直"点校正"后才有垂直参差，垂直参差一般不要大于 0.02 m)，如图 6-26 所示，再点击【确定】，此时会出现"要将当前坐标系替换成校正后的坐标系吗"，点【确定】。之后还会弹出"要将所有的坐标系统都替换成校正后的坐标系统吗"，点击【确定】。然后点击右下角的【确定】。此时回到主界面，如图 6-27 所示。

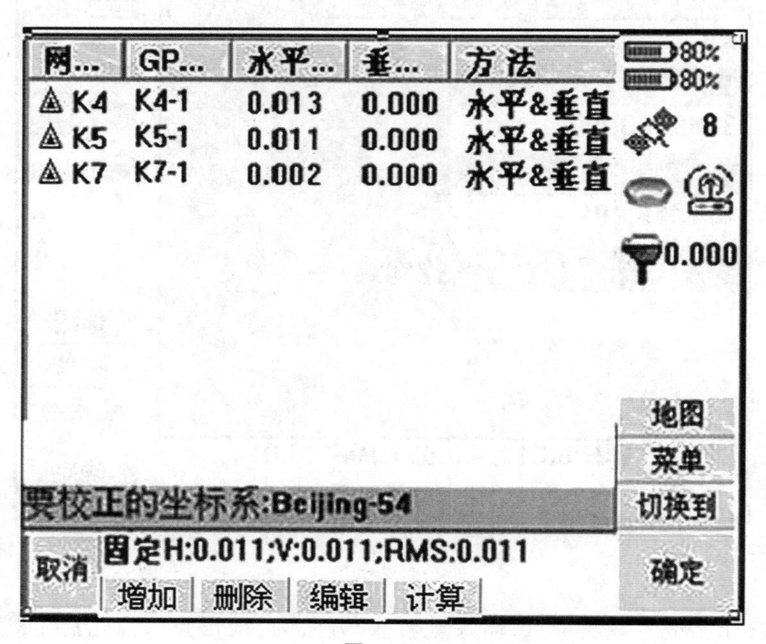

图 6-26

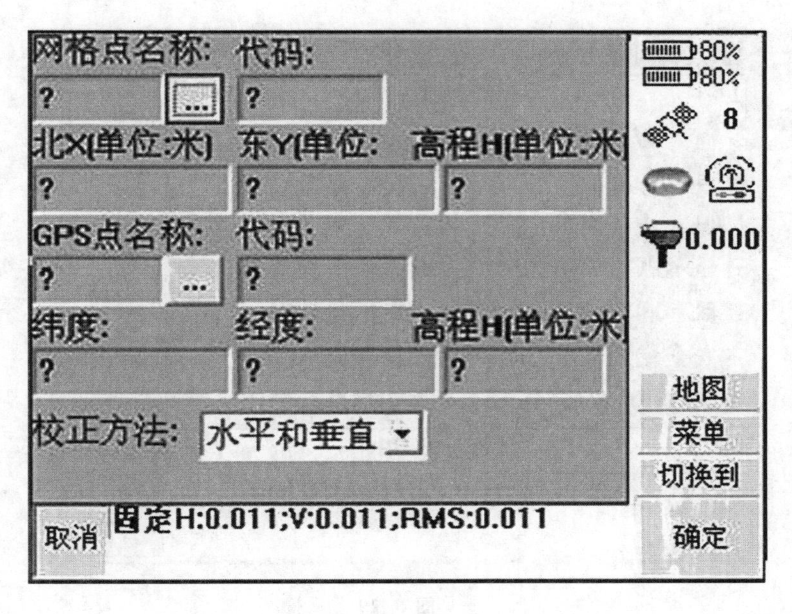

图 6-27

测地形:通过测量——测量点对需要测量的地物进行测量。在选项中可以更改观测时间和水平精度、垂直精度(图 6-28)。如果在测量的过程中出现"点的精度不能满足要求",是因为卫星解算出来的精度 H(水平精度)和 V(垂直精度)不在设定的范围之内,可在选项里将设定的水平精度和垂直精度放大(图 6-29)。如果在测量的过程中出现倒计时不动的现象,可在选项里将安全模式前的勾取消。

点名称:　代码:
1　?
方法: 地形点
天线高度(米):　测量到:
2.000　天线中部
50%
40%
8|8
2.000
地图　键盘
菜单
切换到
北:3451251.754　东:633326.934
高程:-54.669
取 消
固定 H:0.011;V:0.023;RMS:0.008
选项
测量

图 6-28

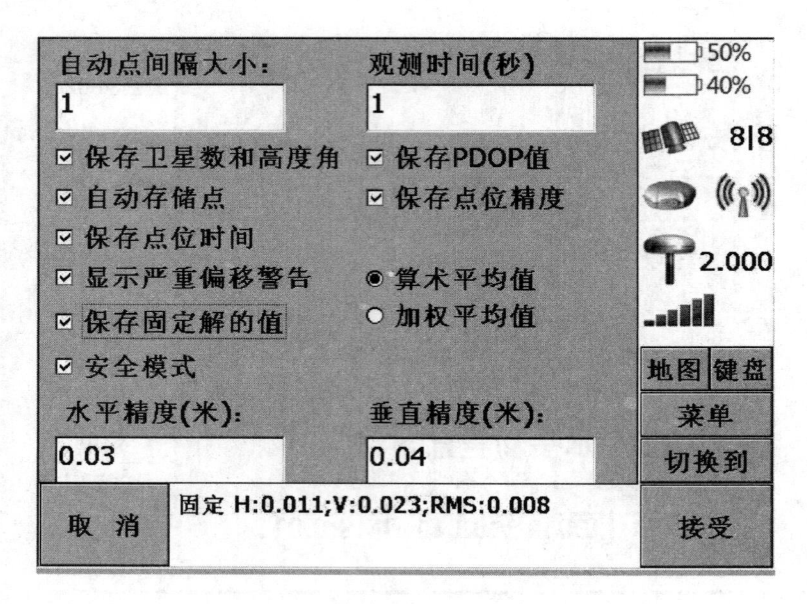

图 6-29

如果想查看测得点坐标只需点文件——元素管理器——点管理器就可以查看到各个点的坐标。

点放样：选择测量——点放样——常规点放样，按照个人想要放样的点选择方法，如果放样的点很多，将所有的点增加进来以后，选择最近点进行放样，放完该点之后再在放样列表中将删除该点(在点管理器中是不会被删除的)。如图 6-30～图 6-33。

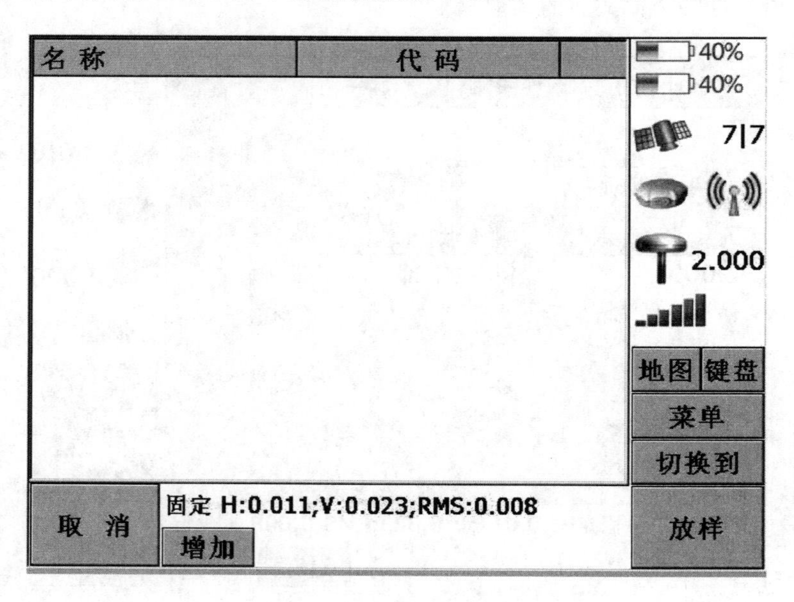

图 6-30

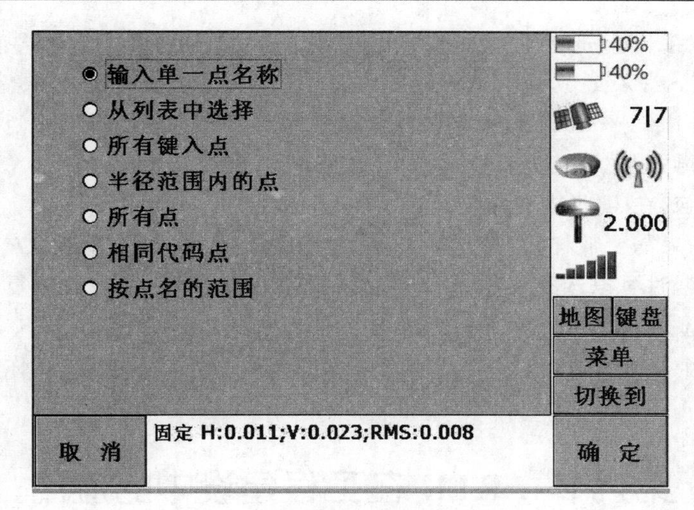

图 6-31

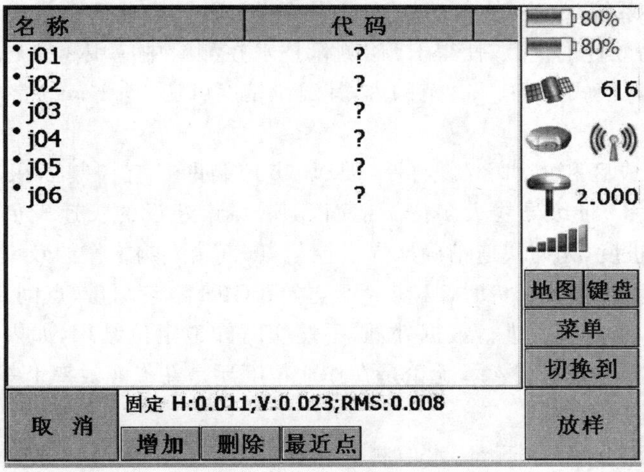

名 称	代 码
j01	?
j02	?
j03	?
j04	?
j05	?
j06	?

80%
80%
6|6
2.000
地图 键盘
菜单
切换到
取 消
固定 H:0.011;V:0.023;RMS:0.008
增加 删除 最近点
放样

图 6-32

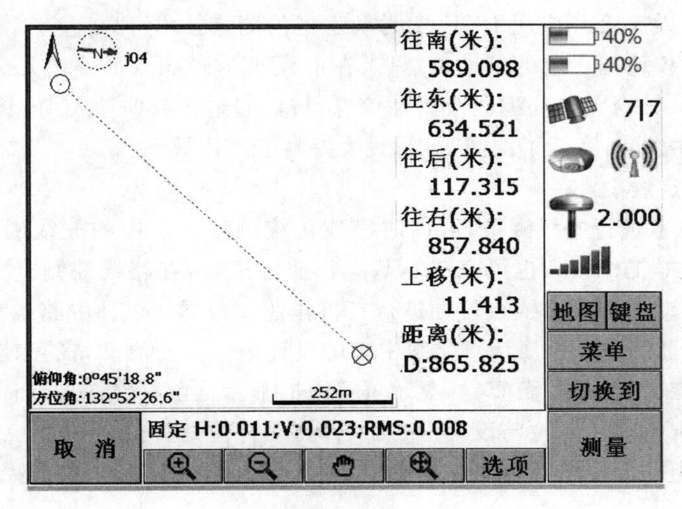

图 6-33

数据导出：在手簿上选择文件——导出——点坐标导出(CASS格式或者选择其他格式：点名，代码，X，Y，Z 或其他)。输入文件名点【确定】。然后退出软件，打开"我的设备——Program Files——RTKce——Projects——之前测量的文件"，长点导出的数据，选择【复制】。然后再打开"我的设备——Storage Card"，在空白的地方长点，选择【粘贴】。最后将手簿连上电脑，在U盘中将数据复制到电脑上即可。

数据导入：如果需要放样，若点比较多，先在电脑上编辑(可编辑为文本文档，编辑的具体格式看导入数据时可以选择的格式)，然后联上手簿，把编辑好的数据复制到U盘中，然后打开RTKce，选择文件——导入——当地点坐标导入，选择对应的格式，再点【浏览】，选择保存数据的那个文件夹，在文件类型中选择ALL FILES。就可以看到你保存在里面的数据，选中导入。

第九节　RTK在工程建设中的应用

随着全球定位系统(GPS)技术的快速发展，RTK测量技术日益成熟，具有观测时间短、精度高、实时性和高效性的优点，使得RTK测量技术在测绘中应用越来越广。实时动态定位如采用快速静态测量模式，在15 km范围内，其定位精度可达1～2 cm。常用的工程测量有：

1. 控制测量

为满足城市建成区和规划区测绘的需要，城市控制网具有控制面积大、精度高、使用频繁等特点，城市Ⅰ、Ⅱ、Ⅲ级导线大多位于地面，随着城市建设的飞速发展，这些点常被破坏，影响了工程测量的进度，如何快速精确地提供控制点，直接影响工作的效率。常规控制测量如导线测量，要求点间通视，费工费时，且精度不均匀。GPS静态测量，点间不需通视且精度高，但数据采集时间长，还需事后进行数据处理，不能实时知道定位结果，如内业发现精度不符合要求则必须返工。应用RTK技术，无论是在作业精度还是在作业效率上都具有明显的优势。

2. 大比例尺地形图测绘

RTK技术还可用于地形测量、水域测量、管线测量、房产测量等方面进行大比例尺地形图测绘。传统测图方法先要建立控制点，然后进行碎部测量，绘制成大比例尺地形图。这种方法劳动强度大，效率低。应用RTK实时动态定位测量技术可以完全克服这个缺点，可不用布设图根控制，仅依据少量的基准点，只需在沿线每个碎部点上停留几分钟，即可获得每点的坐标及高程。结合点特征编码及属性信息，将点的组合数据导入到计算机，即可用南方CASS等绘图软件成图，降低了测图难度，大大提高了工作效率。

3. 线路中线定线

应用RTK技术进行中线测量，可同时完成传统测量方法中的放线测量、中桩测量、中平测量等工作，放样工作一人也可完成。基本作业方法是：在路线控制点上架设GPS接收机作为基准站，流动站测设路线点位并进行打桩作业。根据所设计的路线参数，利用路线计算程序和GPS配套的电子手簿计算路线中桩的设计坐标。在流动站的测设操作下，只要输入要测设的参考点号，然后按解算键，显示屏可及时显示当前杆位和到设计桩位的方向与距离，移动杆位，当屏幕显示杆位与设计点位重合时，在杆位处打桩写号即可。这样逐桩进行，可快速地在地面上测设中桩并测得中桩高程，并且每个点的测设都是独立完成的，不会产生累计误差。

4. 建筑物规划放线

建筑物规划放线，放线点既要满足城市规划条件的要求，又要满足建筑物本身的几何关系，放样精度要求较高。使用 RTK 进行建筑物放样时需要注意检查建筑物本身的几何关系，对于短边，其相对关系较难满足。在放样的同时，需要注意的是测量点位的收敛精度，在点位收敛精度不高的情况下，强制测量则有可能带来较大的点位误差。在点位精度收敛高的情况下，用 RTK 进行规划放线一般能满足要求。

（1）GPS 测设

下面只介绍 GPS 放样操作步骤与方法。

① 先将需要放样的点、直线、曲线、道路"键入"，或由"TGO"导入控制器。

② 从主菜单中，选"测量"，从"选择测量形式"菜单中选择"RTK"。

③ 选"放样"按回车，从显示的"放样"菜单中将光标移至点，回车，按 F1（控制器内数据库的点增加到"放样/点"菜单中），如图 6-34(a)显示。

④ 选"从列表中选"，选择所要放样的点，按 F5 后就会在点左边出现一个"√"，那么这个点就增加到"放样"菜单中，按回车。返回"放样/点"菜单，选择要放样的点，回车。显示如图 6-34(b)所示。

⑤ 两个图可以通过 F5 来转换，根据需要而选择。当你的当前位置很接近放样点时，就会显示图 6-34(c)的内容。

⑥ 界面中"◎"表示爪镜杆所在位置，"＋"表示放样点位置，此时按 F2 进入精确放样模式，直至出现"＋"与"◎"重合，放样完成。

⑦ 然后按两个 F1，测量 3～5 s，按 F1 存储。

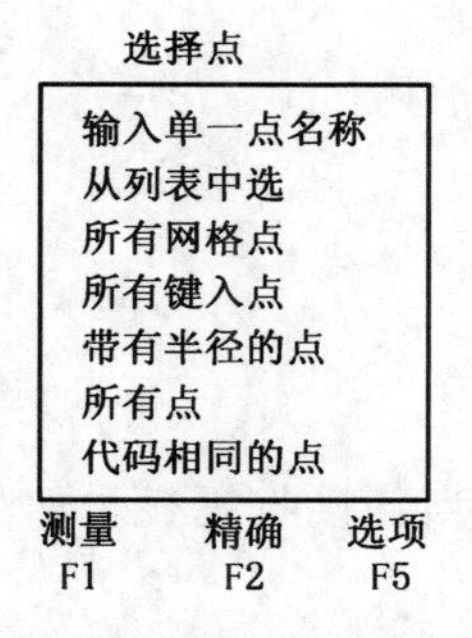

（a）选择点的菜单界面

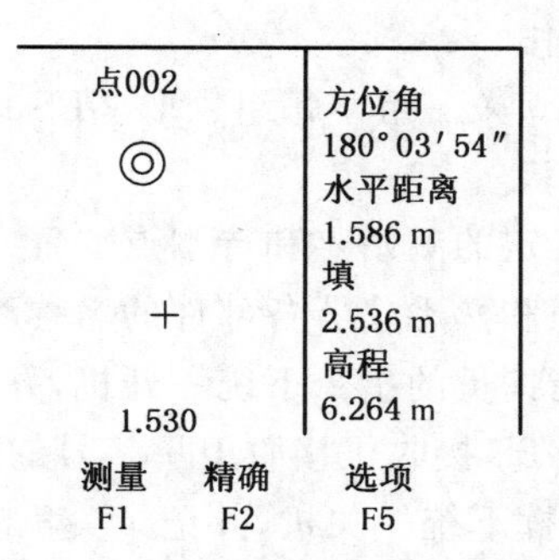

（c）点位显示界面图示

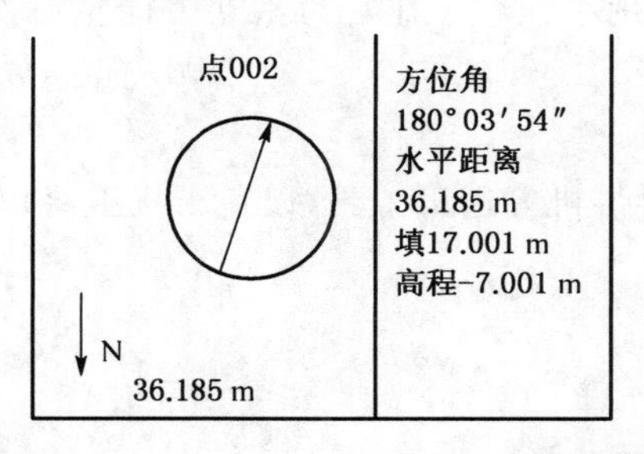

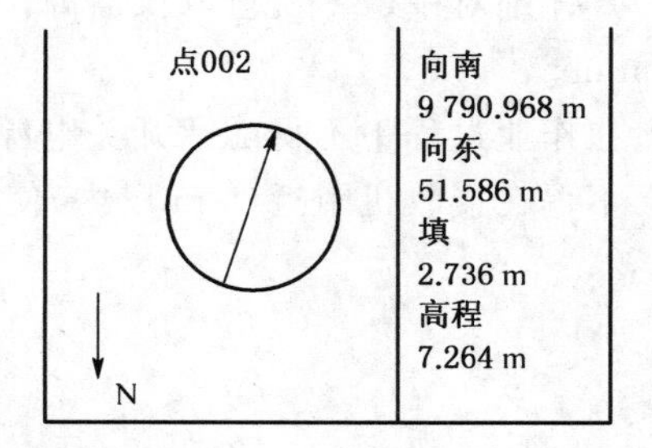

（b）点位界面放样数据界面图示

图 6-34

5. 进行线路勘察设计

在线路选线的过程中，用车载 GPS-RTK 接收机做流动站，按原路中线一定方向间隔采集数据，选择另一个已知点为参考站，遇到重要地物准确定位，完毕后将数据导入计算机，利用软件可以方便地在计算机上选线。设计人员在大比例尺地形图上定线后，需将中线在地面上标定出来。采用实时 GPS 测量，只需将中桩点坐标或坐标文件输入到电子手簿中，软件可以自动定出放样点的点位。

将 GPS RTK 技术应用于各种工程测量能够极大地降低劳动强度，大大提高工作效率及成果质量，这是传统的测量作业方式无法比拟的。RTK 在控制测量以及施工放样中有着广泛的运用，但其在碎部测量中的应用还是有一定的限制(碎部点上方有遮盖)。在进行测量时，主要注意事项是基准站选择要在比较中心、位置空旷开阔的至高点上，且周围无磁场的影响，这样流动站接收的信号好。

第十节 实验项目

GPS 的认识和使用

目的要求

1. 认识 GPS 接收机各部件，掌握其功能。
2. 掌握 GPS 接收机的安置。
3. 掌握用 GPS 进行定位测量的操作过程。

准备工作

每 8～10 人一组。每组领取 GPS 接收机 1 套，对讲机 1 个。

实验步骤

1. 在指定的测站点和待测点安置 GPS 接收机，量取仪器高。
2. 认识和熟悉仪器各部件的名称和作用。
3. 在指挥员的指令下统一开机，并记录开机时间。
4. 在 GPS 接收机接收卫星信号的过程中注意观察，当各接收机显示信号接收完毕后，在指挥员指挥下统一关机，并记录关机时间。

注意事项

1. 要仔细对中、整平、量取仪器高。仪器高要用小钢卷尺在互为 120°方向量三次，互差小于 3 mm。
2. 在作业过程中不得随意开关电源。
3. 不得在接收机附近(5 m 以内)使用手机、对讲机等通讯工具，以免干扰卫星信号。

第七章　地形地籍成图软件 CASS

1. CASS 概要介绍

(1) CASS 地形地籍成图软件是基于 AutoCAD 平台技术的 GIS 前端数据处理系统。广泛应用于地形成图、地籍成图、工程测量应用、空间数据建库等领域，全面面向 GIS，彻底打通数字化成图系统与 GIS 接口，使用骨架线实时编辑、简码用户化、GIS 无缝接口等先进技术。自 CASS 软件推出以来，已经成长为用户量最大、升级最快、服务最好的主流成图系统。伴随 AutoCAD 的升级，CASS 每年 3 月份前后升级一次。

(2) 近年来科技发展日新月异，计算机辅助设计(CAD)与地理信息系统(GIS)技术取得了长足的发展。同时，社会对空间信息的采集、动态更新的速度要求越来越快，特别是对城市建设所需的大比例尺空间数据方便获取方面的要求越来越高，GIS 数据的建设成为"数字城市"发展的短板。与空间信息获取密切相关的测绘行业在近十年来也发生了巨大而深刻的变化，基于 GIS 对数据新要求，测绘成图软件也正由单纯的"电子地图"功能转向全面的 GIS 数据处理，从数据采集、数据质量控制到数据无缝进入 GIS 系统，GIS 前端处理软件扮演越来越重要的角色。

(3) CASS 最新版本相对于以前各版本除了平台、基本绘图功能上作了进一步升级之外，积极响应"金土工程"的要求，针对土地详查、土地勘测定界、国土二次大调查的需要开发了很多专业实用的工具。在空间数据建库前端数据的质量检查和转换上提供更灵活更自动化的功能，特别是为适应当前 GIS 系统对基础空间数据的需要。

(4) 运行平台：CASS 是在 AutoCAD 平台上开发的软件，每年会伴随其新产品的发布，结合行业最新技术升级程序，最新的版本于每年春节后发布，新程序会包含适用于当前主要使用版本的安装包。CASS2008 以下版本 for2002、for2005、for2008 三个安装包。CASS9.0 整合为一个安装包。使用 AutoCAD2002－2010 的用户均可使用。

(5) 版本分类：软件锁是否注册：准版(试用版)、正版。符号库：大比例尺版(1∶500～1∶2 000)、中小比例尺版(1∶5 000～1∶10 000)。软件锁的节点：单机版、网络版。是否定制：标准版、定制版(地方版)。

(6) 安装：完全安装 AutoCAD 2002～AutoCAD 2010 任一版本，并运行一次。选择对应的 CASS 安装包，按提示进行操作。网络版的 CASS 需安装网络服务程序。

(7) CASS 主界面(图 7-1)

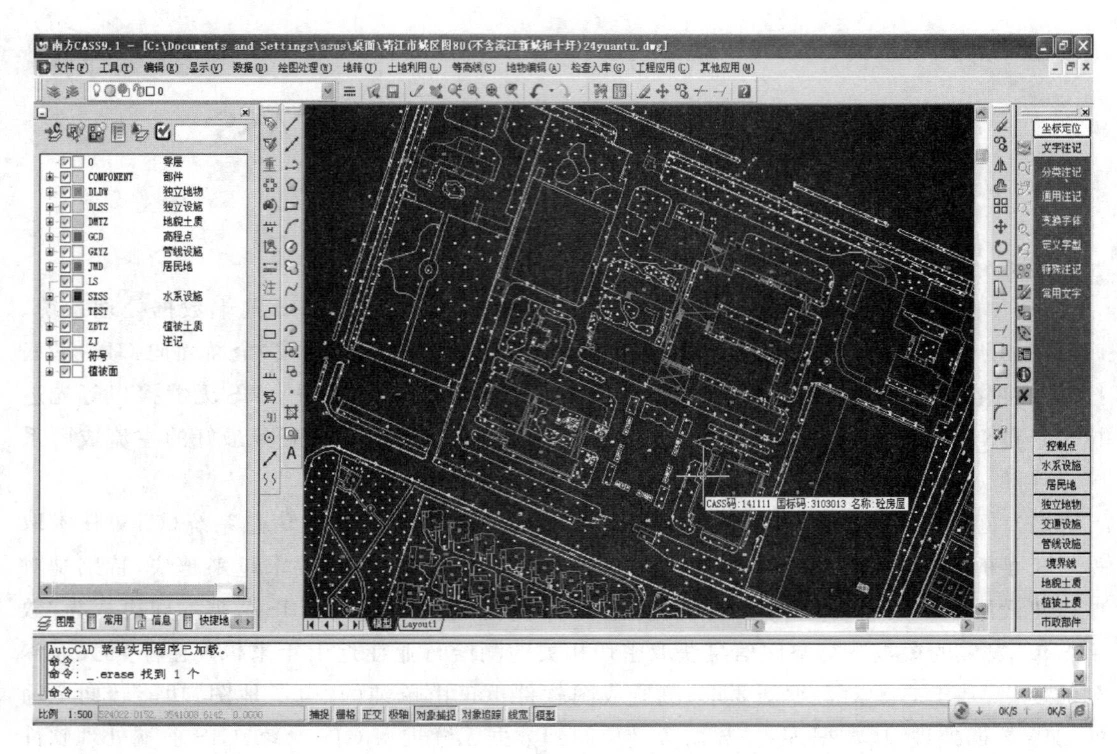

图 7-1

2. CASS 地形图制图部分(重点)

(1) 地形图的基本绘制流程(图 7-2)

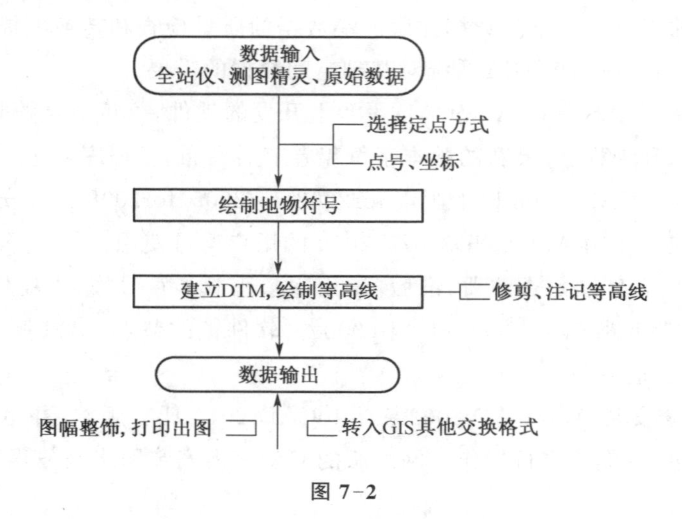

图 7-2

(2) 数据输入(图 7-3)

- 数据进入 CASS 都要通过“数据”菜单,一般是读取全站仪数据。还能通过测图精灵和手工输入原始数据来输入。

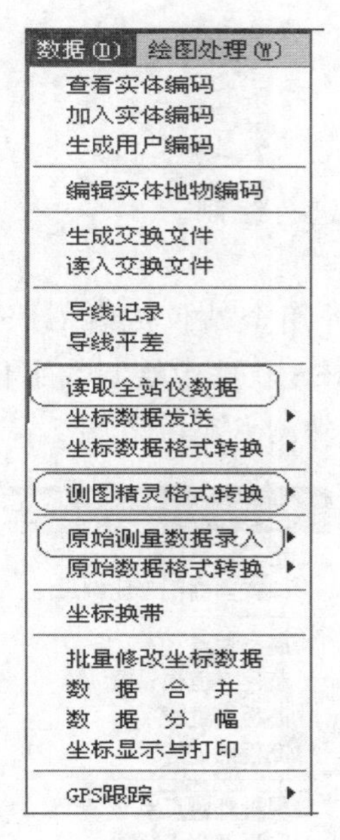

图 7-3

(3) 读取全站仪数据

- 将全站仪与电脑连接后，选择“读取全站仪数据”。
- 选择正确的仪器类型。
- 选择“CASS 坐标文件”，输入文件名。
- 点击“转换”，即可将全站仪里的数据转换成标准的 CASS 坐标数据。

注意：如果仪器类型里无所需型号或无法通讯，先用该仪器自带的传输软件将数据下载。将“联机”去掉，在“通讯临时文件”中选择下载的数据文件，“CASS 坐标文件”输入文件名。点击“转换”，也可完成数据的转换(图 7-4)。

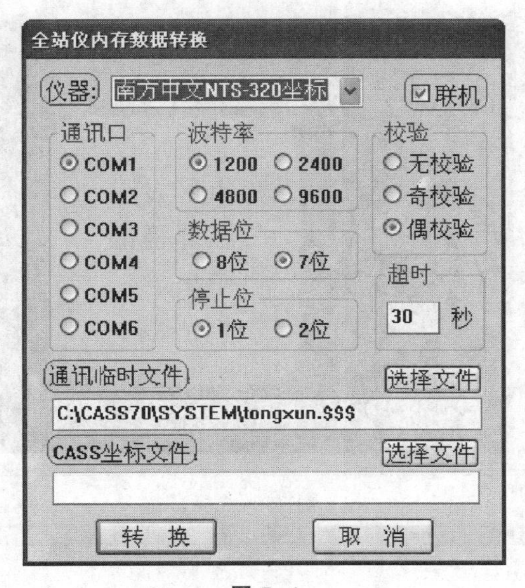

图 7-4

(4) 绘制地物符号(平面图)

- 展野外测点点号。
- 选择"坐标定位"方式。
- 在右侧屏幕菜单中选择符号进行绘制。

(5) 展野外测点点号

在绘制地形图之前,需要将野外用全站仪或者 GPS 测量得到的特征点展现在屏幕中心,然后根据野外绘制的草图在 CASS 软件中绘制数字化地形图。

操作步骤:"绘图处理"→"展野外测点点号"(图 7-5、图 7-6)。

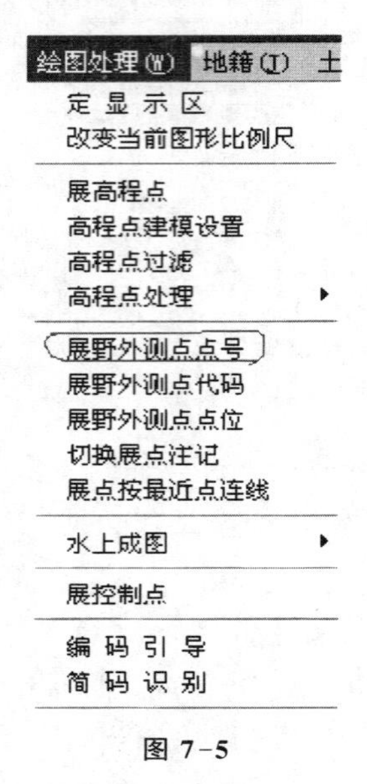

图 7-5

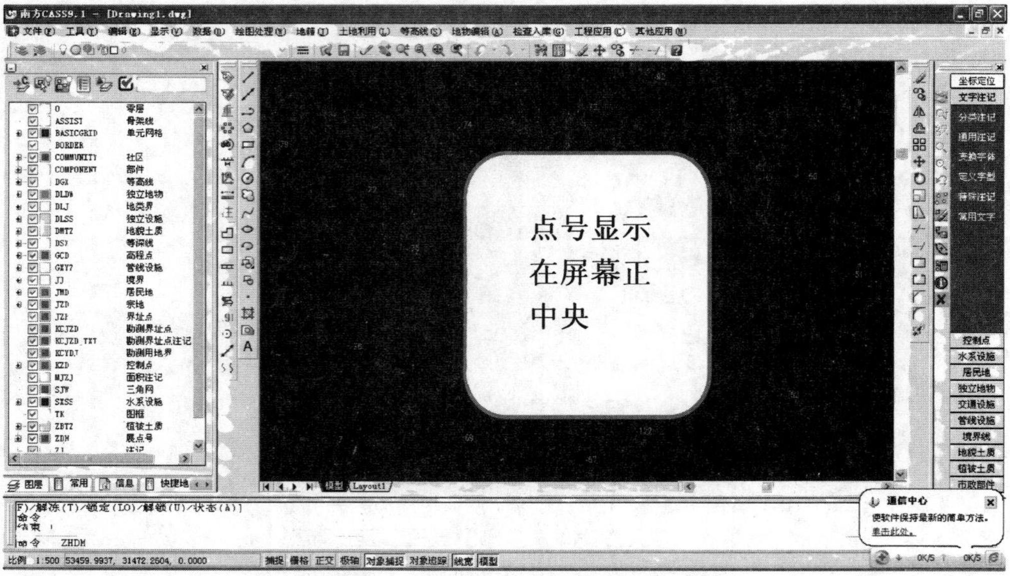

图 7-6

（6）选择“坐标定位”方式

移动鼠标至屏幕右侧“屏幕绘制菜单”区“坐标定位”项，按左键，选择对应的坐标定位方式（图 7-7、图 7-8）。

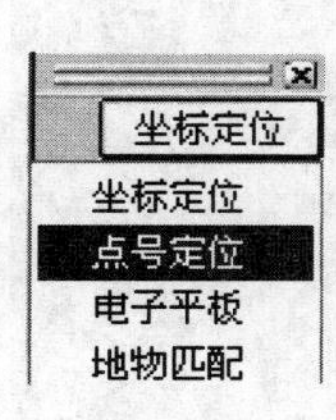

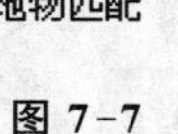

图 7-7

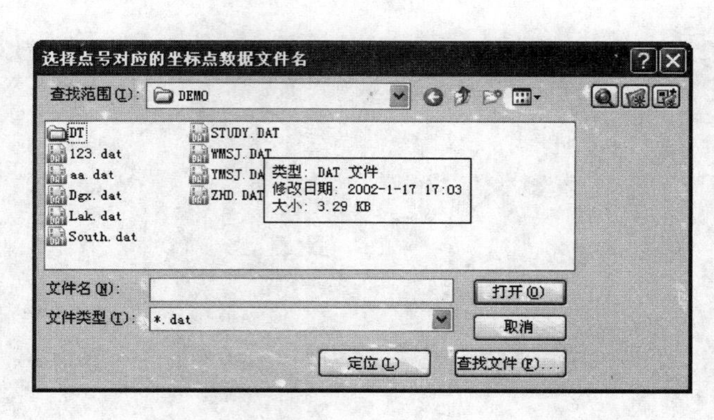

图 7-8

（7）绘制地物符号

根据野外绘制的草图，绘制相对应的地物符号，比如“房屋”、“道路”、“河流”等基本地物（图 7-9）。

图 7-9

(8) 绘制好各种地物以后的效果图(图 7-10)

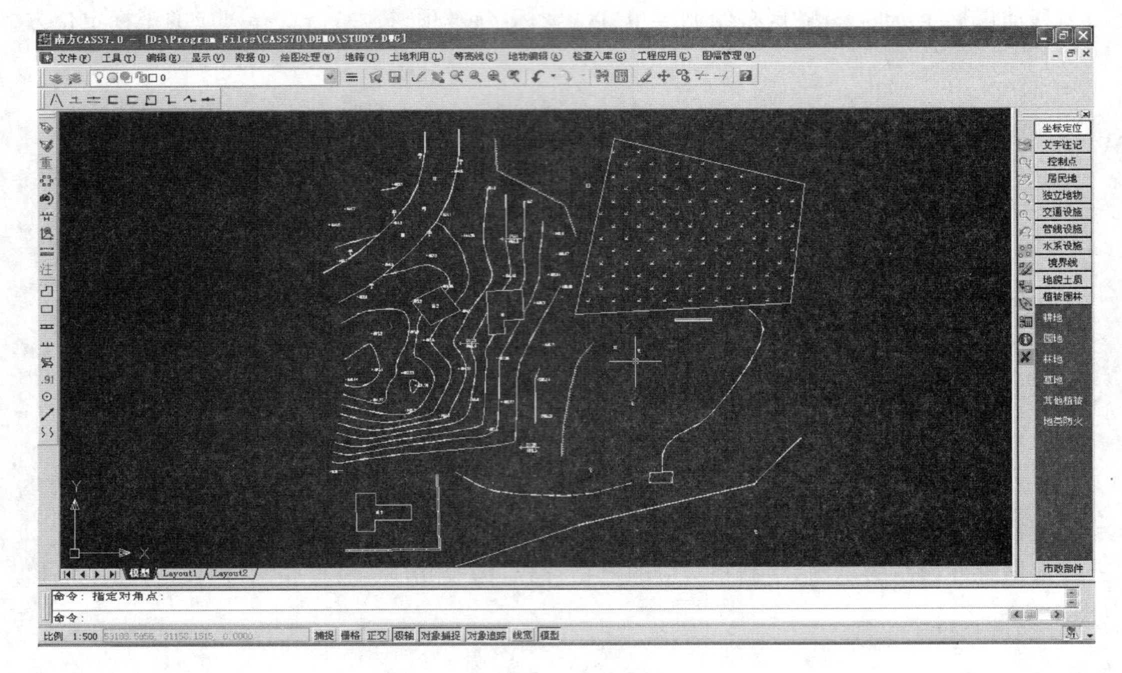

图 7-10

(9) 等高线绘制

- 建立 DTM 模型。
- 编辑修改 DTM。
- 绘制等高线。
- 编辑、修改、注记等高线。

注意:DTM(数字地面模型)是按一定结构组织在一起的数据组,它代表着地形特征的空间分布。

(10) 图形数据输出

地形图绘制完毕,可以多种方式输出:

- 打印输出:图幅整饰——连接输出设备——输出。
- 转入 GIS:输出 Arcinfo、Mapinfo、国家空间矢量格式。
- 其他交换格式:生成 CASS 交换文件(*.cas)。

(11) 打印输出

地形图绘制完毕,需要添加图框,标注对应的作业单位、绘图员、测量员、采用的标准等信息。

操作步骤:"绘图处理"→"标准图幅 (50 × 50)"(图 7-11)。

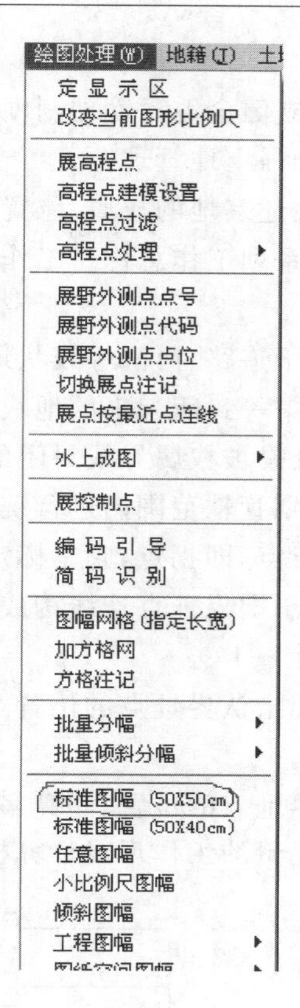

图 7-11

(12) 打印输出效果图(图 7-12)

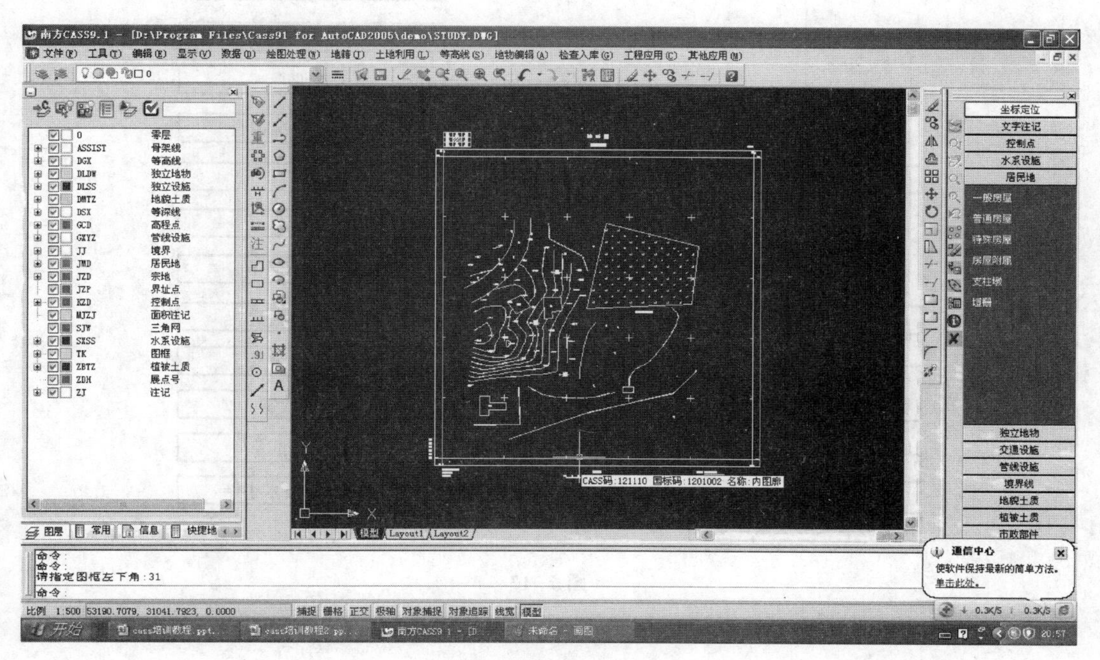

图 7-12

3. CASS 地籍图制图部分

目的：为规范地籍调查测量，建立健全地籍管理制度，维护土地的社会主义公有制，保护土地所有者和使用者的合法权益，加强土地管理。

内容：地籍调查测量是获取和表述宗地的权属、位置、形状、数量、用途等基本情况，提供满足土地登记需要的基础资料的一系列工作总称。工作内容包括地籍调查、地籍测量。

(1) 地籍成图相关名词

街道：以行政区内行政界线、主干道路、河沟等线状地物所封闭的大地块。

街坊："街道"内互通的小巷、沟渠等封闭起来的地块。

宗地：地籍调查的基本单元。凡是被权属界线封闭的、有明确权属主和利用类别的地块称为宗地。宗地编号必须在行政区划管辖范围内进行统一编号。

界址点：指宗地权属界线的转折点，即拐点，它是标定宗地权属界线的重要标志。

界址线：指宗地四周的权属界线，即界址点连线构成的折线或曲线。

(2) 地籍调查测量工作流程(图 7-13)

地籍调查：由相关人员实地共同指认界址点的位置及对界址点做出正确描述，并经本宗邻宗指界人员签名确认。

地籍测量：运用科学手段测定界址点的位置、测算宗地的面积、绘制地籍图等。

地籍成图：将地籍调查和地籍测量的工作形成计算机存储的数字、图形、文字信息。

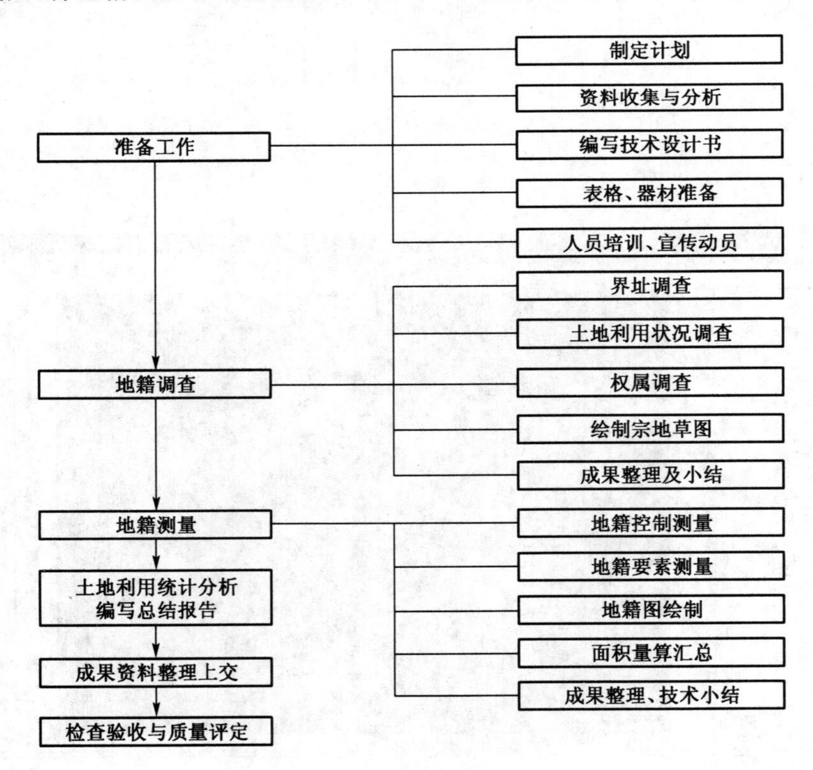

图 7-13

（3）地籍成图作业流程（图 7-14）

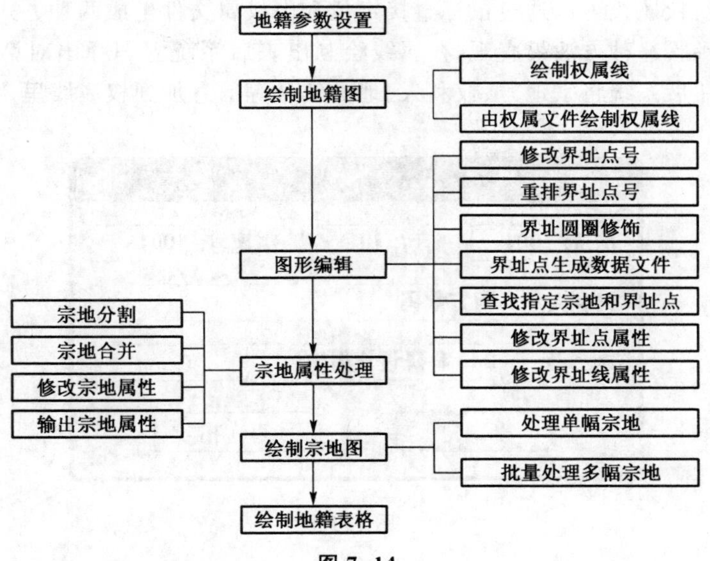

图 7-14

（4）地籍成图参数设置（图 7-15）

街道位数和街坊位数：依实际要求设置宗地号街道、街坊位数。

地号字高：依实际需要设置宗地号注记字高度。

小数位数：依实际需要设置坐标、距离和面积的小数位数。

界址点编号方式：提供街坊内编号和宗地内编号的切换开关。

宗地内图形：控制宗地图内图形是否满幅显示或只显示本宗地。

地籍图注记：提供各种权属注记的选项供用户选用。

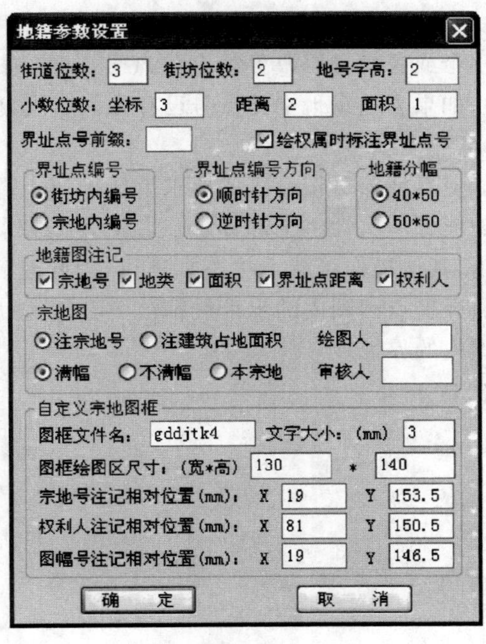

图 7-15

(5) 地籍成图之权属线绘制

绘制权属线:权属线可以通过鼠标直接定位和由权属文件生成两种方式绘制。

鼠标定位绘制:这种方法最直观,权属线绘制出来后系统立即弹出对话框,要求输入属性,点“确定”按钮后系统将宗地号、权利人、地类编号等信息加到权属线里,如图 7-16 所示。

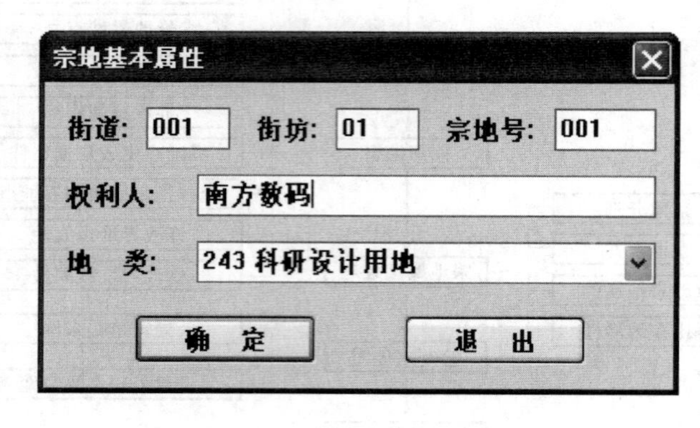

图 7-16

(6) 权属文件生成

通过事前生成权属信息数据文件的方法来绘制权属线,权属信息数据文件可由以下方法生成:

① 权属合并:由引导文件(*.yd)和坐标文件(*.dat)合并而成。

② 由图形生成权属:由地籍测量得到的界址点坐标数据文件和地籍调查得到的宗地的权属信息用此功能完成权属信息文件的生成。

③ 由复合线生成权属:由图面存在的复合线生成权属文件,由权属线生成权属;由图面已经存在的权属线生成权属文件。

(7) 图形编辑

修改界址点号:可以逐个或者批量修改界址点的点号,如果输入的点号有效,软件将其写入界址点圆圈的属性中,如果当前宗地中此点号已存在,软件会弹出提示对话框提示此点号存在。

重排界址点号:此功能使界址点号按输入的要求重新排列。

界址点圆圈修饰:此功能可一次性将全部界址点圆圈内的权属线剪切或消隐。如果使用剪切,所有权属线被打断,其他操作可能无法正常进行,因此建议此步操作在成图的最后一步进行。如果使用消隐,界址点圆圈内的界址线都被消隐,消隐后所有界址线仍然是一个整体,移屏时可以看到圆圈内的界址线。

(8) 绘制宗地图(图 7-17)

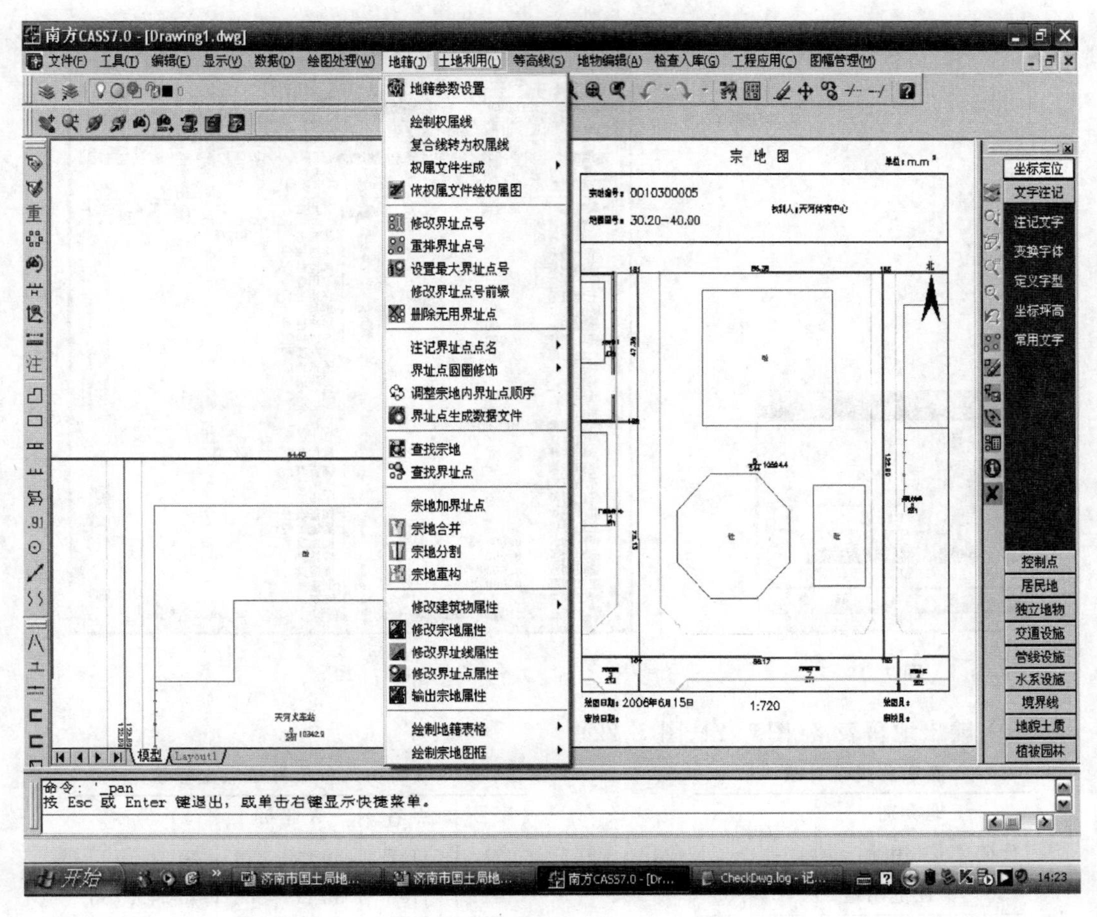

图 7-17

（9）属性数据录入界面（见图 7-18～图 7-20）

界址线属性

本宗地号:	5226006-1	邻宗地号:	5226006-2
起点号:	0366	止点号:	0362
界址间距:	21.599	界址线精度:	0
界线性质:	1 确定界		
界址线类别:	2 墙壁	界址线位置:	2 中
本宗地指界人:	李明	指界日期:	2000-1-1
邻宗地指界人:	李强	指界日期:	2000-1-1
调查人:	肖华	调查日期:	2000-1-1
备注:			

确　定　　　取　消

图 7-18

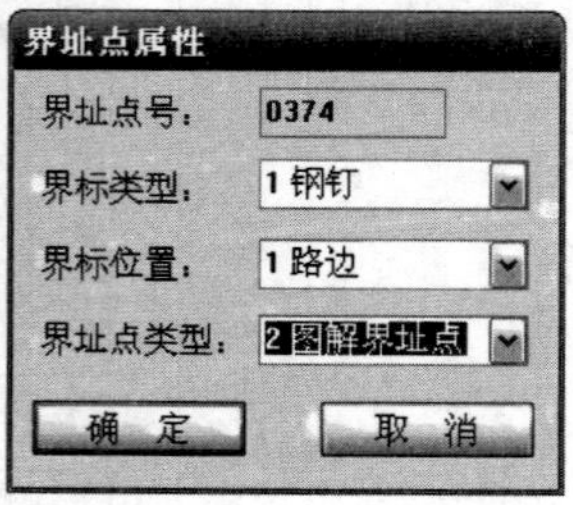

界址点属性

界址点号：0374

界标类型：1 钢钉

界标位置：1 路边

界址点类型：2 图解界址点

确　定　　取　消

图 7-19

图 7-20

（10）输出地籍表格（图 7-21、图 7-22）

面积分类统计表

工地类别		面积
代码	用途	
50	住宅用地	9 547.89
42	机关、宣传	4 716.92
61	铁路	10 342.86
41	文、体、娱	10 594.39
45	医卫	6 946.25
12	旅游业	9284.08
11	商业服务业	12 995.80
44	教育	10 123.06

图 7-21

以街坊为单位界址点坐标表

序号	点名	*X* 坐标	*Y* 坐标
21	J187	30 299.874	40 349.797
22	J188	30 177.383	40 349.756
23	J189	30 125.671	40 178.789
24	J190	30 105.434	40 178.789
25	J191	30 049.854	40 179.074
26	J192	30 053.188	40 050.074
27	J193	30 177.215	40 270.317
28	J194	30 052.219	40 349.630
29	J195	30 168.152	40 270.296
30	J196	30 125.669	40 270.296
31	J197	30 125.669	40 242.080
32	J198	30 052.219	40 242.103
33	J199	30 105.453	40 050.144

图 7-22

4. CASS 工程应用

（1）基本几何要素的查询

查询指定点坐标：用鼠标点取“工程应用”菜单中的“查询指定点坐标”，用鼠标点取所要查询的点即可。也可以先进入点号定位方式，再输入要查询的点号。说明：系统左下角状态栏显示的坐标是笛卡儿坐标系中的坐标，与测量坐标系的 *X* 和 *Y* 的顺序相反。用此功能查询时，系统在命令行给出的 X、Y 是测量坐标系的值。

查询两点距离及方位：用鼠标点取“工程应用”菜单下的“查询两点距离及方位”，用鼠标分别点取所要查询的两点即可。也可以先进入点号定位方式，再输入两点的点号。说明：CASS 所显示的坐标为实地坐标，所以所显示的两点间的距离为投影距离。

查询线长：用鼠标点取“工程应用”菜单下的“查询线长”，用鼠标点取图上曲线即可。

查询实体面积：用鼠标点取待查询的实体的边界线即可，要注意实体应该是闭合的。

计算表面积：对于不规则地貌，其表面积很难通过常规的方法来计算，在这里可以通过建模的方法来计算。系统通过 DTM 建模，在三维空间内将高程点连接为带坡度的三角形，再通过每个三角形面积累加得到整个范围内不规则地貌的面积。

(2) 土方计算

DTM 法土方计算：

① 由 DTM 模型来计算土方量是根据实地测定的地面点坐标（X,Y,Z）和设计高程，通过生成三角网来计算每一个三棱锥的填挖方量，最后累计得到指定范围内填方和挖方的土方量，并绘出填挖方分界线。

② DTM 法土方计算共有三种方法，一是由坐标数据文件计算；二是依照图上高程点进行计算；三是依照图上的三角网进行计算。前两种算法包含重新建立三角网的过程，第三种方法直接采用图上已有的三角形，不再重建三角网。

③ 根据坐标计算

用复合线画出所要计算土方的区域，一定要闭合，但是尽量不要拟合。因为拟合过的曲线在进行土方计算时会用折线迭代，影响计算结果的精度。

④ 根据图上高程点计算

首先要展绘高程点，然后用复合线画出所要计算土方的区域，要求同 DTM 法。用鼠标点取“工程应用”菜单下“DTM 法土方计算”子菜单中的“根据图上高程点计算”。提示：选择边界线用鼠标点取所画的闭合复合线。选择高程点或控制点时可逐个选取要参与计算的高程点或控制点，也可拖框选择。如果键入“ALL”回车，将选取图上所有已经绘出的高程点或控制点。弹出土方计算参数设置对话框，以下操作则与坐标计算法一样。

⑤ 根据图上的三角网计算

对已经生成的三角网进行必要的添加和删除，使结果更接近实际地形。用鼠标点取“工程应用”菜单下“DTM 法土方计算”子菜单中的“依图上三角网计算”。提示：平场标高（米）：输入平整的目标高程。请在图上选取三角网：用鼠标在图上选取三角形，可以逐个选取也可拉框批量选取。回车后屏幕上显示填挖方的提示框，同时图上绘出所分析的三角网、填挖方的分界线（白色线条）。

注意：用此方法计算土方量时不要求给定区域边界，因为系统会分析所有被选取的三角形，因此在选择三角形时一定要注意不要漏选或多选，否则计算结果有误，且很难检查出问题所在。

⑥ 计算两期土方计算

两期土方计算指的是对同一区域进行了两期测量，利用两次观测得到的高程数据建模后叠加，计算出两期之中的区域内土方的变化情况。适用的情况是两次观测时该区域都是不规则表面。

(3) 断面法进行土方量计算

第一步:生成里程文件。

第二步:选择土方计算类型。

第三步:给定计算参数。

第四步:输出计算结果。

(4) 方格网法土方计算

由方格网来计算土方量是根据实地测定的地面点坐标(X,Y,Z)和设计高程,通过生成方格网来计算每一个方格内的填挖方量,最后累计得到指定范围内填方和挖方的土方量,并绘出填挖方分界线。系统首先将方格的四个角上的高程相加(如果角上没有高程点,通过周围高程点内插得出其高程),取平均值与设计高程相减。然后通过指定的方格边长得到每个方格的面积,再用长方体的体积计算公式得到填挖方量。方格网法简便直观,易于操作,因此这一方法在实际工作中应用非常广泛。用方格网法算土方量,设计面可以是平面,也可以是斜面。

(5) 区域土方量平衡

土方平衡的功能常在场地平整时使用。当一个场地的土方平衡时,挖掉的土石方刚好等于填方量。以填挖方边界线为界,从较高处挖得的土石方直接填到区域内较低的地方,就可完成场地平整。这样可以大幅度减少运输费用。

(6) 图数转换

数据文件

- 指定点生成数据文件。
- 控制点生成数据文件。
- 高程点生成数据文件。
- 等高线生成数据文件。

交换文件

- 生成交换文件。
- 读入交换文件。

第二部分　野外综合实习测量教学

为了使学生在建筑业做一名合格的土木工程技术人员，同学们必须学习和掌握下列内容：

（1）地形图测绘——运用测量学的理论、方法和工具，将小范围内地面上的地物和地貌测绘成地形图、地籍图等，这项任务简称为测图。

（2）地形图应用——为工程建设的规划设计，从地形图中获取所需要的资料，例如点的坐标和高程、两点间的距离、地块的面积、地面的坡度、地形的断面和进行地形分析等，这项任务简称为图的应用。

（3）施工放样——把图上设计的工程结构物的位置在实地标定，作为施工的依据，这项任务简称为测设或放样。

第八章　地形图测绘

第一节　小地区控制测量

在面积小于 15 km^2 范围内建立的控制网，称为小地区控制网。

建立小地区控制网时，应尽量与国家（或城市）已建立的高级控制网连测，将高级控制点的坐标和高程，作为小地区控制网的起算和校核数据。如果周围没有国家（或城市）控制点，或附近有这种国家控制点而不便连测时，可以建立独立控制网。此时，控制网的起算坐标和高程可自行假定，坐标方位角可用测区中央的磁方位角代替。

小地区平面控制网，应根据测区面积的大小按精度要求分级建立。在全测区范围内建立的精度最高的控制网，称为首级控制网；直接为测图而建立的控制网，称为图根控制网。首级控制网和图根控制网的关系如表 8-1 所示。

表 8-1　首级控制网和图根控制网

测区面积（km）	首级控制网	图根控制网
1～10	一级小三角或一级导线	两级图根
0.5～2	二级小三角或二级导线	两级图根
0.5 以下	图根控制	

本章主要介绍用导线测量方法建立小地区平面控制网，以及用三、四等水准测量及图根水准测量方法建立小地区高程控制网。

第二节　导线测量的外业工作

将测区内相邻控制点用直线连接而构成的折线图形，称为导线。构成导线的控制点，称为导线点。导线测量就是依次测定各导线边的长度和各转折角值，再根据起算数据，推算出各边的坐标方位角，从而求出各导线点的坐标。

导线测量是建立小地区平面控制网常用的一种方法，特别是在地物分布复杂的建筑区、视线障碍较多的隐蔽区和带状地区，多采用导线测量的方法。

用经纬仪测量转折角，用钢尺测定导线边长的导线，称为经纬仪导线；若用光电测距仪测定导线边长，则称为光电测距导线。

一、图根导线测量的外业工作

1. 踏勘选点

在选点前，应先收集测区已有地形图和已有高级控制点的成果资料，将控制点展绘在原有地形图上，然后在地形图上拟定导线布设方案，最后到野外踏勘，核对、修改、落实导线点的位置，并建立标志。

选点时应注意下列事项：

(1) 相邻点间应相互通视良好，地势平坦，便于测角和量距。

(2) 点位应选在土质坚实，便于安置仪器和保存标志的地方。

(3) 导线点应选在视野开阔的地方，便于碎部测量。

(4) 导线边长应大致相等，其平均边长应符合表 8-1 的要求。

(5) 导线点应有足够的密度，分布均匀，便于控制整个测区。

2. 建立标志

(1) 临时性标志

导线点位置选定后，要在每一点位上打一个木桩，在桩顶钉一小钉，作为点的标志，如图 8-1 所示。也可在水泥地面上用红漆划一圆，圆内点一小点，作为临时标志。

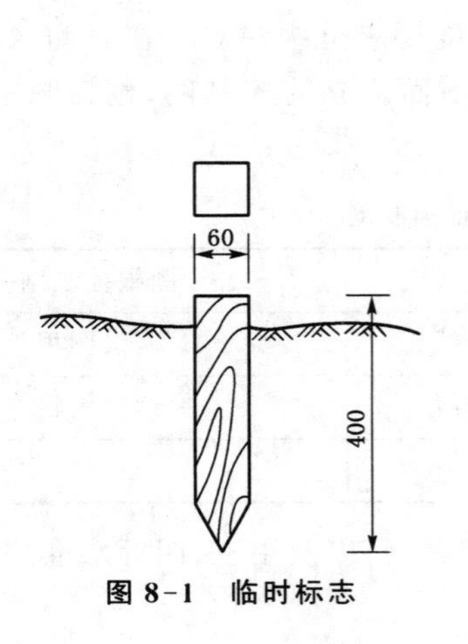

图 8-1　临时标志

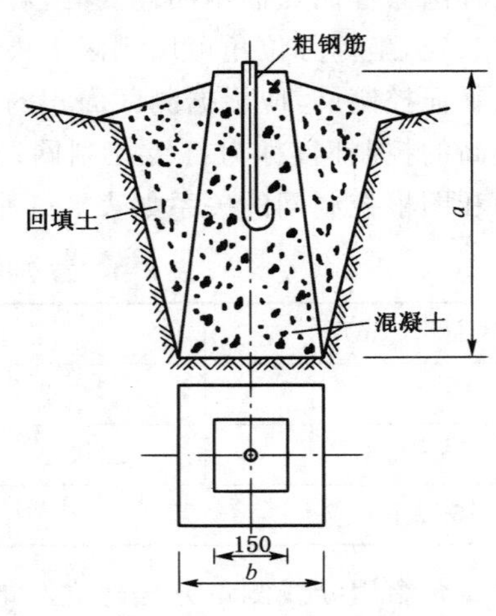

图 8-2　永久性标志

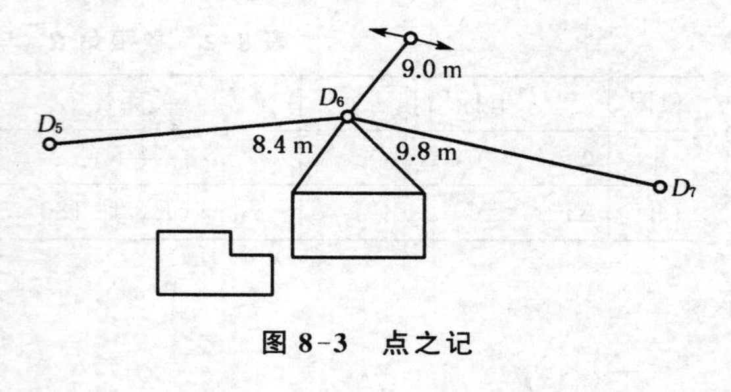

图 8-3　点之记

(2) 永久性标志

需要长期保存的导线点应埋设混凝土桩，如图 8-2 所示。桩顶嵌入带“＋”字的金属标志，作为永久性标志。

导线点应统一编号。为了便于寻找，应量出导线点与附近明显地物的距离，绘出草图，注明尺寸，该图称为“点之记”，如图 8-3 所示。

3. 导线边长测量

导线边长可用钢尺直接丈量，或用光电测距仪直接测定。

用钢尺丈量时，选用检定过的 30 m 或 50 m 的钢尺，导线边长应往返丈量各一次，往返丈量相对误差应满足 K 要求。

用光电测距仪测量时，要同时观测垂直角，供倾斜改正之用。

4. 转折角测量

导线转折角的测量一般采用测回法观测。在附合导线中一般测左角；在闭合导线中，一般测内角；对于支导线，应分别观测左、右角。不同等级导线的测角技术要求，图根导线，一般用 DJ6 型经纬仪测一测回，当盘左、盘右两半测回角值的较差不超过 $\pm 40''$ 时，取其平均值。

5. 连接测量

导线与高级控制点进行连接，以取得坐标和坐标方位角的起算数据，称为连接测量。

第三节　导线测量的内业计算

导线测量内业计算的目的就是计算各导线点的平面坐标 x、y。在一般地区，每个实习班级可选定 8～10 个点连成闭合导线(或每个实习小组可选定 4～5 个点连成闭合导线)，作为平面控制，按图根导线要求进行观测。计算之前，应先全面检查导线测量外业记录、数据是否齐全，有无记错、算错，成果是否符合精度要求，起算数据是否准确。然后绘制计算略图，将各项数据注在图上的相应位置，如图 8-6 所示。

一、坐标计算的基本公式

1. 坐标正算

根据直线起点的坐标、直线长度及其坐标方位角计算直线终点的坐标，称为坐标正算。如图 8-4 所示，已知直线 AB 起点 A 的坐标为(x_A, y_A)，AB 边的边长及坐标方位角分别为 D_{AB} 和 α_{AB}，需计算直线终点 B 的坐标。

直线两端点 A、B 的坐标值之差，称为坐标增量，用 Δx_{AB}、Δy_{AB} 表示。由图 8-4 可看出坐标增量的计算公式为：

$$\left.\begin{aligned}\Delta x_{AB} &= x_B - x_A = D_{AB}\cos\alpha_{AB}\\ \Delta y_{AB} &= y_B - y_A = D_{AB}\sin\alpha_{AB}\end{aligned}\right\}$$

表 8-2　象限角 R_{AB} 与坐标方位角 α_{AB} 的关系

象限	坐标增量	关系	象限	坐标增量	关系
Ⅰ	$\Delta x_{AB}>0$，$\Delta y_{AB}>0$	$\alpha_{AB}=R_{AB}$	Ⅲ	$\Delta x_{AB}<0$，$\Delta y_{AB}<0$	$\alpha_{AB}=R_{AB}+180°$
Ⅱ	$\Delta x_{AB}<0$，$\Delta y_{AB}>0$	$\alpha_{AB}=R_{AB}+180°$	Ⅳ	$\Delta x_{AB}>0$，$\Delta y_{AB}<0$	$\alpha_{AB}=R_{AB}+360°$

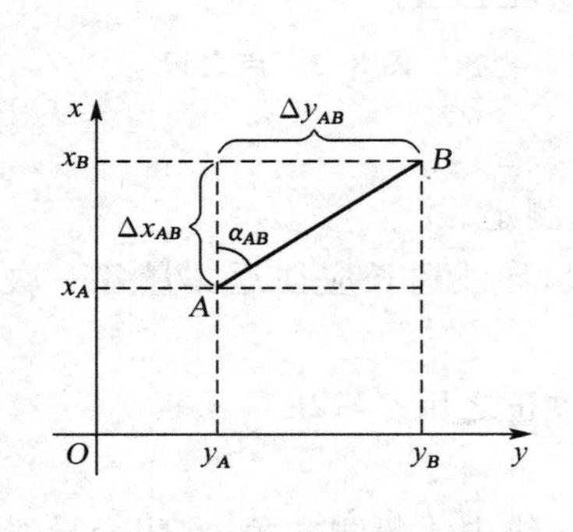

图 8-4　坐标增量

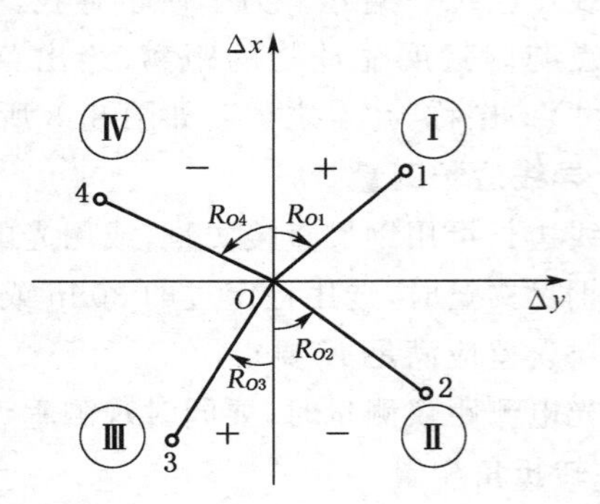

图 8-5　坐标增量正、负号的规律

根据上式计算坐标增量时，正弦和余弦函数值随着 α 角所在象限而有正负之分，因此算得的坐标增量同样具有正、负号。坐标增量正、负号的规律如图 8-5 所示。

2. 坐标反算

根据直线起点和终点的坐标，计算直线的边长和坐标方位角，称为坐标反算。如图 8-4 所示，已知直线 AB 两端点的坐标分别为(x_A, y_A)和(x_B, y_B)，则直线边长 D_{AB} 和坐标方位角 α_{AB} 的计算公式为：

$$D_{AB}=\sqrt{\Delta x_{AB}^2+\Delta y_{AB}^2}$$

$$\alpha_{AB}=\arctan\frac{\Delta y_{AB}}{\Delta x_{AB}}$$

应该注意的是坐标方位角的角值范围在 0°～360°之间，而反正切函数的角值范围在−90°～+90°之间，两者是不一致的。计算坐标方位角时，计算出的是象限角，因此，应根据坐标增量 Δx、Δy 的正、负号，按图 8-5 决定其所在象限，再把象限角换算成相应的坐标方位角。严格地说，α_{AB} 应该写成 $R_{AB}=\arctan\dfrac{\Delta y_{AB}}{\Delta x_{AB}}$。式中，$R_{AB}$ 表示该边的象限角值。实际应用时将 R_{AB} 换算为方位角 α_{12}。

二、闭合导线的坐标计算

如图 8-6 所示，导线从已知控制点 B 和已知方向 BA 出发，经过 1、2、3，最后仍回到起点 B，形成一个闭合多边形，这样的导线称为闭合导线。闭合导线本身存在着严密的几何条件，具有检核作用。

闭合导线方位角的计算公式为：

$$\alpha_{前}=\alpha_{后}+\beta_{左}\pm180°$$

现以图 8-6 所注的数据为例，结合“闭合导线坐标计算表”的使用。

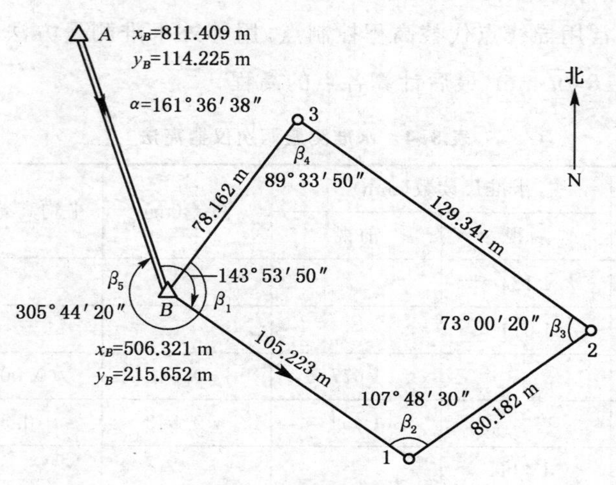

图 8-6　闭合导线

表 8-3

点号	观测角（左角）（° ′ ″）	改正数（″）	改正角（° ′ ″）	坐标方位角（° ′ ″）	距离（m）	坐标增量		改正后的坐标增量		坐标值		点号
						Δx(m)	Δy(m)	$\Delta\hat{x}$(m)	$\Delta\hat{y}$(m)	$\hat{x}$(m)	$\hat{y}$(m)	
1	2	3	4	5	6	7	8	9	10	11	12	13
B												
				161 36 38						506.321	215.652	*A*
A	145 53 50	−10	143 53 40									
				125 30 18	105.223	−0.015 −61.111	+0.019 +85.658	−61.126	+85.677	445.195	301.329	1
1	107 48 30	−10	107 48 20									
				53 18 38	80.182	−0.012 +47.907	+0.014 +64.297	+47.895	+64.311	493.090	365.640	2
2	73 00 20	−10	73 00 10									
				306 18 48	129.341	−0.019 +76.596	+0.023 −104.222	+76.577	−104.199	569.667	261.441	3
3	89 33 50	−10	89 33 40									
				215 52 28	78.162	−0.011 −63.335	+0.015 −45.804	−63.346	−45.789	506.321	215.652	*A*
A	305 44 20	−10	305 44 10									
				341 36 38								
B												
总和	720 00 50	−50	720 00 00		392.908	+0.057	−0.071	0.000	0.000			

$\sum\beta_{测} = 720°00'50''$　　$f_x = \sum\Delta x_{测} = 0.057\ \text{m}$　$f_y = \sum\Delta y_{测} = 0.071\ \text{m}$

$\sum\beta_{理} = 720°$　　全长闭合差 $f = \sqrt{f_x^2 + f_y^2} = 0.091\ \text{m}$

$f_\beta = \sum\beta_{测} - \sum\beta_{理} = 50''$　　全长相对闭合差 $K = \dfrac{1}{\sum D/f} \approx \dfrac{1}{4\,315} < \dfrac{1}{4\,000}$

$f_{\beta允} = \pm 40''\sqrt{n} = \pm 89''$　　允许相对闭合差 $K_{允} = 1/4\,000$

三、高程控制测量

小地区高程控制测量常用的方法是水准测量。

在一般情况下，常用导线点代替高程控制点，用等外水准测量方法测定各点的高程，高差闭合差不得超过$\pm 8\sqrt{n}$ mm，最后计算各点的高程。

表 8-4 水准测量两次仪器高法

测站	点号	水准尺读数(mm)		高差(m)	平均高差(m)	高程(m)
		后视	前视			
1	BM-*A*	1 134				13.428
		1 011				
	TP1		1 677	−0.543	(0.000)	
			1 554	−0.543	−0.543	
2	TP1	1 444				
		1 624				
	TP2		1 324	+0.120	(+0.004)	
			1 508	+0.116	+0.118	
3	TP2	1 822				
		1 710				
	TP3		0876	+0.946	(0.000)	
			0764	+0.946	+0.946	
4	TP3	1 820				
		1 923				
	TP4		1 435	+0.385	(+0.002)	
			1 540	+0.383	+0.384	
5	TP5	1 422				
		1 604				
	BM-*D*		1 308	+0.114	(+0.002)	
			1 488	+0.116	+0.115	14.448

表 8-5 水准测量双面尺法

测站	点号	水准尺读数(mm)		高差(m)	平均高差(m)	高程(m)
		后视	前视			
1	BM-*C*	1 211				3.688
		5 998				
	TP1		0586	+0.625	(0.000)	
			5 273	+0.725	+0.625	

续表 8-5

测站	点号	水准尺读数(mm)		高差(m)	平均高差(m)	高程(m)
		后视	前视			
2	TP1	1 554				
		6 241				
	TP2		0311	+1.243	(+0.001)	
			5 097	+1.144	+1.243 5	
3	*TP*2	0398				
		5 186				
	TP3		1 523	−1.125	(+0.001)	
			6 210	−1.024	−1.124 5	
4	*TP*3	1 708				
		6 395				
	D		0574	+1.134	(+0.000)	
			5 361	+1.034	+1.134	5.566
检核计算	$\sum$	28 691	24 935	+3.756	+1.878	

第四节　碎部测量

测绘地形图时，要在某一个测站上用仪器测绘该测区所有的地物和地貌是不可能的。同样，某一厂区或住宅区在建筑施工中的放样工作也不可能在一个测站上完成。如图 8-7(a)所示，在 A 点设站，只能测绘附近的地物和地貌，对位于山后面的部分以及较远的地区就观测不到，因此，需要在若干点上分别施测，最后才能拼接成一幅完整的地形图。如图 8-7(b)所示，图中 P、Q、R 为设计的房屋位置，也需要在实地从 A、F 两点进行施工放样。因此，进行某一个测区的测量工作时，首先要用较严密的方法和较精密的仪器，测定分布在全区的少量控制点(例如图 8-7 中的 A、B、…、F)的点位，作为测图或施工放样的框架和依据，以保证测区的整体精度，称为控制测量。然后在每个控制点上，以较低的(当然也需保证必要的)精度施测其周围的局部地形细部或放样需要施工的点位，称为碎部测量。

图 8-7(a)、(b)为碎部测量。任何测量工作都不可避免地会产生误差，在一般情况下，常用导线点代替高程控制点，用等外水准测量方法测定各点的高程，故每点(站)上的测量都应采取一定的程序和方法，以便检查错误或防止误差积累，保证测绘成果的质量。

因此，在实际测量工作中应当遵守以下两个基本原则：①在测量程序上，应遵循"先控制后碎部"的原则；②在测量过程中，应遵循"逐步检查"的原则。

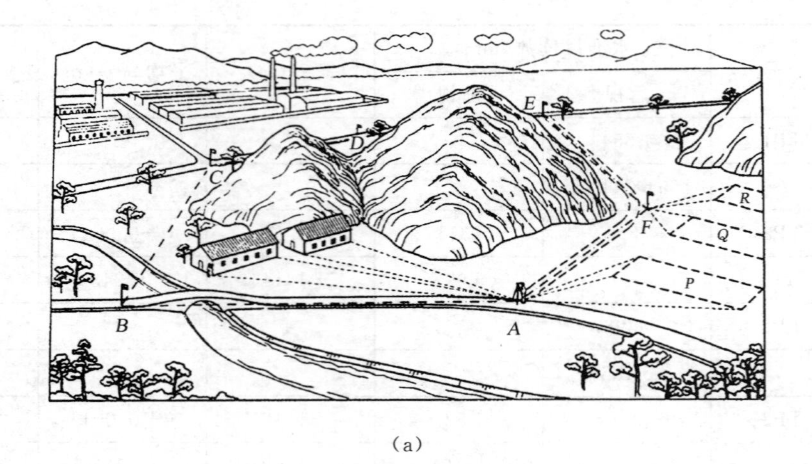

(a)

(b)

图 8-7　碎部测量

在控制测量的基础上，再进行碎部测量。图 8-8 所示为地形图的图解测绘法。首先，按控制点 A、B、…的坐标值，按一定的比例缩小，在图纸上绘出各控制点的位置 a、b、…；然后测绘各控制点周围的地物和地貌。例如，在控制点 A 测定附近房屋的房角点 1、2、3、…，按比例缩小，连接有关线条，绘制成图。

在地面有高低起伏的地方，根据控制点，可以测定一系列地形特征点的平面位置和高程，据此可以绘制用等高线表示的地貌，如图 8-9 所示，注于线上的数字为地面的高程。

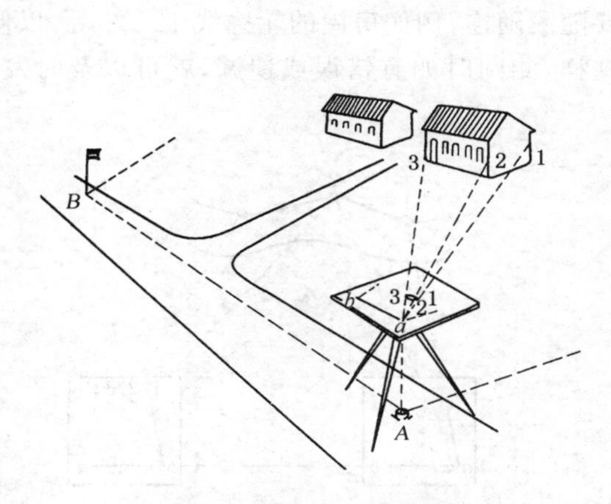

图 8-8　地物的碎部测绘

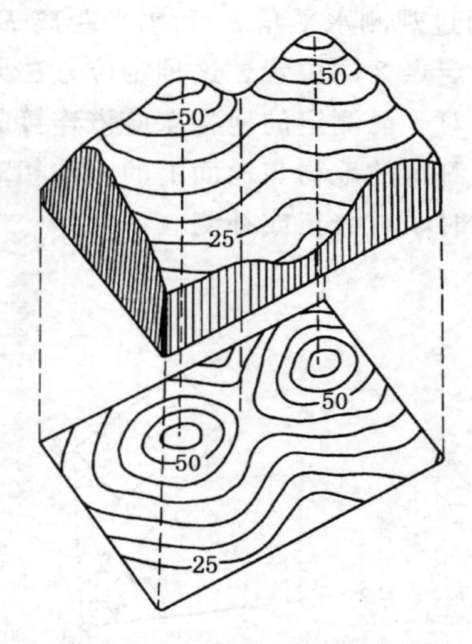

图 8-9　用等高线表示地貌

一、碎部点的选择

地形图测绘的质量和速度在很大程度上取决于立尺员能否正确合理地选择碎部点。对于地物,碎部点主要是其轮廓线的转折点,如房角点、道路中心线或边线的转折点、河岸线的转折点以及独立地物的中心点,连接这些特征点,便可得到与实地相似的地物形状。主要的特征点应独立测定,一些次要的特征点可以用量距、交会、推平行线等几何作图方法绘出。一般规定,凡主要建筑物轮廓线的凹凸长度在图上大于 0.4 mm、简单房屋大于 0.6 mm 时均应表示出来。对于独立地物,如能依比例尺在图上显示出来,应实测外廓;如图上不能表示出来,如水井、独立树等,应测其中心位置,用规定的图式符号表示。以下按 1∶500 和 1∶1 000 比例尺测图的要求提出一些取点原则。

(1) 对于房屋,可只测定其主要房角点(至少 3 个),然后量取与其有关的数据,按其几何关系用作图方法画出轮廓线。

(2) 对于圆形建筑物,可测定其中心位置并量其半径后作图绘出,或在其外廓测定 3 点,然后用作图法定出圆心而作圆。

(3) 对于公路,应实测两侧边线,而大路或小路可只测其一侧的边线,另一侧边线可按量得的路宽绘出;对于道路转折处的圆曲线边线,应至少测定 3 点(起点、终点和中点)。

(4) 围墙应实测其特征点,按半比例符号绘出其外围的实际位置。对于地貌,碎部点应选在最能反映地貌特征的山顶、鞍部、山脊(线)、山谷(线)、山坡、山脚等坡度变化及方向变化处。根据这些特征点的高程勾绘等高线,即可将地貌在图上表示出来。按照 1999 年《城市测量规范》(CJJ 8—99)的规定,地物点、地形点视距和测距的最大长度应符合相关要求。

二、碎部点位的测定方法

1. 极坐标法

极坐标法是测定碎部点位最常用的一种方法。如图 8-10 所示,测站点为 A,定向点为

B,通过观测水平角 β_1 和水平距离 D_1 就可确定碎部点 1 的位置。同样,由观测值 β_2,D_2 又可测定点 2 的位置。这种定位方法即为极坐标法。

对于已测定的地物点应该连接起来的要随测随连,例如房屋的轮廓线 12、23 等,以便将图上测得的地物与地面上的实体相对照。这样,测图时如有错误或遗漏,就可以及时发现,并及时予以修正或补测。

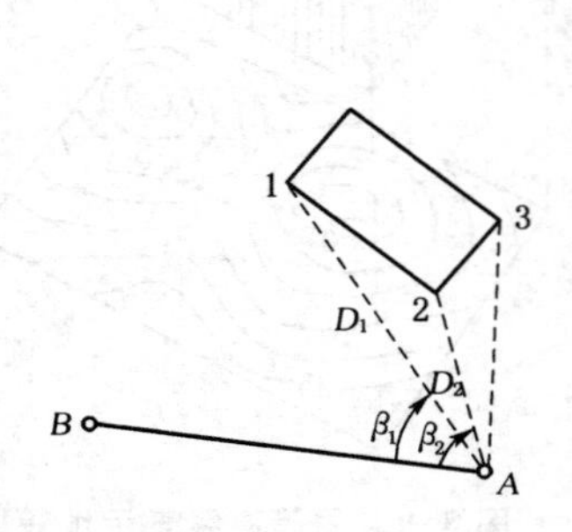

图 8-10 极坐标法测绘地物

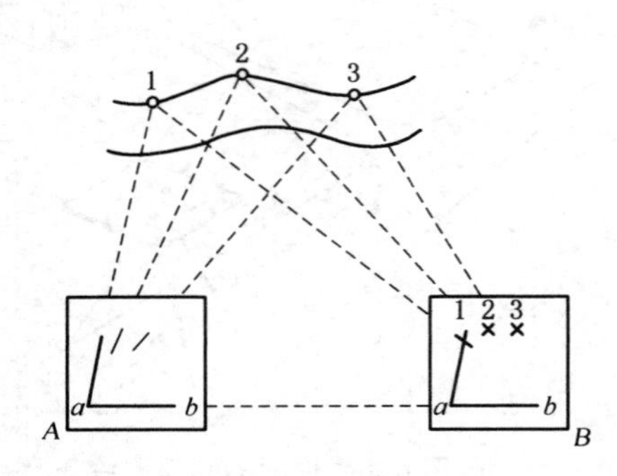

图 8-11 方向交会法测绘地物

2. 方向交会法

当地物点距离较远,或遇河流、水田等障碍不便丈量距离时,可以用方向交会法来测定。如图 8-11 所示,设欲测绘河对岸的特征点 1、2、3 等,自 A、B 两控制点与河对岸的点 1、2、3 等量距不方便,这时可先将仪器安置在 A 点,经过对中、整平和定向以后,测定 1、2、3 各点的方向,并在图板上画出其方向线,然后再将仪器安置在 B 点。按同样方法再测定 1、2、3 点的方向,在图板上画出方向线,则其相应方向线的交会点即为 1、2、3 点在图板上的位置,并应注意检查交会点位置的正确性。

3. 距离交会法

在测完主要房屋后,再测定隐蔽在建筑群内的一些次要的地物点,特别是这些点与测站不通视时,可按距离交会法测绘这些点的位置。如图 8-12 所示,图中 P、Q 为已测绘好的地物点,若欲测定 1、2 点的位置,具体测法如下:用皮尺量出水平距离 D_{P1}、D_{P2} 和 D_{Q1}、D_{Q2},然后按测图比例尺算出图上相应的长度。在图上以 P 为圆心,用两脚规按 D_{P1} 长度为半径作圆弧,再在图上以 Q 为圆心,用 D_{Q1} 长度为半径作圆弧,两圆弧相交可得点 1;再按同法交会出点 2。连接图上的 1、2 两点即得地物一条边的位置。如果再量出房屋宽度,就可以在图上用推平行线的方法绘出该地物。

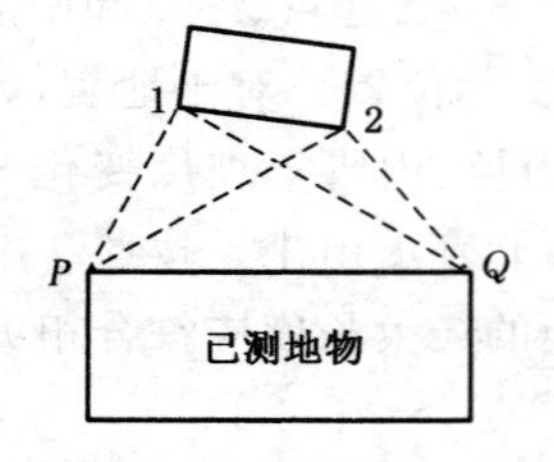

图 8-12 距离交会法测绘地物

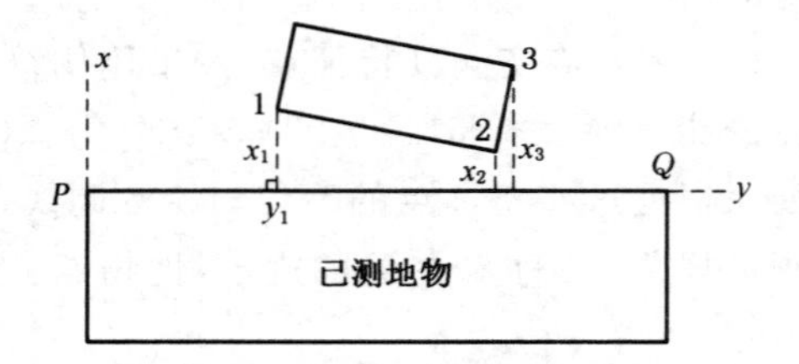

图 8-13 直角坐标法测绘地物

4. 直角坐标法

如图 8-13 所示,P、Q 为已测建筑物的两房角点,以 PQ 方向为 y 轴,找出地物点在 PQ

方向上的垂足，用皮尺丈量 y_1 及其垂直方向的支距 x_1，便可定出点 1。同法可以定出 2、3 等点。与测站点不通视的次要地物靠近某主要地物，地形平坦且在支距 x 很短的情况下，适合采用直角坐标法来测绘。

5. 方向距离交会法

与测站点通视但量距不方便的次要地物点，可以利用方向距离交会法来测绘。方向仍从测站点出发来测定，而距离是从图上已测定的地物点出发来量取，按比例尺缩小后，用分规卡出这段距离，从该点出发与方向线相交，即得欲测定的地物点。这种方法称为方向距离交会法。

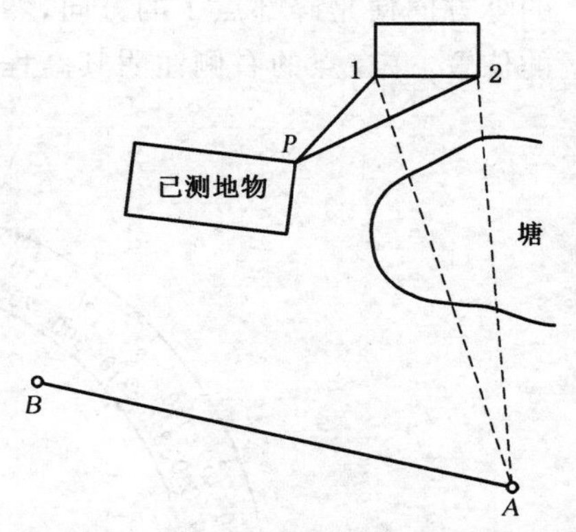

图 8-14　方向距离交会法测绘地物

如图 8-14 所示，P 为已测定的地物点，现要测定点 1、2 的位置，从测站点 A 瞄准点 1、2，画出方向线，从 P 点出发量取水平距离 D_{P1} 与 D_{P2}，按比例求得图上的长度，即可通过距离与方向交会得出点 1、2 在图上的位置。

三、经纬仪测绘法

1. 测站操作步骤

经纬仪测绘法是用经纬仪按极坐标法测量碎部点的平面位置和高程。根据测定的数据，用量角器和比例尺将碎部点的位置展绘在图纸上，并在点的右侧注明其高程，再对照实地勾绘地形图，这种方法称为模拟法成图。

经纬仪测绘法是将经纬仪安置在测站上，绘图板安置于测站旁，用经纬仪测定碎部点的方向与已知方向之间的水平夹角、测站点至碎部点的距离和碎部点的高程。水平距离和高差均用视距测量方法测量。此法操作简单、灵活，适用于各类地区的地形图测绘，而且是在现场边测边绘，便于检查碎部有无遗漏及观测、计算错误。

经纬仪测绘法在一个测站上的操作步骤如下：

(1) 安置仪器：如图 8-15 所示，安置仪器于测站点(控制点)A 上，量取仪器高 i。

(2) 定向：后视另一控制点 B，置水平度盘读数为 0°00′00″。

(3) 立尺：立尺员依次将标尺立在地物、地貌特征点上。立标尺前，立尺员应弄清实测范围和实地情况，初步拟定立尺点，并与观测员、绘图员共同商定跑尺路线。立尺点数量应视测区地物、地貌的分布情况而定，一般要求立尺点分布均匀、一点多用、不漏点。

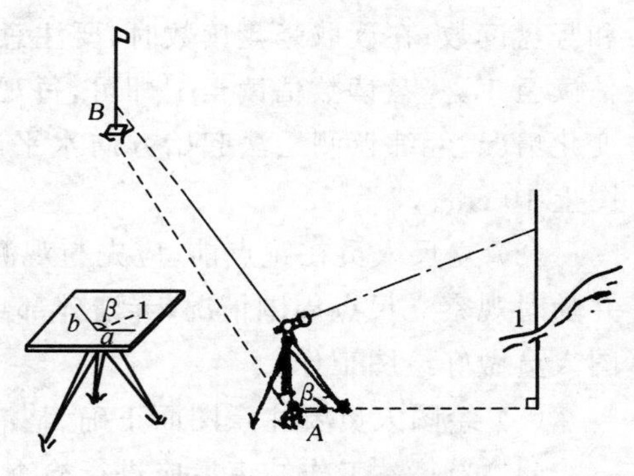

图 8-15　经纬仪测绘法

(4) 观测：转动照准部，瞄准点 1 上的标尺，读取视距间隔 l、中丝读数 v、竖盘盘左读数 L 及水平角读数 β。

(5) 计算：先由竖盘读数 L 计算竖直角 $\alpha = 90° - L$，按视距测量方法用计算器计算出碎部点的水平距离和高程。

(6) 展绘碎部点：用细针将量角器的圆心插在图纸上测站点 a 处，转动量角器，将量角器上等于 β 角值（碎部点 1 为 $102°00'$）的刻划线对准起始方向线 ab（图 8-16），此时量角器的零方向便是碎部点 1 的方向，然后用测图比例尺按测得的水平距离在该方向上定出点 1 的位置，并在点的右侧注明其高程。

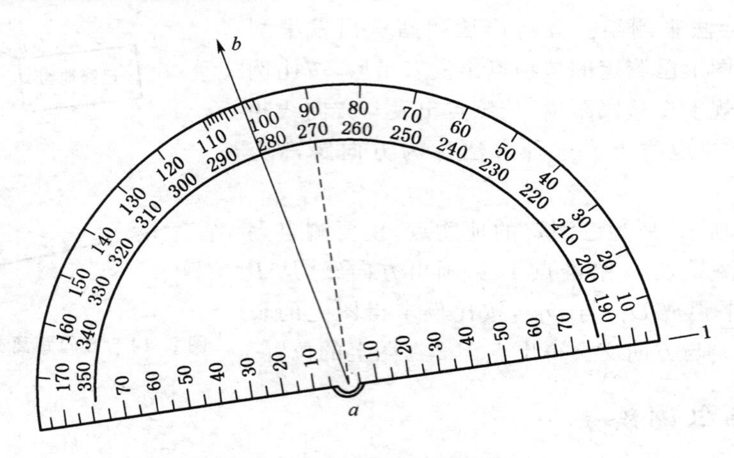

图 8-16　地形测量量角器

同法，测出其余各碎部点的平面位置与高程，绘于图上，并随测随绘等高线和地物。为了检查测图质量，仪器搬到下一测站时，应先观测前站所测的某些明显碎部点，以检查由两个测站测得该点平面位置和高程是否相符。如相差较大，则应查明原因，纠正错误，再继续进行测绘。若测区面积较大，可分成若干图幅，分别测绘，最后拼接成全区地形图。为了相邻图幅的拼接，每幅图应测至图廓外 10 mm。

2. 在测图过程中应注意的事项

(1) 为方便绘图员工作，观测员在观测时，应先读取水平角，再读取视距尺的三丝读数和竖盘读数；在读取竖盘读数时，要注意检查竖盘指标水准管气泡是否居中；读数时，水平角估读至 $5'$，竖盘读数估读至 $1'$ 即可，每观测 20～30 个碎部点后，应重新瞄准起始方向检查其变化情况，经纬仪测绘法起始方向水平度盘读数偏差不得超过 $3'$，定向边的边长不宜短于图上 10 cm。

(2) 立尺人员在跑点前，应先与观测员和绘图员商定跑尺路线；立尺时，应将标尺竖直，并随时观察立尺点周围情况，弄清碎部点之间的关系，地形复杂时还需绘出草图，以协助绘图人员做好绘图工作。

(3) 绘图人员要注意图面正确、整洁，注记清晰，并做到随测点，随展绘，随检查。

(4) 当每站工作结束后应进行检查，在确认地物、地貌无测错或漏测时方可迁站。

3. 测站点的增设

在测图过程中，由于地物分布的复杂性，往往会发现已有的图根控制点不够用，此时可以用支点法等方法临时增设（加密）一些测站点。

(1) 支点法

在现场选定需要增设的测站点，用极坐标法测定其在图上的位置，称为支点法。由于测站点的精度必须高于一般地物点，因此规定：增设支点前必须对仪器（经纬仪、平板仪、全站仪等）重新检查定向；支点的边长不宜超过测站定向边的边长；支点边长要进行往返丈量或两次测定，其差数不应大于 1/200。对于增设测站点的高程，则可以根据已知高程的图根点用水准仪或经纬仪视距法测定，其往返高差的较差不得超过 1/7 等高距。

（2）内、外分点法

内、外分点法，是一种在已知直线方向上按距离定位的方法。这种方法主要用在通视条件好、便于量距和设站的任意两控制点连线（内分点）或其延长线（外分点）上增补测站点。利用已知边内、外分点建立测站，不需要观测水平角，控制点至测站点间的距离、高差的测定与检核均与支点法相同。

四、平板仪的构造和使用

1. 平板仪的构造

（1）大平板仪的构造

如图 8-17(a)所示，大平板仪由平板、三脚架、基座和照准仪及其附件组成。

照准仪主要由望远镜、竖盘、直尺组成。望远镜和竖盘与经纬仪的构造相似，可以用来作视距测量。直尺代替了经纬仪上的水平度盘，直尺边和望远镜的视准轴在同一竖直面内，望远镜瞄准后，直尺在平板上画出的方向线就是瞄准的直线方向。

如图 8-17(b)、(c)、(d)所示，大平板仪的附件有：

① 对点器：用来对点，使平板上的点和相应地面点在同一条铅垂线上。

② 定向罗盘：初步定向，使平板仪图纸上的南北方向和实际南北方向接近一致。

③ 圆水准器：用来整平平板仪。

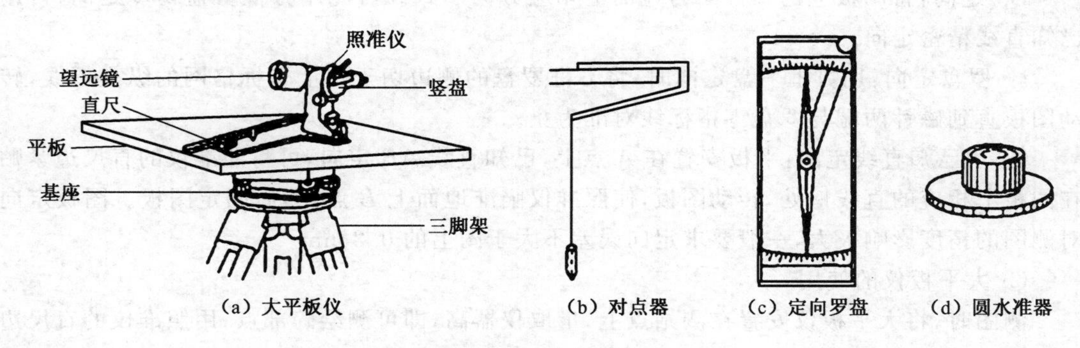

图 8-17　大平板仪

（2）小平板仪的构造

如图 8-18 所示，小平板仪主要由三脚架、平板、照准仪、对点器和长盒磁针等组成。

照准仪如图 8-19 所示，由直尺、觇孔板和分划板组成。觇孔和分划板上的细丝可以照准目标，直尺可在平板上绘方向线。为了置平平板，照准仪的直尺上附有水准器。用这种照准仪测量距离和高差的精度很低，所以常和经纬仪配合使用，进行地形图的测绘。

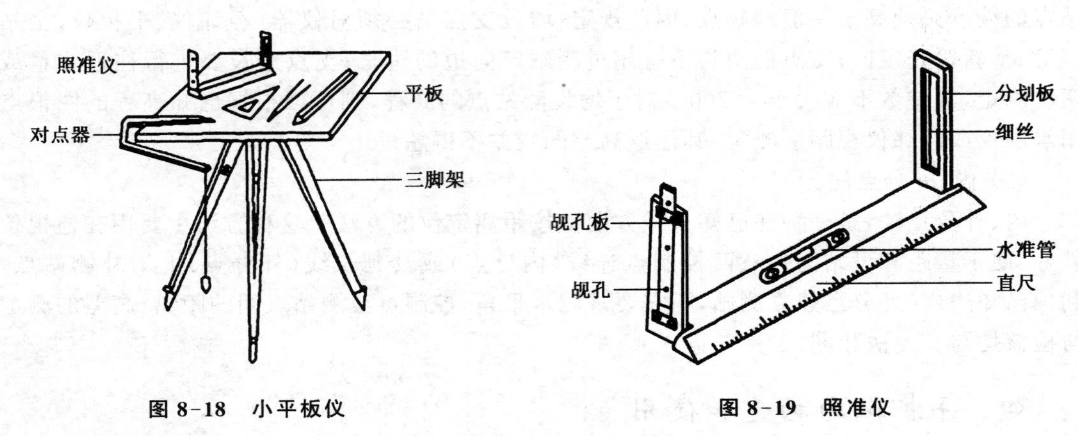

图 8-18　小平板仪　　图 8-19　照准仪

2. 平板仪的使用

(1) 大平板仪的使用

① 大平板仪的安置

A. 初步安置：将球面基座手柄穿入脚架头与螺纹盘连接，并用仪器箱内准备的扳棍拧紧，然后将绘图板通过螺纹与上盘连接可靠。再将图板用目估法大致定向、整平和对点，初步安置在测站点上，随后进行精确安置。

B. 对点：将图纸上展绘的点置于地面相应点的铅垂线上。对点时，用对点器金属框尖部对准图板上测站点对应的点，然后移动脚架使垂球尖对准地面上测站点。

C. 整平：置圆水准器于图板中部，松开上手柄约半圈，调整图板使圆水泡居中，轻轻拧紧上手柄。

D. 定向：将图板上已知方向与地面上相应方向一致。可先用方框罗盘初步定向，再用已知直线精密定向。

a. 罗盘定向：用方框罗盘定向时，将方框罗盘的侧边切于图上坐标格网的纵坐标线，转动图板直到磁针两端与罗盘零指标线对准为止。

b. 用已知直线定向：平板安置在 A 点上，已知直线 AB 定向，可将照准仪的直尺边紧贴在图板上相应的直线口处，转动图板，使照准仪瞄准地面上 B 点，然后固定图板。图板定向对测图的精度影响极大，一般要求定向误差不大于图上的 0.2 mm。

② 大平板仪的使用

测图时，将大平板仪安置在测站点上，量取仪器高，即可测绘碎部点，用照准仪的直尺边紧贴图上的测站点，照准碎部点上所立的尺，沿直尺边绘出方向线(也可使照准仪的直尺边离开图上的测站点少许，照准碎部点上所立的尺，拉开直尺的平行尺使尺边通过图上的测站点，然后沿平行尺绘方向线)，在尺上读取读数，由读数计算视距。然后使竖盘指标水准管气泡居中，读取竖盘读数，计算竖直角。根据视距测量公式就可计算出碎部点至测站点水平距离及碎部点的高程：

$$D = Kn\cos^2\alpha$$

$$H_p = H_{站} + \frac{1}{2}Kn\sin 2\alpha + i - v$$

式中：D——碎部点至测站点的水平距离；

K——乘常数，等于100；

n——视距间隔，上、下丝读数之差；

H_p——碎部点高程；

$H_{站}$——测站点高程；

α——竖直角；

i——仪器高；

v——中丝读数。

（2）小平板仪的使用

小平板仪一般是与经纬仪进行联合测图，其具体做法是：

① 如图8-20所示，先将经纬仪置于距测站点 A 点 1～2 m处的 B 点，量取仪器高 i，测出 A、B 两点间的高差，根据 A 点高程，求出 B 点高程。

② 将小平板仪安置在 A 点上，经对点、整平、定向后，用照准仪直尺紧贴图上口点瞄准经纬仪的垂球线，在图板上沿照准仪的直尺绘出方向线，用尺量出 AB 的水平距离，在图上按测图比例尺从 A 沿所绘方向线定出 B 点在图上的位置 b。

③ 测绘碎部点 M 时，用照准仪直尺紧贴 a 点瞄准点 M，在图上沿直尺边绘出方向线 am，用经纬仪按视距测量方法测出视距间隔和竖直角，以此求出 BM 的水平距离和高差。根据 B 点高程，即可计算出 M 点高程。

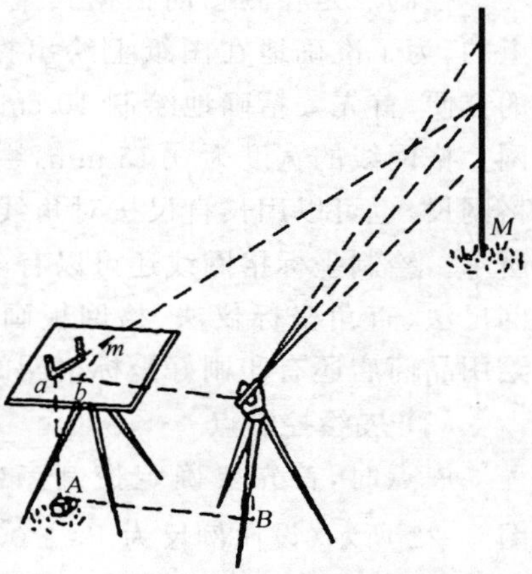

图8-20　小平板与经纬仪联合测图

④ 用两脚规按测图比例尺自图上 b 点量 BM 长度与 m 方向线交于 m 点，m 点即是碎部点 M 在图上的相应位置。

⑤ 将尺移至下一个碎部点，以同样方法进行测绘，待测绘出一定数量的碎部点后，即可根据实地的地貌勾绘等高线，用地物符号表示地物。

第五节　地形图传统测绘方法

地形图的测绘又称碎部测量，它是依据已知控制点的平面位置和高程，使用测绘仪器和方法来测定地物、地貌的特征点的平面位置和高程，按照规定的图式符号和测图比例尺，将地物、地貌缩绘成地形图的工作。传统地形测量的主要成果是展绘到白纸（绘图纸或聚酯薄膜）上的地形图，所以又俗称白纸测图或模拟法测图。本节所讨论的是有关大比例尺（1∶500、1∶1 000、1∶2 000、1∶5 000）传统地形图测绘的各项工作。

测图前除了做好仪器、工具和有关测量资料的准备外，还应进行控制点的加密工作（图根控制测量），以及图纸准备、坐标格网绘制和控制点的展绘等准备工作。

（1）测图前的准备工作

① 图根控制测量

图根点是直接提供测图使用的平面或高程控制点。测图前应先进行现场踏勘并选好图根点的位置，然后进行图根平面控制和图根高程控制测量。图根控制的测量方法和内业数据处理方法前面章节已作了介绍。为保证测量精度，根据测图比例尺和地形条件对图根点（测站点）到地形点的距离有所限制，对于平坦开阔地区的图根点密度不宜低于相关规定。

② 图纸的准备

地形图测绘应选用质地较好的图纸，如聚酯薄膜、普通优质绘图纸等。聚酯薄膜是一面打毛的半透明图纸，其厚度约为 0.07～0.1 mm，经热处理后，其伸缩率很小，且坚韧耐湿，沾污后可洗，在图纸上着墨后可直接复晒蓝图。但聚酯薄膜图纸易燃，有折痕后不能消除，在测图、使用、保管时要多加注意。普通优质的绘图纸容易变形，为了减少图纸伸缩，可将图纸裱糊在铝板或胶合木板上。

③ 绘制坐标格网

控制点是在测图前根据其直角坐标值 x，y 展绘在图纸上的，为了准确地在图纸上绘出控制点位置，以及日后用图的方便，首先要精确地绘制 10 cm × 10 cm 的直角坐标方格网。格网线的宽度为 0.15 mm，绘制方格网一般可使用坐标格网尺，也可以用长直尺按对角线法绘制方格网，如图 8-21 所示。绘制坐标格网线还可以有多种工具和方法，如坐标格网尺法、直角坐标仪法、格网板画线法、刺孔法等。此外，测绘用品商店还有印刷好坐标格网的聚酯薄膜图纸出售。

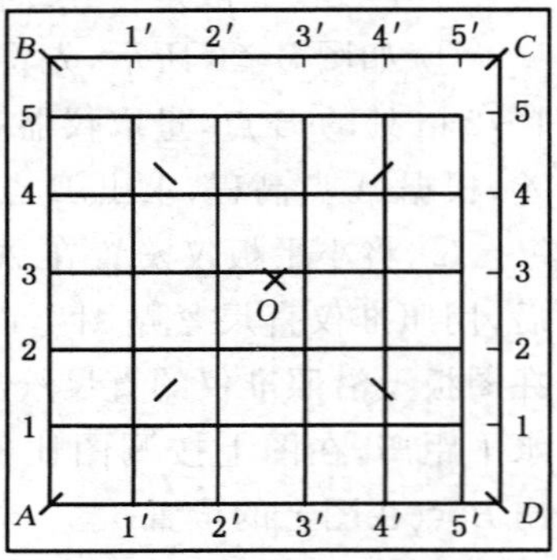

图 8-21　绘制坐标格网

（2）展绘控制点

展点时，首先要确定控制点（导线点）所在的方格。如图 8-22 所示（设比例尺为 1∶1 000），导线点 1 的坐标为 $x_1 = 624.32$ m，$y_1 = 686.18$ m，由坐标值确定其位置应在 $klmn$ 方格内。然后从 k 向 n 方向、从 l 向 m 方向各量取 86.18 m，得出 a、b 两点。同样再从 k 向 l 方向、从 n 向 m 方向各量取 24.32 m，可得出 c、d 两点。连接 ab 和 cd，其交点即为导线点 1 在图上的位置。

同法将其他各导线点展绘在图纸上。最后用比例尺在图纸上量取相邻导线点之间的距离和已知的距离相比较，作为展绘导线点的检核，其最大误差在图纸上应不超过±0.3 mm，否则导线点应重新展绘。经检验无误，按图式规定绘出导线点符号，并注上点号和高程，这样就完成了测图前的准备工作。

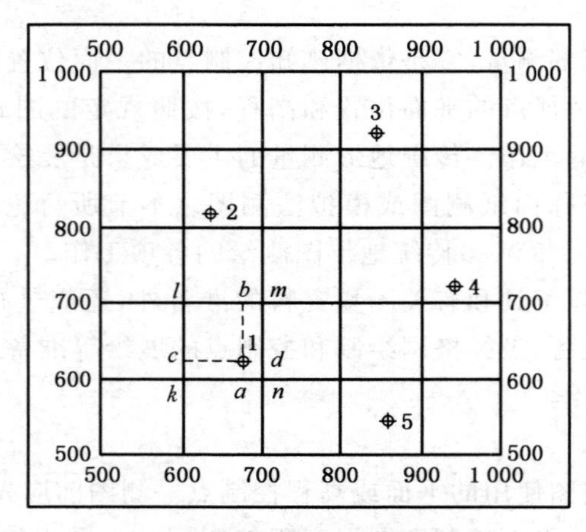

图 8-22　导线点的展绘

第六节　数字化测图

随着科学技术的进步，计算机硬件和软件技术的迅猛发展，人类进入信息时代。信息时代的特征就是数字化，数字化技术是信息时代的基础平台。数字化技术对测绘学科也产生了深刻的影响，特别是全站仪和GPS的广泛应用以及计算机图形技术的迅速发展和普及，测量的数据采集和绘图方法发生了重大的变化，促进了地形图测绘的自动化，地形测量从传统的白纸测图变革为数字化测图，测量的成果不仅是绘制在纸上的地形图，更重要的是提交可供传输、处理、共享的数字地形信息，即以计算机磁盘为载体的数字地形图，这将成为信息时代不可缺少的地理信息的重要组成部分。

一、数字化测图概述

数字化测图经过数据采集、计算机处理、图形编辑与地形图绘制等阶段。数据采集是计算机绘图的基础，这一工作主要在外业期间完成。内业进行数据的图形处理，在人机交互方式下进行图形编辑，生成数字化地形图文件，由绘图仪绘制大比例尺地形图。

数字化测图的工作过程主要有：数据采集、数据处理、图形编辑、成果输出和数据管理。一般经过数据采集、数据编码和计算机处理、自动绘制两个阶段。数据采集和编码是计算机绘图的基础，这一工作主要在外业期间完成。内业进行数据的图形处理，在人机交互方式下进行图形编辑，生成绘图文件，由绘图仪绘制地形图。

1. 数字化测图系统的构成

数字化测图系统是指实现数字化测图功能的所有因素的集合。广义地讲，数字化测图系统是硬件、软件、人员和数据的总和。

数字化测图系统的硬件主要有两大类：测绘类硬件和计算机类硬件。前者主要指用于外业数据采集的各种测绘仪器；后者包括用于内业处理的计算机及其标准外设（如显示器、打印机等）和图形外设（如用于录入已有图形的数字化仪和用于输出图纸的绘图仪）。另外，实现外业记录和内、外业数据传输的电子手簿则既可能是测绘仪器（如全站仪）的一个部分，也可能是用某种掌上电脑开发的独立产品。

从一般意义上讲，数字化测图系统的软件包括为完成数字化测图工作用到的所有软件，即各种系统软件（如操作系统：Windows）、支撑软件（如计算机辅助设计软件：AutoCAD）和实现数字化测图功能的应用软件或者叫专用软件。

数字化测图系统的人员是指参与完成数字化测图任务的所有工作与管理人员。数字化测图对人员提出了较高的技术要求，他们应该是既掌握了现代测绘技术又具有一定的计算机操作和维护经验的综合性人才。

数字化测图系统中的数据主要指系统运行过程中的数据流，它包括采集（原始）数据、处理（过渡）数据和数字地形图（产品）数据。采集数据可能是野外测量与调查结果（如控制点、碎部点坐标、土地等级等），也可能是内业直接从已有地形图或航测像片数字化或矢量化得到的结果（如地形图数字化数据和扫描矢量化数据等）。处理数据主要是指系统运行中的一些过渡性数据文件。数字地形图数据是指生成的数字地形图数据文件，一般包括空间数据和非空间数据两大部分，有时也考虑时间数据。数字化地形成图系统中数据的主要特点是结构复杂、数据量庞大,这也是开发数字化地形成图系统时必须考虑的重点和难点之一。

(1) 数字化测图常用硬件

数字化测图工作中常用的硬件设备包括全站仪、计算机、数字化仪、扫描仪、绘图仪等,下面简单介绍它们的功能以及在数字地形测量系统中的地位和作用。

① 计算机

计算机是数字化测图系统中不可替代的主体设备。它的主要作用是运行数字化地形成图软件,连接数字化地形成图系统中的各种输入输出设备。在数字化地形成图系统中,室内处理工作一般用台式机完成;在野外需要计算机时可用笔记本电脑,例如采用"电子平板"作业模式在野外同时完成采集与成图两项工作。但是,笔记本电脑对于野外工作环境的适应性问题还有待解决。掌上电脑(PDA)是新发展起来的一种性能优越的随身电脑,它的便携性、长时间待机、笔式输入、图形显示等特点,有效地解决了困扰数字化测图数据采集中的诸多问题。

② 全站仪

全站仪是由测距仪、电子经纬仪和微处理器组成的一个智能性测量仪器。全站仪的基本功能是在仪器照准目标后,通过微处理器的控制自动地完成距离、水平方向和天顶距的观测、显示与存贮。除了这些基本功能外,不同类型的全站仪一般还具有一些各自独特的功能,如平距、高差和目标点坐标的计算等。

③ 数字化仪

数字化仪是数字化测图系统中的一种图形录入设备。它的主要功能是将图形转化为数据,所以,有时它又被称为图数转换设备。在数字化地形成图工作中,对于已经用传统方法施测过地形图的地区,只要它的精度和比例尺能满足要求,就可以利用数字化仪将其输入到计算机中,经编辑、修补后生成相应的数字地形图。

④ 扫描仪

扫描仪是以"栅格方式"实现图数转换的设备。所谓栅格方式就是以一个虚拟的格网对图形进行划分,然后对每个格网内的图形按一定的规则进行量化。每一个格网叫做一个"像元"或"像素"。所以,栅格方式数字化实际上就是先将图形分解为像元,然后对像元进行量化。其结果的基本形式是以栅格矩阵的形式出现的。

实际应用时,扫描仪得到的是栅格矩阵的压缩格式,扫描仪一般都支持多种压缩格式(如BMP、PIF、PCX等),用户可根据自己的需要进行选择。数字化地形成图中对栅格数据的处理主要有两种方式:一种是利用矢量化软件将栅格形式的数据转换为矢量形式,再供给数字化地形成图软件使用;另一种是在数字化地形成图软件中直接支持栅格形式的数据。目前,国内的数字化地形成图软件还未见有直接支持栅格数据的,因此实际工作中基本上都采用前一种处理方式。

⑤ 绘图仪

绘图仪是数字化测图中一种重要的图形输出设备——输出"白纸地形图",又称"可视地形图"或数字地形图的"硬拷贝"。在数字化测图系统中,尽管能得到数字地形图,且数字地形图具有许多优良的特性,但白纸地形图仍然是不可替代的。这一方面是在很多情况下白纸地形图使用更加方便,另一方面利用数字地形图(地形图数据库)得到回放图也是数字地形图质量检查的一个基本依据。因此,在数字化地形图编辑好以后,一般都要在绘图仪上输出白纸地形图。

（2）数字化成图软件

数字化地形成图软件是数字化测图系统中一个极其重要的组成部分，软件的优劣直接影响数字化成图系统的效率、可靠性、成图精度和操作的难易程度。

2. 地形点的描述

传统的地形图测绘是用仪器测量水平角、垂直角、距离确定地形点的三维坐标，由绘图员按坐标（或角度与距离）将点展绘到图纸上，然后根据跑尺员的报告和对实际地形的观察，知道了测的是什么点（如房角点），这个（房角）点应该与哪个（房角）点连接等，绘图员当场依据展绘的点位按图式符号将地物（房子）描绘出来，就这样一点一点地测和绘，最后经过整饰，一幅地形图也就生成了。这个过程实际上已经利用到了三种类型的数据，即空间数据（测点坐标）、属性数据（房子）、拓扑数据（测点之间的连接关系）。数字测图是将野外采集的成图信息经过计算机软件自动处理（自动识别、自动检索、自动连接、自动调用图式符号等），经过编辑，最后自动绘出所测的地形图。因此，对地形点必须同时给出点位信息及绘图信息，以便计算机识别和处理。

综上所述，数字测图中地形点的描述必须具备三类信息：

（1）测点的三维坐标，确定地形点的空间位置，是地形图最基本的原始信息。

（2）测点的属性，即地形点的类型及特征信息。绘图时必须知道该测点是什么点，是地貌特征点还是地物点，如陡坎上的点、房角点、路灯等，才能调用相应的图式符号绘图。

（3）测点的连接关系，据此可将相关的点连成一个地物。

第一项是定位信息，后两项则是绘图信息。测点的点位是用测量仪器在外业测量中测得的，最终以 X、Y、$Z(H)$三维坐标表示。在进行野外测量时，对所有测点按一定规则进行编号，每个测点编号在一项测图工程中是唯一的，系统根据它可以提取点位坐标。测点的属性是用地形编码表示的，有编码就知道它是什么类型的点，对应的图式符号怎样表示。测点的连接信息，是用连接点和连接线型表示的。

野外测量测定了点位后，知道了测点的属性，就可以当场给出该点的编号和编码并记录下来，同时记下该测点的连接信息；计算机成图时，利用测图系统中的图式符号库，只要知道编码，就可以从库中调出与该编码对应的图式符号成图。也就是说，如果测得点位，又知道该测点应与哪个测点相连，还知道它们对应的图式符号，那么就可以将所测的地形图绘出来了。这一少而精、简而明的测绘系统工作原理，正是由面向目标的系统编码、图式符号、连接信息一一对应的设计原则所实现的。

3. 数字化测图模式

数字化测图时，野外数据采集的方法按照使用的仪器和数据记录方式的不同可以分为草图法数字测记模式、一体化数字测图模式、GPS RTK 测量模式。

（1）草图法数字测记模式

草图法数字测记模式是一种野外测记、室内成图的数字测图方法。使用的仪器是带内存的全站仪，将野外采集的数据记录在全站仪的内存中，同时配画标注测点点号的工作草图，到室内再通过通信电缆将数据传输到计算机，结合工作草图，利用数字化成图软件对数据进行处理，再经人机交互编辑形成数字地形图。这种作业模式的特点是精度高，内外业分工明确，便于人员分配，从而具有较高的成图效率。对于具有自动跟踪测量模式的全站仪

（也称为测量机器人），测站可以无人操作，而在镜站遥控开机测量，全站仪自动跟踪、照准、数据记录，还可在镜站遥控进行检查和输入数据。

（2）一体化数字测图模式

一体化数字测图模式也称为电子平板测绘模式，是将安装有数字化测图软件的笔记本电脑通过电缆与全站仪连接在一起，测量数据实时传入笔记本电脑，现场加入地理属性和连接关系后直接成图。该测绘模式的笔记本电脑类似于模拟法测图时的小平板，因此，采用笔记本电脑记录模式测图，也被人们称为“电子平板法”测图或“电子图板法”测图。“电子平板法”是一种基本上将所有工作放在外业完成的数字地形测量方法，实现了数据采集、数据处理、图形编辑现场同步完成。随着笔记本电脑价格的降低、重量的减轻、待机时间的延长、抗外界环境的性能增强及笔记本电脑整体性能的提高，该测绘模式在地面数字测图野外数据采集时将会被越来越多地采用。

为了综合上述两种数据采集模式的优点，目前也有采用基于 Windows CE 操作系统的 PDA（掌上型电脑）作为电子手簿，并在 PDA 上安装与在笔记本电脑上类似的测图系统，从而既可以及时看到所测的全图（实现所测即所现），又可以克服笔记本电脑的一些弱点（如硬件成本高、耗电、携带不方便等）。PDA 的缺陷是屏幕显示尺寸较小，对于较复杂的地区，野外图形显示及编辑时没有笔记本电脑方便。

（3）GPS RTK 测量模式

当采用 GPS RTK 技术进行地形细部测量时，仅需一人背着 GPS 接收机在待测点上观测一二秒即可求得测点坐标，通过电子手簿记录（配画草图，室内连码）或 PDA 记录（记录显示图形并连码），由数字地形测图系统软件输出所测的地形图。采用 RTK 技术进行测图时，无需测站点与待测点间通视，仅需一人操作便可完成测图工作，可以大大提高工作效率。但应注意对 RTK 测量结果的有效检核，且在影响 GPS 卫星信号接收的遮蔽地带，还需将 GPS 与全站仪结合，二者取长补短，更快更简洁地完成测图工作。

随着 RTK 技术的进一步发展、系列化产品的不断改进（更轻便化）以及价格的降低，GPS 测量模式在比较开阔地区的地形细部测量野外数据采集将会得到越来越多的应用。

二、草图法数字测图

用全站仪进行实地测量，将野外采集的数据自动传输到全站仪存储卡内记录，并在现场绘制地形（草）图，到室内将数据自动传输到计算机；人机交互编辑后，由计算机自动生成数字地形图，并控制绘图仪自动绘制地形图。这种方法是从野外实地采集数据的，又称地面数字测图。由于测绘仪器测量精度高，而电子记录又如实地记录和处理，所以地面数字测图是数字测图方法中精度最高的一种，也是城市地区的大比例尺（尤其是 1∶500）测图中最主要的测图方法。现在各类建设使城市面貌日新月异，在已建（或将建）的城市测绘信息系统中，多采用野外数字测图作为测量与更新系统，发挥地面数字测图机动、灵活、易于修改的特点，局部测量，局部更新，始终保持地形图的现势性。按草图法全站仪在一个测站采集碎部点的操作过程如下：

（1）测站安置仪器

在测站上安置全站仪，进行对中、整平，其具体做法与常规测量仪器的对中整平工作相同，仪器对中偏差应小于 5 mm。并在测量前量取仪器高，取至毫米。

(2) 打开电源

参照仪器使用说明书中开启电源的方法将全站仪的电源开关打开,显示屏显示,所有点阵发亮,即可进行测量。早期的全站仪还须设置垂直零点:松开垂直度盘制动钮将望远镜上下转动,当望远镜通过水平线时,将指示出垂直零点,并显示垂直角。对于带有内存的全站仪,应在全站仪提供的工作文件中选取一个文件作为"当前工作文件",用以记录本次测量成果。测量第一个碎部点前应将仪器、测站、控制点等信息输入内存当前工作文件中。

(3) 仪器参数设置

仪器参数是控制仪器测量状态、显示状态数据改正等功能的变量,在全站仪中可根据测量要求通过键盘进行改变,并且所选取的选择项可存储在存储器中一直保存到下次更改为止。不同厂家的仪器参数设置方法有较大差异,具体操作方法参见仪器使用说明书。但数字化测图时一般不需要进行仪器参数设置,使用厂家内部设置即可。

(4) 定向

取与测站相邻且相距较远的一个控制点作为定向点,输入测站点和定向点坐标后由全站仪反算出定向方向的坐标方位角,将全站仪准确照准定向点目标,然后将全站仪水平度盘方向值设置为该坐标方位角值,也可用水平制动和微动螺旋转动全站仪使其水平角为要求的方向值,然后用"锁定"键锁定度盘,转动照准部瞄准定向目标,再用"解锁"键解除锁定状态,完成初始设置。与测站相邻的另一个控制点作为检核点,用全站仪测定该点的位置,算得检核点的平面位置误差不大于 $0.2\times M\times 10^{-3}$(m)($M$ 为测图比例尺分母),高程较差不大于 1/5 等高距。

(5) 碎部点坐标测量

在碎部点放置棱镜,量取棱镜高,取至毫米。全站仪准确照准待测碎部点进行坐标测量,在完成测量后全站仪将根据用户的设置在屏幕上显示测量结果,核查无误后将碎部点的测量数据保存到内存或电子手簿中。

(6) 绘制工作草图

在进行数字测图时,如果测区有相近比例尺的地形图,可利用旧图或影像图并适当放大复制,裁成合适的大小作为工作草图。在没有合适的地形图作为工作草图的情况下,应在数据采集时绘制工作草图。草图上应绘制碎部点的点号、地物的相关位置、地貌的地性线、地理名称和说明注记等。绘制时,对于地物、地貌,原则上应尽可能采用地形图图式所规定的符号绘制,对于复杂的图式符号可以简化或自行定义。草图上标注的测点编号应与数据采集记录中测点编号严格一致,地形要素之间的相关位置必须准确。地形图上需注记的各种名称、地物属性等,草图上也必须标记得清楚、正确。草图可按地物相互关系一块块地绘制,也可按测站绘制,地物密集处可绘制局部放大图。

(7) 结束测站工作

重复(5)、(6)两步直到完成一个测站上所有碎部点的测量工作。在每个测站数据采集工作结束前,还应对定向方向进行检测。检测结果不应超过定向时的限差要求。

按照草图法数字测记模式在野外采集了数据后,将全站仪通过电缆连接到计算机,经过数据通信将全站仪内存的数据传输到计算机,生成符合数字化成图软件格式的数据文件,就可以用成图软件在室内绘制地形图了。在人机交互方式下根据草图调用数字化成图软件定制好的地形图图式符号库进行地形图的绘制和编辑,生成数字化地形图的图形文件。

人机交互编辑形成的数字地形图图形文件可以用磁盘贮存和通过绘图仪绘制地形图。计算机制图一般采用联机方式，将计算机和绘图仪直接连接，计算机处理后的数据和绘图指令送往绘图仪绘图。

绘图过程中，计算机的数据处理和图形的屏幕显示处理基本相同。但由于绘图仪有它本身的坐标系和绘图单位，因此需将图形文件中的测量坐标转换成绘图仪的坐标。驱动绘图仪绘图可以利用绘图仪的基本图形指令，如抬笔、落笔，绘直线段、折线和圆弧等指令。

打印机是测量成果报表的输出设备。此外，打印机也可以打印图形，这时将打印机设置为图形工作方式。打印机绘制的图形精度低，仅是一种粗略的图解显示，也可绘制工作草图，用于核对检查。

三、等高线自动绘制

等高线是在建立数字地面模型的基础上由计算机自动勾绘的，计算机勾绘的等高线能够达到相当高的精度。数字地面模型是地表形态的一种数字描述，简称 DTM(Digital Terrain Model)。DTM 是以数字的形式按一定的结构组织在一起，表示实际地形特征的空间分布，也就是地形形状大小和起伏的数字描述。数字表示方式包括离散点的三维坐标(测量数据)、由离散点组成的规则或不规则的格网结构、依据数字地面模型及一定的内插和拟合算法自动生成的等高线(图)、断面(图)、坡度(图)等。

DTM 的核心是地形表面特征点的三维坐标数据和一套对地表提供连续描述的算法。最基本的 DTM 至少包含了相关区域内平面坐标(x,y)与高程 z 之间的映射关系，即：$z=f(x,y)$$(x,y\in$ DTM 所在区域)。通过 DTM 可得到有关区域中任一点的地形情况，计算出任一点的高程并获得等高线。DTM 的应用极其广泛，它既可以最终产品的形式直接应用于工程设计、城镇规划等领域，计算区域面积，划分土地，计算土方工程量，获取地形断面和坡度信息等，同时也是数字地形图和地理信息系统的一种基础性资料。更确切地说，它本身就是数字地形图中描述地形起伏的一种形式。

在数字测图系统中，地面起伏的可视化表达方式主要是等高线。在大比例数字测图系统的开发中必须解决如何用观测平面位置和高程的地形碎部点生成等高线的问题。一般的方法是先利用地形碎部点建立某种形式的 DTM，然后利用 DTM 内插出等高线。

数字测图系统自动绘制等高线的步骤如下：

(1) 建立 DTM。

(2) 内插等高线上的点。

(3) 跟踪等高线上的点以形成等高线。

(4) 对已形成的等高线进行平滑。

建立 DTM 是绘制等高线的基础。建立 DTM 的方法与 DTM 的形式密切相关。在大比例数字测图系统中，由于精度、速度等方面的原因，一般采用不规则三角网的形式，直接利用原始离散点建立数字高程模型。三角网法直接利用原始数据，对保持原始数据精度，引用各种地性线信息非常有用；尤其是对于地面测量获得的数据，其数据点大多为地形特征点、地物点，它们的位置含有重要的地形信息。对于数字测图直接利用原始离散点建立数字高程模型是比较合适的。

第七节　实习项目

一、四等水准测量

目的要求

1. 掌握用双面水准尺进行四等水准测量的观测、记录、计算方法。

2. 掌握四等水准测量的主要技术指标，测站与水准路线的检核方法。

3. 高差闭合差 $\leqslant 16/n$ (mm)。

准备工作

每3人一组。轮换操作，每组领取水准仪1台，双面尺1根，尺垫1个，记录板1个，伞1把。

实验步骤

1. 在水准点与第一个转点间设站(后视距与前视距差应小于5 m)，按以下顺序观测：

后视黑面尺。读取下、上视距丝读数，记入实验报告中(1)、(2)；精平，读取中丝读数，记入(4)。

后视红面尺。读取中丝读数，记入(5)。

前视黑面尺。读取下、上视距丝读数，记入(7)、(8)；精平，读取中丝读数，记入(10)。

前视红面尺。读取中丝读数，记入(11)。

这种观测顺序简称：后黑(三丝)——后红(中丝)——前黑(三丝)——前红(中丝)。观测完后，应立即进行各项计算和检核计算。

2. 作业要求如下：

视距 $\leqslant$ 80 m；

红、黑面读数差与双面尺常数差 $\leqslant$ 3 mm；

红、黑面高差之差 $\leqslant$ 5 mm；

每站前、后视距差 $\leqslant$ 5 m；

各站前、后视距累积差 $\leqslant$ 10 m；

每站应完成各项检核计算，全部合格后方能迁站。

3. 依次设站，同法施测其他各点，如图8-23所示。

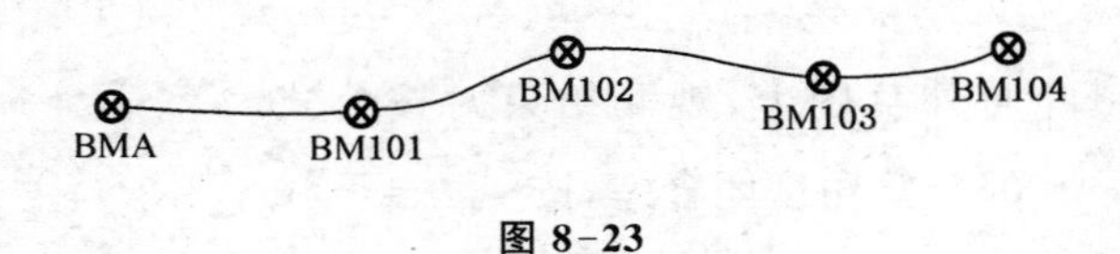

图 8-23

4. 全路线施测完后计算：

(1) 路线总长(即各站前、后视距之和)。

(2) 各站前、后视距差之和(应与最后一站累积视距差相等)。

(3) 各站后视读数和，各站前视读数和，各站高差中数之和(应为上两项之差的1/2)。

(4) 路线闭合差(应符合限差要求)。

(5) 在高程误差配赋表中计算待定点的高程。

注意事项

1. 每站观测结束应即时计算、检核，若有超限则重测该站。

2. 注意区别上、下视距丝、中丝读数，并记入相应栏内。

二、经纬仪钢尺导线测量

目的要求

1. 掌握导线的布设方法和施测步骤。

2. 进一步熟悉水平角和水平距离的测量方法。

3. 往、返丈量导线边长，其较差的相对误差不得超过 1/5 000，角度闭合差不得超过 $\pm 40\sqrt{n}''$，导线全长相对闭合差不得超过 1/20 000。

准备工作

1. 场地布置

所选场地能组成四边形或五边形，边的总长约为 200 m，导线经过的地方，其地势应较为平坦。

2. 仪器、工具

经纬仪 1 台，钢尺 1 把，测钎 6 根，木桩 5 个，小钉 5 根，斧头 1 把，标杆 3 个，垂球 2 只，记录板 2 块，伞 1 把。

3. 人员组织

四人一组，测角时：观测 1 人，记录 1 人，打伞 1 人，立标杆 1 人。量距时：后尺手 1 人，前尺手 1 人，记录 1 人，看护钢尺 1 人。

实验步骤

1. 在测区内选定四个导线点，按顺时针方向编号 A、B、C、D 组成四边形，各点打木桩，并在桩顶钉一小钉，如图 8-24 所示。

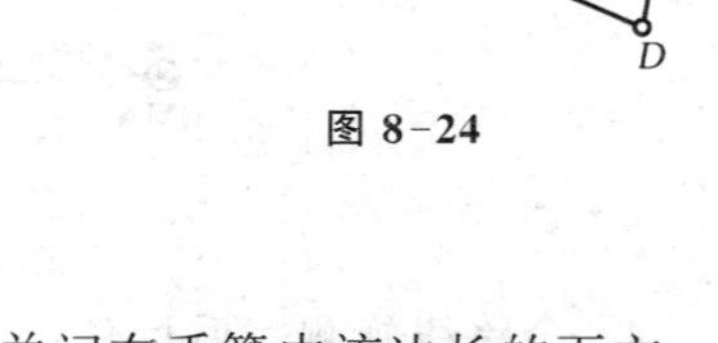

图 8-24

2. 往、返丈量边长，若相对误差在容许范围内，则取其平均值，并记入手簿。

3. 用测回法观测导线的右（或左）角，每角测一测回，并将观测数据记入手簿。为了提高照准精度，可在桩顶上悬挂垂球。

4. 将观测数据填在野外草图上，观测结束时按公式 $f_\beta = \sum\beta - (n-2)\times 180^\circ$ 计算角度闭合差，按 $f_{\beta容} = \pm 40\sqrt{n}''$ 计算容许闭合差。若 $f_\beta > f_{\beta容}$ 时，则应重测。

5. 若是独立地区，则应用罗盘仪测量 AB 边磁方位角，并记在手簿中该边长的下方。

注意事项

1. 选取的导线点应稳妥，便于保存标志和安置仪器，便于控制整个测区。

2. 明确分工，轮流操作。

3. 每站观测完毕后立即算出结果，如果不符合要求应重新观测。

4. 导线内角观测结束，应验算角度闭合差，若在容许范围以内，方可进行导线计算。

5. 起始边的正、反方位角如果差值太大，应找出原因，也可另选其他边再测定方位角。

三、小平板仪的使用

目的要求

1. 了解小平板仪的组成部分及其作用。

2. 熟悉小平板仪在测站上的安置工作。

3. 练习用小平板仪测绘周围地物点位。

准备工作

小平板仪 1 台，花杆 3 根，钢尺（或皮尺）1 盒，测钎 1 串（10 根），背包 1 个，木桩 2 个，锤子 1 把，三棱尺 1 个，铅笔（3H）1 支，小针 1 根。

实验步骤

1. 各组在校园路上或操场上选取 A、B 两点，两点相距 80～100 m，用钢尺往返丈量两控制点间距离。将绘图纸粘贴于小平板上。

2. 平板仪的安置。在图纸上合适位置先定出 A 点的图上位置 a，将图板置于 A 站上，进行对点、整平与定向工作。

（1）对点时，将对点器的尖端对准图板上的 a 点，移动三脚架，使垂球尖端对准地面上 A 点，容许对点误差为 25 mm。

（2）将水准器放在平板上，调节整平螺旋，使图板水平。

（3）根据定向罗盘定向。将定向罗盘长边平行于图边，松开罗针，转动图板，使指北针与指标线重合，则图板已按磁北向定向了。

对点、整平与定向三者互相牵制，须按"定向—整平—对点—整平—定向"顺序进行。

（4）将照准仪直尺贴靠 a，瞄准 B 点，将实测 AB 长度按比例展绘，得 B 点的图上位置 b，则 ab 即为地面上 AB 的水平投影。

3. 测定地物点位

（1）极坐标法

在图纸上的 a 点插上一小针，将照准部直尺紧靠小针，转动照准部瞄向选定的地物点。如图 8-25 所示房屋的三拐角点 1、2、3，用皮尺量取 A 至各点的距离（或以视距法测定），按比例尺在图纸上定出相应各点的位置，并实量建筑物长度以资校核。

（2）交会法

如果地物点相距较远或不便于量距，可用交会法测定。如图 8-25 中要定高大树木 4 点的位置，平板仪在 A 点时先向 4 点瞄绘方向线（轻细线条），将平板仪在 B 站安置好后，再向 4 点瞄绘方向线，相交之点即为所求 4 点的图 8-25 上位置。

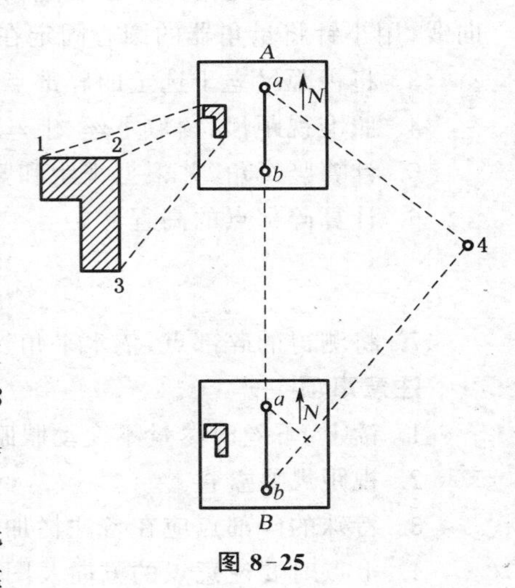

图 8-25

4. 在 B 点安置仪器是按图上已知 ba 直线定向，先使图板上 b 与地面 B 点约估对点，将照准部直尺边贴靠

在已知 ba 方向边上，转动平板，使照准部的视线瞄准 A 点，然后固定图板，做进一步的对点、整平工作。同上进行测绘。

注意事项

1. 平板仪在测站上安置时，其操作程序为：先初步定向，再进行对点、整平，最后进行正确定向。其中，定向是关键工作。

2. 测绘时，应边测、边绘、边检查。绘图时，手勿用力压在图板上，以免影响精度。一切符号、注记均应按图式规定绘制。

3. 做好组织分工，轮流操作。

四、大比例尺地形图测绘

目的要求

1. 实地熟悉地形，能合理地选定地物、地貌特征点。

2. 了解地形图测绘的方法、步骤。

3. 了解用地形图图式表示地物、地貌的方法。

4. 测图比例尺为 1∶500，等高距为 0.5 m。

5. 分工负责，密切配合，轮换作业。

准备工作

1. 选择具有地物、地貌的典型地段作为实验场地，每组选定两个控制点作为测图依据。

2. 仪器、工具：经纬仪 1 台，小平板仪 1 台，视距尺（或水准尺）1 根，皮尺 1 盒，垂球 1 个，量角器 1 个，地形图图式 1 份，记录板 1 块，标杆 1 根，伞 1 把，小三角板 1 副，绘图纸 1 张，铅笔，橡皮，小针。

3. 人员组织：每组 5 人，其中观测 1 人，绘图 1 人，记录 1 人，计算 1 人，立尺 1 人。

实验步骤

1. 安置仪器于测站点，盘左置水平度盘读数为 $0°00'00''$，后视另一控制点，量取仪器高 i，连同测站名称及后视点名称记入地形测量手簿。

2. 根据所选定的两个控制点，在图上适当处标定其中一点的位置及至另一控制点的方向线，用小针将量角器的圆心固定在图中控制点上并假定该点的高程。

3. 将视距尺立于选定的碎部点上。

4. 照准视距尺，读取下丝、上丝、中丝（瞄准高）、竖盘读数和水平角，并记入手簿。

5. 计算竖直角，并根据视距和竖直角计算得水平距离和初算高差 h'，并记入手簿。

6. 计算碎部点的高程

$$H = H_{站} + h' + (i - v)$$

7. 将测得的碎部点，依水平角、水平距离按比例画在图纸上，并根据地形进行描绘。

注意事项

1. 读上、下丝时尽量不变动眼睛位置，读竖盘读数时指标水准管气泡要居中。

2. 视距尺要立直。

3. 特殊的碎部点应在备注栏加以说明。

4. 上点时要注意点的方向及图式符号所表示的点位。

五、碎部测量

目的要求

1. 掌握选择地形点的要领。

2. 掌握大比例尺地形图的测绘方法。

3. 测图比例尺为 1∶500,等高距为 1 m。

准备工作

每组 5～6 人,观测 1 人,绘图 1 人,记录 1 人,计算 1 人,立尺 1 人,每组领取 DJ6 型经纬仪 1 台,测图板(或小平板)1 块,视距尺(或水准尺)1 根,皮尺 1 盒,垂球 1 个,小竹竿 3 根(或三脚小铁架),伞 1 把,量角器(直径 25 cm)1 个,记录板 2 块,小三角板 1 副。每组自备绘图纸 1 张,铅笔(3H～4H),橡皮,小针,计算器。

实验步骤

1. 安置仪器于测站点 A(或假定)上,量取仪器高,盘左置水平度盘读数为 $0°00'$后视另一控制点 B(或假定)。

2. 在图纸上适当处标定一点为测站点 A,通过 A 绘一条 13 cm 长的直线表示后视点 B 的方向线,并用小针将量角器的圆心固定在 A 点上。

3. 按商定路线将视距尺立于选定的各碎部点上,按视距测量方法读取视距、瞄准高、竖盘读数和水平角,并记入手簿。

4. 计算竖直角,并根据视距和竖直角计算水平距离,初算高差和高程。

5. 将测得的碎部点,用量角器(或小平板)依水平角、水平距离按测图比例尺展绘在图纸上,并根据地形进行描绘。

注意事项

1. 读取竖盘读数时,必须使竖盘指标水准管气泡居中。

2. 尺子必须立直。

3. 计算高差时要注意正负号。

第九章　地形图应用

通过测量的手段确定了地面点的坐标和高程后,最形象直观的描述这些点位置以及这些点代表什么样的物体的方法就是绘制地形图。地球表面上有各种各样的物体和复杂多样的地表形态,在地形图测绘中可概括为地物和地貌两种要素。地物是指地面天然或人工形成的各种固定物体,如河流、森林、草地、房屋、道路、农田等;地貌是指地表面高低起伏的各种形态,如高山、丘陵、平原、洼地等。地形是地物和地貌的总称。为了便于绘图和读图,在地形图中各种地物以简化、概括的符号表示,地貌以高程相同的一系列点构成的曲线表示。为此国家测绘局统一制定了《地形图图式》作为地形图绘图和读图的标准。

通过一定的测量方法,按照一定的精度,将地面上各种地物的平面位置按一定比例尺用规定的符号缩绘在图纸上,这种图称为平面图。如果是既表示出各种地物的平面位置,又用等高线表示出地貌形态,称为地形图。

地形图真实地反映了地面的各种自然状况,在地形图上,可以直接确定点的坐标、点与点之间的水平距离和直线间夹角、直线的方位等。地形图是工程建设必不可少的基础性资料,无论是国土整治、资源勘查、土地利用及规划,还是工程设计、军事指挥等,都离不开地形图。因此在每一项新的工程建设之前,都要先进行地形测量工作,以获得规定比例尺的现状地形图。

(1) 地形图按其比例尺大小分为三类,通常把 1∶500、1∶1 000、1∶2 000、1∶5 000、1∶10 000 比例尺的地形图称为大比例尺地形图;1∶2.5 万、1∶5 万、1∶10 万的地形图称为中比例尺地形图;1∶25 万、1∶50 万、1∶100 万的地形图称为小比例尺地形图。

(2) 比例尺精度:一般认为正常情况下人们用肉眼能够分辨出图上的最小距离是 0.1 mm,因此地形图测绘中将地形图上 0.1 mm 所代表的实地水平距离称为比例尺精度,即 0.1 mm 与比例尺分母的乘积。

(3) 点位坐标的量测:根据纵、横坐标方格网从图上求算点的坐标,求 A 点坐标,在图 9-1 上量出 mA 和 pA 的长度,乘以数字比例尺的分母 M 得实地水平距离,计算 A 点坐标

$$\left.\begin{aligned} x_A &= x_0 + \overline{mA} \times M \\ y_A &= y_0 + \overline{pA} \times M \end{aligned}\right\}$$

式中:x_0,y_0——A 点所在方格西南角点坐标;

$x_0 = 2\,517\,100$ m,$y_0 = 38\,457\,200$ m。

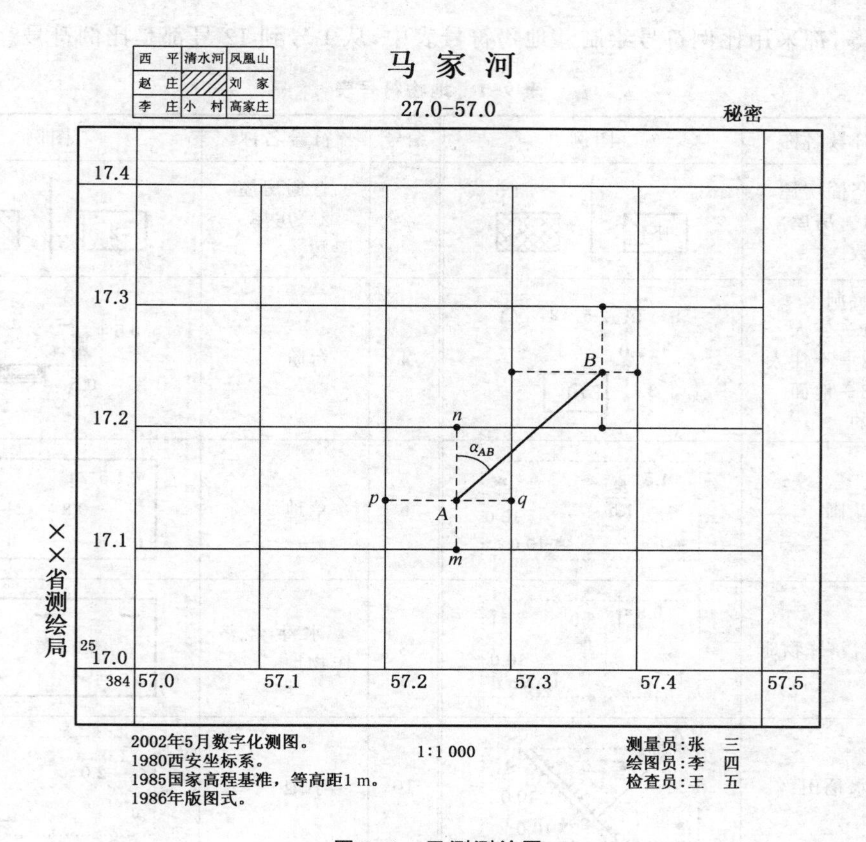

图 9-1　已测测绘图

(4) 两点间的水平距离量测：在图纸上量取直线 AB 的距离，乘以数字比例尺的分母 M。先量取 A、B 点坐标，用公式计算

$$D_{AB} = \sqrt{(x_B - x_A)^2 + (y_B - y_A)^2}$$

(5) 直线坐标方位角的量测：①在图纸上用量角器量取方位角。②先量 A、B 点坐标，用公式计算

$$R_{AB} = \arctan\left(\frac{y_B - y_A}{x_B - x_A}\right)$$

(6) 地物符号。地面上的地物一般可分为两大类：一类是自然地物，如河流、湖泊、森林、草地等；另一类是人工地物，如房屋、道路、桥梁、管线、路灯等。由于地物种类繁多、形状不一，在图上所表示的是经过综合取舍，按一定要求和测图比例尺，以其平面投影的轮廓或特定的符号绘制在地形图上。为了便于测图和用图，地形图上绘制的各种地物和地貌，应严格按照国家测绘总局颁发的《地形图图式》中规定的符号描绘于图上，因此测绘和使用地形图时，应参阅《地形图图式》并熟悉其中常见图式符号的表示方法和含义。其中地物符号有下列几种：

① 比例符号。若地物的轮廓较大，可将其形状和占据地面面积的大小均按测图比例尺缩小，并用规定的符号描绘在图纸上，这种符号称为比例符号，也称为面状符号。如房屋、湖

泊和森林等，都采用比例符号绘制。地物符号表中，从 1 号到 12 号都是比例符号。

表 9-1 地物符号表

编号	符号名称	图例	编号	符号名称	图例
1	坚固房屋 4—房屋层数	坚4 1.5	2	普通房屋 2—房屋层数	2 1.5
3	窑洞 1—住人 2—不住人 3—地面下的	1 2.5 2.0 2 3	4	台阶	0.5 0.5 0.5
5	花圃	1.5 1.5 10.0 10.0	6	草地	1.5 0.8 10.0 10.0
7	经济作物地	0.8 3.0 蔗 10.0 10.0	8	水生经济作物地	3.0 藕 0.5
9	水稻田	0.2 2.0 10.0 10.0	10	旱地	1.0 2.0 10.0 10.0
11	灌木林	0.5 1.0	12	菜地	2.0 2.0 10.0 10.0
13	高压线	4.0	14	低压线	4.0
15	电杆	1.0	16	电线架	
17	砖、石及混凝土围墙	10.0 10.0 0.5 0.5 0.3 10.0	18	栅栏、栏杆	1.0 10.0
19	公路	0.3 沥：砾 0.3	20	简易公路	8.0 2.0
21	图根点 1—埋石的 2—不埋石的	1 2.0 $\frac{N16}{84.46}$ 2 1.5 $\frac{D25}{62.74}$ 2.5	22	水准点	2.0 $\frac{Ⅱ京石5}{32.804}$

续表 9-1

编号	符号名称	图例	编号	符号名称	图例
23	旗杆	1.5 4.0 1.0 1.0	24	消火栓	1.5 1.5 2.0
25	阀门	1.5 1.5 2.0	26	水龙头	3.5 2.0 1.2
27	路灯	2.5 1.0	28	独立树 1—阔叶 2—针叶	1 3.0 1.5 0.7 2 3.0 0.7
29	等高线 1—首曲线 2—计曲线 3—间曲线	0.15 87 1 0.3 85 2 0.15 6.0 1.0 3	30	高程点及注记	0.5 • 158.3　　65.6

② 非比例符号。若地物的轮廓较小，无法将其形状和大小按比例缩绘到图上，而该地物又具有重要的特殊意义，必须采用相应的规定符号表示在该地物的中心位置上，这种特殊的符号称为非比例符号，也称为点状符号。如路灯、水塔和测量控制点等。表 9-1 中，从 20 号到 30 号都为非比例符号。非比例符号均按直立方向描绘，即与南图廓垂直。非比例符号的中心位置与该地物实地的中心位置关系随各种不同的地物而异，在测图和用图时应注意下列几点：

A. 规则的几何图形符号，如圆形、正方形、三角形等，以图形几何中心点为实地地物的中心位置。

B. 底部为直角形的符号，如独立树、路标等，以符号的直角顶点为实地地物的中心位置。

C. 宽底符号，如烟囱、岗亭等，以符号底部中心为实地地物的中心位置。

D. 几种图形组合符号，如路灯、消火栓等，以符号下方图形的几何中心为实地地物的中心位置。

E. 下方无底线的符号，如山洞、窑洞等，以符号下方端点连线的中心为实地地物的中心位置。

③ 半比例符号。若地物为带状延伸地物，其长度可按比例尺缩绘，而宽度不能按比例尺缩小表示的符号称为半比例符号，也称为线状符号。如铁路、公路、通信线、管道、垣栅等。表 9-1 中，从 13 号到 19 号都是半比例符号。这种符号的定位线，对于对称线状符号一般就在其实地地物的中心位置；不对称线状符号，如城墙和垣栅等，地物中心位置在其符号的底线上。

第十章　施工放样

施工放样(测设)是把设计图上建(构)筑物位置在实地上标定出来,作为施工的依据。为了使地面定出的建筑物位置成为一个有机联系的整体,施工放样同样需要遵循"先控制后碎部"的基本原则。

在控制点 A、F 附近设计了建筑物 P(图 1-1 所示中用虚线表示),现要求把它在实地标定下来。根据控制点 A、F 及建筑物的设计坐标,计算水平角 β_1、β_2 和水平距离 D_1、D_2 等放样数据,然后控制点 A 上,用仪器测设出水平角 β_1、β_2 所指的方向,并沿这些方向测设水平距离 D_1、D_2,即在实地定出 1、2 等点,这就是该建筑物的实地位置。上述所介绍的方法是施工放样中常用的极坐标法,此外还有直角坐标法、方向(角度)交会法和距离交会法等。

施工测量的基本任务就是点位放样,其基本工作包括设计水平角的测设、设计长度的测设和设计高程的测设,以及在此基础上的设计点位的测设、设计坡度的测设和铅垂线的测设等。由于施工放样中施工控制网是一个整体,并具有相应的精度和密度,因此不论建(构)筑物的范围多大,由各个控制点放样出的建(构)筑物各个点位位置也必将联系为一个整体。同样,根据施工控制网点的已知高程和建(构)筑物的图上设计高程,可用水准测量方法测设出建(构)筑物的实地设计高程。

第一节　测设的基本内容和方法

一、水平角测设

测设水平角通常是在某一控制点上,根据某一已知方向及水平角的角值,找出另一个方向,并在地面上标定出来。按测设精度要求不同分为正倒镜分中法和多测回修正法。

(1) 正倒镜分中法

当角度测设精度要求不高时采用此法。如图 10-1(a)所示,O 为已知点,OA 为已知方向,欲标定 OB 方向,使其与 OA 方向之间的水平夹角等于设计角度 β。则在 O 点安置经纬仪,盘左位置照准 A 点,配置水平度盘读数为 0,转动照准部使水平度盘读数恰好为 β,在此视线上定出 B' 点;倒转望远镜,用盘右位置,重复上述步骤定出 B'' 点。若 B'、B'' 不重合,且符合限差要求,取 B'、B'' 的中点 B,则 $\angle AOB$ 就是要测设的水平角。

(2) 多测回修正法

当角度测设精度要求较高时,如测设大型厂房主轴线间的水平角度采用此法。如图 10-1(b)所示,在 O 点安置经纬仪,先用正倒镜分中法测设出方向并定出 B_1 点,然后较精确地测量 $\angle AOB_1$ 的角值,根据需要采用多个测回取平均值的方法,设平均值为 β',则角度差为:$\Delta\beta=\beta-\beta'$。

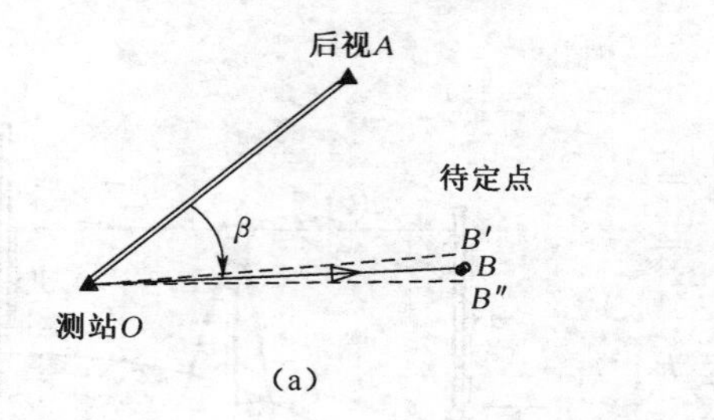

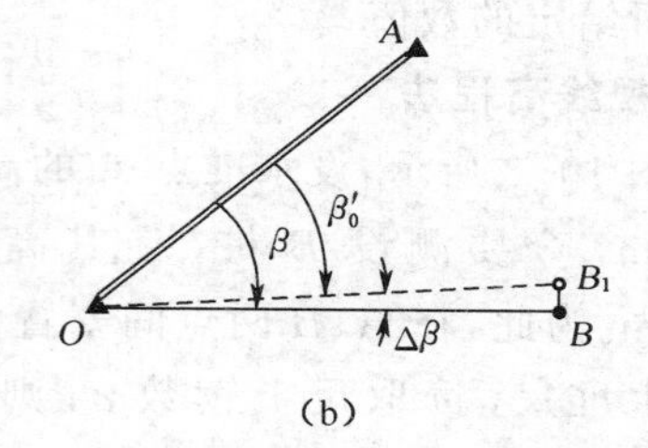

图 10-1　水平角测设

再从 B_1 点沿垂线方向量取 BB_1：$BB_1 = OB_1 \cdot \tan\Delta\beta = OB_1 \cdot \Delta\beta/\rho''$，其中 $\rho'' = 206\,265''$。

此法需注意改正值的量取方向，当 $\Delta\beta$ 为负时，向内量取改正值；当 $\Delta\beta$ 为正时，则向外量取改正值。

二、距离测设

水平距离的测设是从一已知点出发，沿已知方向标出另一点的位置，使两点间的水平距离等于设计长度。根据施测工具的不同，可采用钢尺测设法和测距仪法进行设计长度的测设。

1. 钢尺测设法

(1) 往返测设分中法

当测设精度要求不高时，可从已知点 A 开始，根据给定的方向，按设计的水平距离用钢尺丈量定出直线终点 B。为了校核和提高精度，应进行往返丈量。往返测较差在设计精度范围以内时，则可取其平均值作为最或是值，最后将终点沿标定的方向移动较差的一半，并用标志固定下来。当地面有起伏时，应将钢尺一端抬高拉平并用垂球投点进行丈量。

(2) 精确方法

当测设精度要求较高时，应使用检定过的钢尺，用经纬仪定线，根据设计的水平距离 D，经过尺长改正、温度改正和倾斜改正后，计算出沿地面应量取的倾斜距离 L。改正数的符号与精密量距时相反，即实地测设时的长度：$L = D - (\Delta L_d + \Delta L_t + \Delta L_h)$。然后根据计算结果用钢尺沿地面量取距离 L。

2. 测距仪法

由于光电测距仪及全站仪的普及，长距离及地面不平坦时多采用光电测距仪或全站仪测设水平距离。如图 10-2 所示，光电测距仪安置于 A 点，沿已知方向前后移动反光棱镜，按施测时的温度、气压在仪器上设置改正值，并将倾斜距离算成平距并直接显示。当显示值等于设计的水平距离值或测量值与设计值的差值为零时，即可定出点 B。

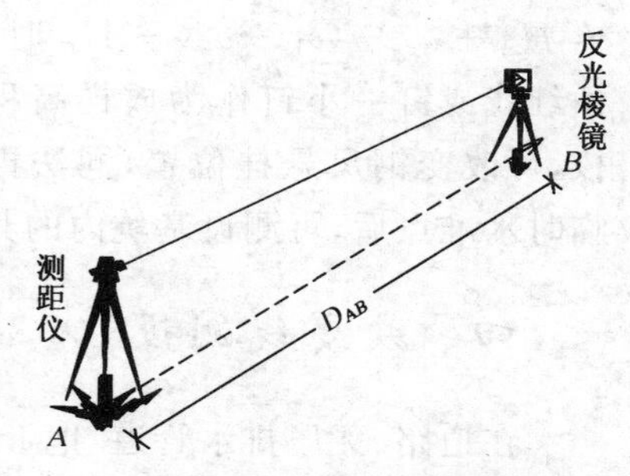

图 10-2　测距仪法测设距离

三、高程测设

根据已知水准点，在地面上标定出某设计高程的工作，称为高程测设。它和水准测量不同，它不是测定两固定点的高差，而是根据一个已知高程的水准点来测设使另一点的高程为设计时所给定的数值。

1. 视线高程法

如图 10-3 所示，设水准点 A 的高程为 $H_A=24.376$ m，今要测设 B 桩，使其高程为 $H_B=25.000$ m。为此，在 A、B 两点间安置水准仪，在 A 点竖立水准尺，读取尺上读数 a，则视线高程为 $H_i=H_A+a$。欲使 B 点的设计高程为 H_B，则竖立在 B 点水准尺上读数应为 $b=H_i-H_B$。本例中 $H_i=H_A+a=24.376+1.428=25.804$ m，则 $b=H_i-H_B=25.804-25.000=0.804$ m。将 B 点水准尺紧靠木桩，在其侧面上下移动尺子，当读数正好为 0.804 m 时，在木桩上沿水准尺底部做一标记，为求醒目，通常在横线下用红油漆画一"▼"，此处高程即为设计高程 H_B。若 B 点为室内地坪，则在横线上注明±0.000。

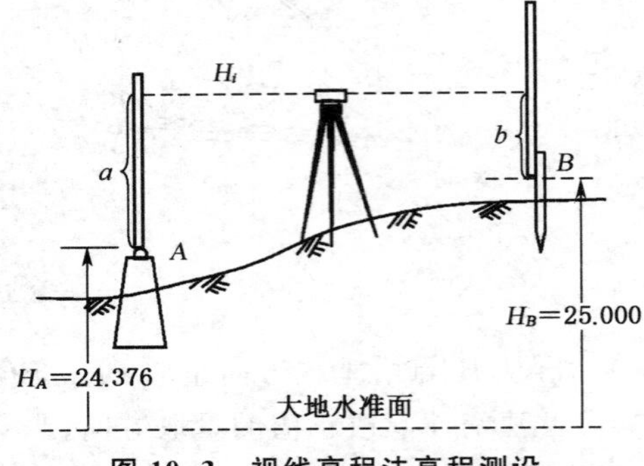

图 10-3　视线高程法高程测设

2. 钢尺与水准尺联合测设法(高程引测)

若待测设高程点的设计高程与水准点的高程相差很大，如测设较深的基坑标高或测设高层建筑物的标高，只用水准尺已无法测设。此时，可以用垂直悬挂的钢尺代替水准尺，将地面水准点的高程传递到在坑底或高楼上所设置的临时水准点上，这种工作称为高程的引测，然后再用临时水准点进行放样。

如图 10-4 所示，A 为地面上的已知水准点，欲将地面 A 点的高程传递到基坑临时水准点 B 上，在基坑一侧架设吊杆，杆上悬挂一把经过检定的钢尺，零点一端向下并挂 10 kg 重锤，在地面和坑内各安置一台水准仪，瞄准水准尺和钢尺读数得 a_1、b_1 和 b_2、a_2，则 B 点标高为：$H_B=H_A+a_1-(b_1-a_2)-b_2$。放样时，在 B 点打一木桩，将水准尺沿木桩侧面上下移动，当水准仪在 B 点尺上的读数为 $b_2=H_A+a_1-(b_1-a_2)-H_B$ 时，沿水准尺底画一条红线或钉一小钉作为放样高程的标志。为了检核，可改变钢尺悬挂位置，同法再测一次。测设好临时水准点后，可测设基坑内的其他高程点。同样的方法可将高程从地面向高处引测。

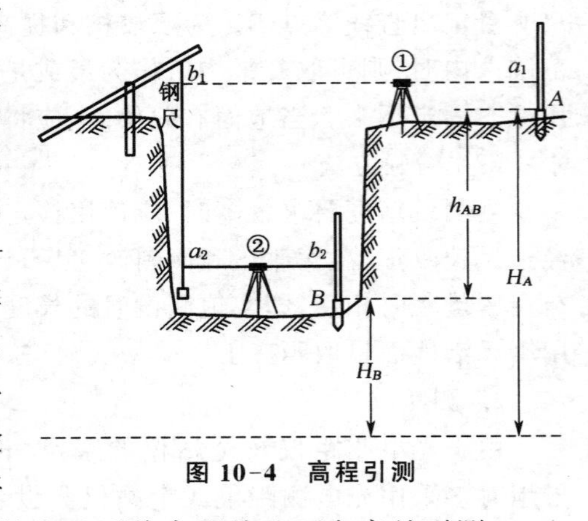

图 10-4　高程引测

四、坡度线测设

在道路、无压排水管道、地下工程、场地平整等工程施工中，都需要测设已知设计坡度的直线，即根据附近水准点的高程、设计坡度和坡度线端点的设计高程，用高程测设的方法测设一系列的坡度桩，使之形成已知坡度。

如图 10-5 所示，设 A 点的高程为 H_A，A、B 间的水平距离为 D，今欲从 A 点沿 AB 方向测设坡度为 i 的直线。

测设时，先计算得 B 点的设计高程为：$H_B=H_A+i\times D$（向上 i 为正，向下 i 为负）。

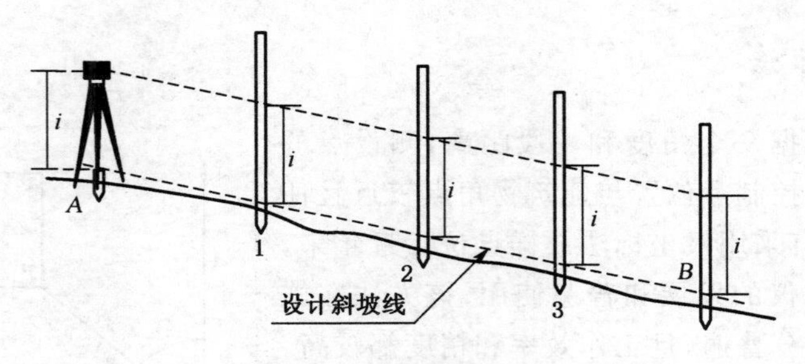

图 10-5 坡度线测设

再按水平距离和高程测设的方法测设出 B 点，此时 AB 直线即为设计的坡度线。然后在 A 点安置水准仪，量取仪器高，使一个脚螺旋在 AB 方向线上，另两个脚螺旋的连线大致与 AB 方向垂直，用望远镜瞄准 B 点的水准尺，转动在 AB 方向上的脚螺旋或微倾螺旋，使视线在 B 尺上的读数为仪器高 i，此时视线与设计坡度线平行。在 AB 方向线上测设中间点 1，2，…，使各中间点水准尺上的读数均为 i，并以木桩标记，这样桩顶连线即为所求坡度线。

第二节 点的平面位置测设方法

测设点的平面位置的常用方法有直角坐标法、极坐标法、角度交会法和距离交会法等，具体采用何种方法，应在施工过程中根据平面控制点的分布、地形情况、施工控制网布设形式、现场条件、所用仪器等因素确定。

一、直角坐标法

当施工场地有相互垂直的建筑基线或方格网，且量距比较方便时，多采用直角坐标法。

如图 10-6 所示，$ABCD$ 为矩形施工控制网中的平面控制点，它们的方向与建筑物相应两轴线平行，现需测设建筑物角点 1、2、3、4。

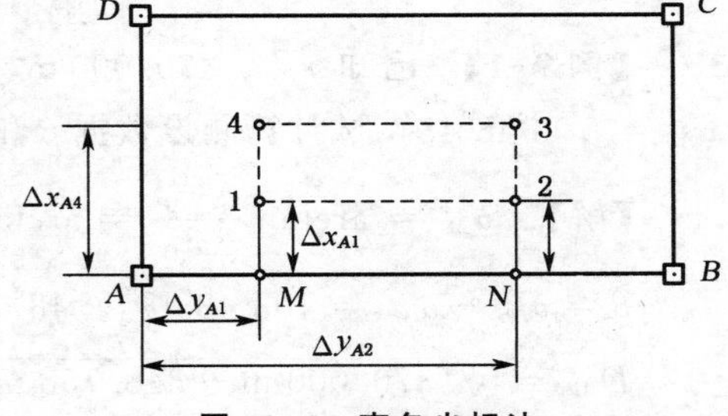

图 10-6 直角坐标法

测设步骤如下：

（1）计算测设数据，$\Delta y_{A1} = y_1 - y_A$，$\Delta y_{A2} = y_2 - y_A$，$\Delta x_{A1} = x_1 - x_A$，$\Delta x_{A2} = x_2 - x_A$。

（2）安置经纬仪于 A 点，瞄准 B，测设水平距离 Δy_{A1}、Δy_{A2}，定出 M、N 点。

（3）安置经纬仪于 M 点，瞄准 B，左拨 90°，由 M 点沿视线方向测设 Δx_{A1}、Δx_{A2}，定出 1、4 点。

（4）安置经纬仪于 N 点，瞄准 B，同法定出 2 点和 3 点。

最后检查建筑物各角是否等于 90°，各边的实测长度与设计长度之差是否在允许范围内。

直角坐标法只需量距和设置角度就可以，计算简单且工作方便，因此是广泛使用的一种方法。

二、极坐标法

极坐标法是根据一个角度和一段距离，测设点的平面位置。当已知控制点位置与建筑物角点较近且便于量距的情况下，宜采用极坐标法放样点位。近年来，由于测距仪和全站仪的发展和普遍使用，该方法在施工放样中应用得十分普遍，且工作效率和精度都较高。

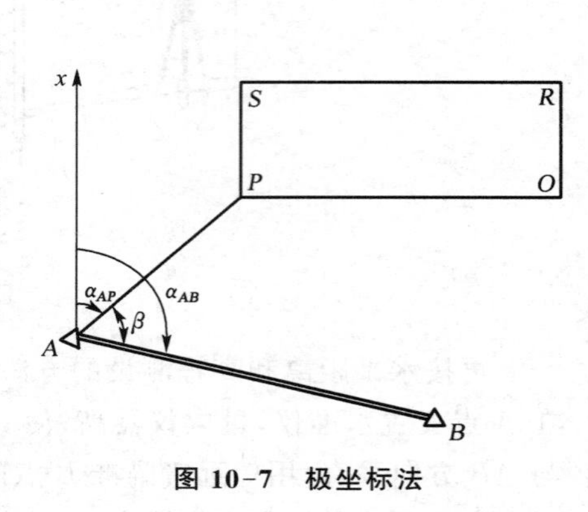

图 10-7　极坐标法

如图 10-7，A、B 为已有控制点，坐标分别为(x_A, y_A)和(x_B, y_B)，P 为待定点，其设计坐标为 $P(x_P, y_P)$，极坐标法测设 P 点的具体步骤如下：

(1) 计算 AB 边的坐标方位角 α_{AB} 和 AP 边的坐标方位角 α_{AP}，按坐标反算公式计算。

$$\alpha_{AB} = \arctan\frac{\Delta y_{AB}}{\Delta x_{AB}}$$

$$\alpha_{AP} = \arctan\frac{\Delta y_{AP}}{\Delta x_{AP}}$$

注意：每条边在计算时，应根据 Δx 和 Δy 的正负情况，判断该边所属象限。

(2) 计算 AP 与 AB 之间的夹角。

$$\beta = \alpha_{AB} - \alpha_{AP}$$

(3) 计算 A、P 两点间的水平距离。

$$D_{AP} = \sqrt{(x_P - x_A)^2 + (y_P - y_A)^2} = \sqrt{\Delta x_{AP}^2 + \Delta y_{AP}^2}$$

【例 9-1】　已知 $x_P = 370.000\ \text{m}$，$y_P = 458.000\ \text{m}$，$x_A = 348.758\ \text{m}$，$y_A = 433.570\ \text{m}$，$\alpha_{AB} = 103°48'48''$，试计算测设数据 β 和 D_{AP}。

【解】　$\alpha_{AP} = \arctan\frac{\Delta y_{AP}}{\Delta x_{AP}} = \arctan\frac{458.000\ \text{m} - 433.570\ \text{m}}{370.000\ \text{m} - 348.758\ \text{m}} = 48°59'34''$

$\beta = \alpha_{AB} - \alpha_{AP} = 103°48'48'' - 48°59'34'' = 54°49'14''$

$D_{AP} = \sqrt{(370.000\ \text{m} - 348.758\ \text{m})^2 + (458.000\ \text{m} - 433.570\ \text{m})^2} = 32.374\ \text{m}$

(4) 点位测设方法

① 在 A 点安置经纬仪，瞄准 B 点，按逆时针方向测设 β 角，定出 AP 方向。

② 沿 AP 方向自 A 点测设水平距离 D_{AP}，定出 P 点，作出标志。

③ 用同样的方法测设 Q、R、S 点。全部测设完毕后，检查建筑物四角是否等于 90°，各边长是否等于设计长度，其误差均应在限差以内。

同样，在测设距离和角度时，可根据精度要求分别采用一般方法或精密方法。

三、距离交会法

距离交会法也称为长度交会法，适用于场地平坦、量距方便且待测点到控制点距离不超过一整尺长时点的测设。

如图 10-8 所示，A、B 为控制点，P 为待测点，它们的坐标均已知。根据已知点用距离交会法测设 P 点的具体步骤如下：

（1）利用控制点和待定点的平面坐标计算测设数据 D_{AP} 和 D_{BP}。

（2）在实地分别同时用两把钢尺，以 A、B 点为圆心，以相应的 D_{AP} 和 D_{BP} 为半径画弧，两弧线的交点即为待定点 P。

此法不必使用仪器，但精度较低。若待定点精度要求不高，如地下管线转折点的点位、窨井中心等，测设数据可直接在图纸上图解量取。在施工中细部测设时多用此法。

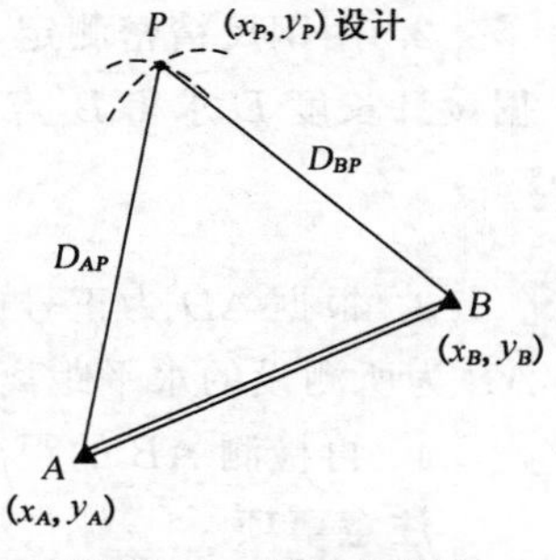

图 10-8 距离交会法

四、全站仪坐标放样法

全站仪坐标放样法的本质是极坐标法，它能适合各类地形情况，而且测设精度高，操作简便，在施工放样中受天气和地形条件的影响较小，在生产实践中已被广泛采用。

放样前，将全站仪置于放样模式，向全站仪输入测站点坐标、后视点坐标（或方位角），再输入放样点坐标。准备工作完成之后，一人持反光棱镜立在待测设点附近，用望远镜照准棱镜，按坐标放样功能键，则可立即显示当前棱镜位置与放样点位置的坐标差。根据坐标差值，移动棱镜位置，直至坐标差值为零。这时，棱镜所对应的位置就是放样点位置。然后，在地面做出标志。

第三节 实习项目

一、距离测设

目的要求

1. 练习水平距离测设的方法。
2. 掌握钢尺在测设工作中的操作步骤。
3. 每组测设两段距离。
4. 距离测设的相对误差不大于 1/5 000。

准备工作

1. 场地布置

选择约 50 m 的较为平坦的地面作为小组的实验场地。

2. 仪器、工具

钢尺 1 把，测钎 4 根，记录板 1 块，伞 1 把。

3. 人员组织

每组四人，轮换操作。

实验步骤

1. 设在地上测设一段水平距离 AB，使其等于设计长度 D，从 A 点起，沿地面指定方向

AB,量一段距离等于 D,打下 20 cm×20 cm 木桩,桩上钉一小钉以标志 B'点。

2. 用钢尺精密测定 AB'的距离,加尺长、温度及高差改正后,得 AB'的水平距离 D',根据设计长度 D 求得 B'点的改正数为

$$\Delta D = D' - D$$

3. 根据 ΔD 为正号或负号,而将 B'点在 AB 方向上向内或向外改动 ΔD,定出 B 点,则 AB 为所测设的水平距离。

4. 再检测 AB 的距离,其与设计值的相对误差不大于 1/5 000。

注意事项

量距时,钢尺要拉直、拉平、拉稳;前尺手不得握住尺盒拉紧钢尺。

二、高程测设

目的要求

1. 练习高程的测设方法。
2. 掌握水准仪在测设工作中的操作步骤。
3. 每组测设两个点的高程。
4. 高程测设的限差不大于±8 mm。

准备工作

1. 场地布置

选择合适的地面作为小组实验的场地,每组布置临时水准点一个作高程测设用。

2. 仪器、工具

水准仪 1 台,水准尺 2 根,尺垫 2 个,记录板 1 块,伞 1 把。

3. 人员组织

每组四人,轮换操作。

实验步骤

1. 根据水准点高程 $H_{水}$,用水准仪在地上测设出 A 点的设计高程 $H_{设}$,安置水准仪于水准点和 A 点之间,后视水准点,得后视读数 a。

2. 计算视线高程 H 及 A 点的设计高程应读数 b,即

$$H_{视} = H_{水} + a$$
$$b_{应} = H_{视} - H_{设}$$

3. 在 A 点打木桩,当桩顶的水准尺读数等于 $b_{应}$ 时,则桩顶位于设计高程上。否则,将水准尺贴靠木桩,做上下移动,当读数为 $b_{应}$ 时,沿尺底面在木桩上画线,以表示设计高程。

4. 检测 A 点的高程,其与设计值之差不能超过±8 mm。

三、水平角测设

目的要求

1. 练习水平角的测设方法。
2. 掌握经纬仪在测设工作中的操作步骤。

3. 每组测设两个角度。

4. 角度测设的限差不大于$\pm 40''$。

准备工作

1. 场地布置

选择合适地面作为小组实验的场地。每组选一个测站点，作测设角度的角顶用。

2. 仪器、工具

经纬仪 1 台，木桩 3 根，小钉 6 根，斧 1 把，记录板 1 块，伞 1 把。

3. 人员组织

每组四人，轮换操作。

实验步骤

1. 设地上有 O、A 两点，拟测设 $\beta = \angle AOB = 30°00'00''$，安置经纬仪于 O 点，在盘左置水平度盘读 $0°x'y''$，照准 A 点。

2. 转动照准部，使度盘准确读 $30°x'y''$，在视线方向定出 B' 点。

3. 用测回法检测$\angle AOB'$，测两个测回，设得平均角值为 β'，与设计角值比较，若 $\Delta\rho$ 超过了容许误差，则需改正。

4. 以 $\Delta\beta$ 代入下式计算支距改正数：

$$\delta = OB \frac{\Delta\beta}{\rho''}$$

5. 从 B 起，在 OB 的垂直方向上向外(内)量取 δ mm，定出 B 点，则$\angle AOB$ 即为所测设的水平角 β。

6. 再检测$\angle AOB$，其值与设计值之差不应超过容许误差。

四、设计坡度线的测设

目的要求

1. 练习坡度线测设的方法，为管道、道路及广场的坡度测设打下基础。

2. 每组测设坡度线一条。

3. 管道和渠道的高程计算到毫米，其测设限差不得大于$\pm 6/n$ mm，道路及广场的高程计算到厘米，其测设限差不得大于$\pm 12/n$ mm。n 为测站数。

准备工作

1. 场地布置

选择具有一定坡度，长约为 50 m 的地段，供各个组做实验用。

2. 仪器、工具

水准仪 1 台，水准尺 1 根，皮尺 1 把，木桩 8 根，斧 1 把，记录板 1 块，伞 1 把。

3. 人员组织

每组 5 人：观测 1 人，扶尺 1 人，记录 1 人，量距兼打桩 2 人。

实验步骤

1. 计算每组测设 50 m 的坡度线 AB，根据地势，定设计坡度为-1%，按施工要求，每 10 m 钉一木桩。

2. 根据实地情况及水准点高程，确定起点 A 的设计高程 H_A，然后按坡度 i 和距离 d 推算其余各点设计高程 $H_{设}$。

3. 安置水准仪于坡度一侧，后视水准点，求出视线高程 $H_{视}$。

4. 计算各桩点的坡线读数：

$$b_{坡} = H_{视} - H_{设}$$

5. 立水准尺于各桩上，读桩顶读数 $b_{桩}$，并记入手簿。

6. 计算各桩顶的填、挖数 W

$$W = b_{坡} - b_{桩}$$

第十一章　野外测量实习基本要求

一、总体要求

1. 外业记录

原始记录应清楚、整齐,不得涂改。如记错可以用横线划掉,将正确数字写在上方。观测角度的最后成果,写成度、分、秒形式。

水准测量高差精确至毫米。

光电测距或钢尺丈量精确至毫米。

断面测量的地面点高程精确至厘米。

2. 内业计算

各人要独立完成内业计算,并在组内进行检核。计算表格包括导线计算、支导线计算、水准路线内业计算、支水准路线计算和路线测量(桩号、高程)的计算。整理一份控制点点位成果表。

3. 地形图测绘

按经纬仪测绘法。测图前应检查测站点及定向点在图纸上展点的正确性,确定无误后才能进行测图。图内的碎部点数量要足够,注记高程的碎部点最大点距 2～3 cm,绘图线条标准、清晰,注记完整,修饰后版面整洁美观,字样端正,图幅之间接边无误。

4. 路线中线测量及纵断面图绘制

做好圆曲线参数计算,纵断面测量参数精确至厘米。纵断面图绘制比例:纵,1∶100;横,1∶1 000。

二、实习测量工作的技术要求

1. 导线测量

角度观测:利用经纬仪测量方法有测回法、方向观测法。

$$\Delta\alpha \leqslant \pm 40''$$

观测目标:花杆(应尽量观测花杆底部)。

光学对中误差 < 2 mm 。

整平误差:在测站观测中,水准气泡在测回间偏差<1 格。

导线边测量:红外测距仪或全站仪(钢尺)。

红外测距仪:单程观测,二测回(一测回,即瞄准一次读四次数)。

读数间较差 $\leqslant 5$ mm,测回间较差 $\leqslant 10$ mm。

测距边平距化计算可采用两端点高差，也可用观测的垂直角进行倾斜改正。

（钢尺丈量：用普通钢尺丈量法，往返丈量）。

往返测相对互差　$\frac{\Delta L}{L} \leqslant \frac{1}{2\,000}$

角度闭合差　$f_{\beta容} < 40\sqrt{n}$

导线全长相对闭合差　$k \leqslant \frac{1}{2\,000}$

2. 水准测量：改变仪器高法或双面尺法

两次仪器高测得的高差之差 ≤ 5 mm。

视距长度 ≤ 80 m。

前后视距差 ≤ 5 m。

前后视距差累计 ≤ 10 m。

高差闭合差 $\leqslant \pm 9\sqrt{n}$（或 $\pm 30\sqrt{L}$） mm。

3. 地形图测绘

经纬仪测绘法：测量碎部点的方向、平距、高程；图板上碎部点定位、注高程；勾绘。

图板图幅方格边误差 <± 0.2 mm。

检查方向偏差 < 0.3 mm。

视距长度 < 60 m，非重要地物可放宽到 100 m。

主要地物的测绘：

(1) 建筑物外廊，以墙角为准测量，一般要求测三个点以上（包括墙长大于 30 m），高程注记到厘米。

(2) 图上大于 0.5 mm 的重要地物，如台阶、花坛、小路应按比例测绘。

(3) 独立地物，如消防水龙头、报栏、单车棚、电杆、下水道出入口、ϕ30 cm 的树木应表示在图上。

(4) 高差大于 0.5 m 的陡坎、栏杆，应测其高度并在符号附近。

(5) 房屋注明层次、结构性质、所在单位。

B——钢筋混凝土、钢结构。

C——混凝土结构。

D——混合结构。

E——砖土结构。

如 B4 表示四层楼钢筋混凝土结构。

(6) 最后成图经整饰。字头朝北，数字清楚端正。

4. 路线中心测设

纵向。

5. 路线纵断面测量

高差闭合差 $\leqslant \pm 50\sqrt{L}$ mm。

纵断图面里程比例：1∶2 000。

高程比例：1∶200。

三、实习组织及仪具数量

1. 组织机构

(1) 由教师、班长、学习委员组成实习领导机构，下设实习小组。

(2) 实习小组由四至五人组成，设组长、副组长各一人。

(3) 每日的外业实习工作由小组成员轮流当责任组长。

2. 仪具数量

(1) 普通测量

每组：

经纬仪 1 台套；花杆 2 根；

水准仪 1 台套；水准尺 2 根；

平板仪 1 台套；图板 1 块。

工具包：钢尺 1 把、皮尺 1 把、测钎 5 根、记录板 1 块、机油 1 盒、尺垫 2 个、铁锤 1 把、三棱尺 1 个(共 8 件)；0# 图纸 1 张。

每班：

乳胶 1.5 瓶；图钉 1 合；油漆 1 瓶；钢钉 40 根；毛笔 1 支；绣花针 1 包。

(2) 数字测量(每组)

全站仪 1 台套；脚架 3+1 个；棱镜 2 个；锂电池 2 块；绳子 2 根；5 m 钢尺 1 个。

GPS1 台套；图板 1 块；0# 图纸 1 张或 CASS 软件。

3. 职责

(1) 班长：检查全班各组考勤和各小组实习进度，协助解决实习的有关事宜。

(2) 学习委员：检查各组仪器使用情况，收集各小组的实习成果。

(3) 组长：提出制订本组的实习工作计划，安排责任组长，全组讨论通过。收集保管本组的实习资料和成果。

实习工作计划表内容：日期、星期、实习内容、责任组长。

(4) 副组长：负责本组仪器的保管及安全检查，保管本组实习内业资料。

(5) 责任组长：执行实习计划，安排当天实习的具体工作，登记考勤，填写实习日志。注意做好准备。

责任组长如实记录实习日志。实习日志内容：当天实习任务，完成情况，存在问题，小组出勤情况。

四、提交实习成果

各组应交资料：

(1) 图根导线内业计算表(一级控制、二级控制)。

(2) 图根水准内业计算表(一级控制、二级控制)。

(3) 1∶500 或 1∶1 000 比例尺地形图。

(4) 地形图应用的计算成果及相关图件。

(5) 图件：地形图每组一张。

（6）放样草图及推算结果一份。

① 建筑基线放样数据。

② 厂房控制网放样数据。

③ 房屋施工放样。

④ 圆曲线放样数据。

（7）外业观测原始记录：水平角观测记录，水准观测记录，距离观测记录，极坐标法测设数据记录，路线（或管道）中桩测量及高程测量记录。

（8）实习日志：每组一份。

（9）实习报告：每组一份。

每位学生还应提交：

（1）图根导线内业计算表（一级控制、二级控制）。

（2）图根水准内业计算表（二级控制）。

（3）路线（或管道）横断面图、纵断面图和计算。

（4）放样草图及推算结果一份。

① 点位放样步骤。

② 建筑基线放样步骤。

③ 厂房控制网放样步骤。

④ 基础标高放样。

⑤ 圆曲线放样步骤。

（5）地貌勾绘作业每人一份。

（6）个人小结。

五、实习报告提纲

（1）封面。

（2）前言——简要说明实习的目的、任务和过程。

（3）目录。

（4）实习资料（上面已述）。

（5）实习总结——简述承担的实习任务、时间、地点，实习测区概况（地貌、物地情况，控制点分布情况），完成实习任务的计划及完成情况。控制点的选定、观测。施工测量及管道测量的数量及质量的说明（兼有略图）。测图的方法及质量说明。整个实习过程使用仪器的情况说明。主要实习项目中采用的技术方法和技术标准，介绍实习中遇到的技术问题，采取的处理办法以及效果；教学实习的心得与体会；对测量学教学改革的意见和建议；对测量学实践教学改革的意见和建议；你认为应该提出的其他意见和建议等。

六、个人实习成绩的评定标准

测量实习外业是以小组为单位集体完成的。为了客观全面地反映个人在实习中的情况，特制定本评定标准，内容见表 11-1。

表 11-1　实习成绩的评定标准

序号	项目	基本要求	满分	考核依据	评分
1	考勤与纪律	按时上下班，全勤，服从指挥，不影响他人，不损坏公共财物	14	实习日志 监督记录	1/3 缺勤实习不及格，实行 8 小时工作制，迟到一次扣 1 分。隐瞒考勤加倍扣分
2	观测与计算	记录齐全，数据准确整洁，表格整齐，计算数据可靠，完成实习的观测任务	18	小组观测记录个人计算资料（高程、导线等）	小组成果满分 9 分，个人成果满分 9 分，成果缺一扣 2 分。伪造成果 0 分
3	仪器操作	无事故，全组仪器完好无损，操作熟练，数据准确（角度、距离、高程、测图）	20	实习日记，事故记录，操作考核材料	重大事故实习不及格，记录满分 5 分，操作满分 10 分
4	绘图	按要求完成地形图测绘，地形图样符合实习要求，按要求完成地形图绘制	18	小组地形图 个人绘地貌图	小组满分 10 分 个人满分 8 分
5	路线测量放样	按要求测量路线中线位置和纵断面图（按要求测量轴线位置）	10	曲线计算资料，纵断面图（放样图检核记录）	满分：曲线计算 5 分，纵断面图 5 分（含轴线放样）
6	总结报告	符合提纲要求，分析说明正确，按时提交成果	20	个人提交的实习报告	基本要求 15 分，有新创意 20 分，实习班干部协作好另加分

注：凡有下列情况之一者，均以不及格论处：

(1) 缺勤天数超过实习总天数的 1/4 者。

(2) 因玩忽职守、嬉戏打闹或违反操作规程造成仪器设备重大损坏者。

(3) 伪造原始数据或计算成果者。

(4) 篡改地形原图者。

(5) 抄袭他人计算成果或实习报告者。

(6) 不上交成果资料和实习报告或敷衍了事者。

(7) 违反实习纪律打架斗殴者。

(8) 损坏树木、花草、农作物，与相关单位、农民发生纠纷，情节恶劣者。

综上所述，控制测量和碎部测量以及施工放样等，其实质都是为了确定点的位置。碎部测量是将地面上的点位测定后标绘到图纸上或为用户提供测量数据与成果，而施工放样则是把设计图上的建(构)筑物点位测设到实地上，作为施工的依据。可见，所有要测定的点位都离不开距离、角度及高差这三个基本观测量。因此，距离测量、角度测量和高差测量是测量的三项基本工作。土木工程技术人员应当掌握这三项基本功。

第三部分　测绘在工程实践项目施工中的应用

第十二章　工程施工图认识

建筑施工图的认识是一个测绘人员的基本要求，认识图之后才能更好地运用图，进行有效的测量。

第一节　建筑工程施工图的认识

一、总平面图的认识

将拟建工程四周一定范围内的新建、拟建、原有和拆除的建筑物、构筑物连同其周围的地形地物状况，用水平投影方法和相应的图例所画出的图样，称为总平面图。

1. 总平面图的用途

总平面图是一个建设项目的总体布局，表示新建房屋所在基地范围内的平面布置、具体位置以及周围情况，总平面图通常画在具有等高线的地形图上。

除建筑物之外，道路、围墙、池塘、绿化等均用图例表示。

总平面图的主要用途是：

(1) 工程施工的依据(如施工定位、施工放线和土方工程)。

(2) 室外管线布置的依据。

(3) 工程预算的重要依据(如土石方工程量、室外管线工程量的计算)。

2. 总平面图的基本内容

总平面图主要包括以下主要内容：

(1) 标明新建区域的地形、地貌、平面布置，包括红线位置，各建(构)筑物、道路、河流、绿化等的位置及其相互间的位置关系。

(2) 确定新建房屋的平面位置。一般根据原有建筑物或道路定位，标注定位尺寸；修建成片住宅、较大的公共建筑物、工厂或地形复杂时，用坐标确定房屋及道路转折点的位置。

(3) 标明建筑物首层地面的绝对标高，室外地坪、道路的绝对标高；说明土方填挖情况、地面坡度及雨水排除方向。

(4) 用指北针和风向频率玫瑰图来表示建筑物的朝向。风向频率玫瑰图还表示该地区常年风向频率。它是根据某一地区多年统计的各个方向吹风次数的百分数值，按一定比例绘制，用 16 个罗盘方位表示。风向频率玫瑰图上所表示的风的吹向，是指从外面吹向地区中心的。实线图形表示常年风向频率；虚线图形表示夏季（六、七、八 3 个月）的风向频率。

（5）根据工程的需要，有时还有水、暖、电等管线总平面，各种管线综合布置图、竖向设计图、道路纵横剖面图以及绿化布置图等。

二、建筑平面图的认识

建筑平面图，简称平面图，实际上是一幢房屋的水平剖面图。它是假想用一水平剖面将房屋沿门窗洞口剖开，移去上部分，剖面以下部分的水平投影图就是平面图。

一般来说，多层房屋就应画出各层平面图。沿底层门窗洞口切开后得到的平面图，称为底层平面图。沿二层门窗洞口切开后得到的平面图，称为二层平面图。依次可得到三层、四层平面图。当某些楼层平面相同时，可以只画出其中一个平面图，称其为标准层平面图（或中间层平面图）。

为了表明屋面构造，一般还要画出屋顶平面图。它不是剖面图，是俯视屋顶时的水平投影图，主要表示屋面的形状及排水情况和突出屋面的构造位置。

（1）建筑平面图的用途。建筑平面图主要表示建筑物的平面形状、水平方向各部分（出入口、走廊、楼梯、房间、阳台等）的布置和组合关系，墙、柱及其他建筑物的位置和大小。其主要用途是：

① 建筑平面图是施工放线，砌墙、柱，安装门窗框、设备的依据。

② 建筑平面图是编制和审查工程预算的主要依据。

（2）建筑平面图的基本内容。建筑平面图主要包括以下主要内容：

① 标明建筑物的平面形状，内部各房间包括走廊、楼梯、出入口的布置及朝向。

② 标明建筑物及其各部分的平面尺寸。在建筑平面图中，必须详细标注尺寸。平面图中的尺寸分为外部尺寸和内部尺寸。外部尺寸有三道，一般沿横向、竖向分别标注在图形的下方和左方。

第一道尺寸：表示建筑物外轮廓的总体尺寸，也称为外包尺寸。它是从建筑物一端外墙边到另一端外墙边的总长和总宽尺寸。

第二道尺寸：表示轴线之间的距离，也称为轴线尺寸。它标注在各轴线之间，说明房间的开间及进深的尺寸。

第三道尺寸：表示各细部的位置和大小的尺寸，也称细部尺寸。它以轴线为基准，标注出门、窗的大小和位置；墙、柱的大小和位置。此外，台阶（或坡道）、散水等细部结构的尺寸可分别单独标出。

内部尺寸标注在图形内部，用以说明房间的净空大小，内门、窗的宽度，内墙厚度以及固定设备的大小和位置。

（3）标明地面及各层楼面标高。

（4）标明各种门、窗位置，代号和编号，以及门的开启方向。门的代号用 M 表示，窗的代号用 C 表示，编号数用阿拉伯数字表示。

（5）综合反映其他各工种（工艺、水、暖、电）对土建的要求：各工程要求的坑、台、水池、地沟、电闸箱、消火栓、雨水管等及其在墙或楼板上的预留洞，应在图中标明其位置及尺寸。

(6) 标明室内装修做法,包括室内地面、墙面及顶棚等处的材料及做法。一般简单的装修在平面图内直接用文字说明;较复杂的工程则另列房间明细表和材料做法表,或另画建筑装修图。

(7) 文字说明:平面图中不易标明的内容,如施工要求、砖及灰浆的标号等需用文字说明。

以上所列内容,可根据具体项目的实际情况取舍。

三、建筑立面图读识

(1) 建筑立面图的形成及名称。建筑立面图,简称立面图,就是对房屋的前后左右各个方向所作的正投影图。立面图的命名方法有:

① 按房屋朝向,如南立面图、北立面图、东立面图、西立面图。

② 按轴线的编号,例①—⑩立面图、(A)—(F)立面图。

③ 按房屋的外貌特征命名,如正立面图、背立面图等。

对于简单的对称式房屋,立面图可只绘一半,但应画出对称轴线和对称符号。

(2) 建筑立面图的用途。立面图是表示建筑物的体型、外貌和室外装修要求的图样。主要用于外墙的装修施工和编制工程预算。

(3) 建筑立面图的主要图示内容。建筑立面图图示的主要内容有:

① 图名、比例。立面图的比例常与平面图一致。

② 标注建筑物两端的定位轴线及其编号。在立面图中一般只画出两端的定位轴线及其编号,以便与平面图对照。

③ 画出室内外地面线,房屋的勒脚,外部装饰及墙面分隔线。表示出屋顶、雨篷、阳台、台阶、雨水管、水斗等细部结构的形状和做法。为了使立面图外形清晰,通常把房屋立面的最外轮廓线画成粗实线,室外地面用特粗线表示,门窗洞口、檐口、阳台、雨篷、台阶等用中实线表示;其余的,如墙面分隔线、门窗格子、雨水管以及引出线等均用细实线表示。

④ 表示门窗在外立面的分布、外形、开启方向。在立面图上,门窗应按标准规定的图例画出。门、窗立面图中的斜细线,是开启方向符号。细实线表示向外开,细虚线表示向内开。一般无需把所有的窗都画上开启符号。凡是窗的型号相同的,只画出其中一两个即可。

⑤ 标注各部位的标高及必须标注的局部尺寸。在立面图上,高度尺寸主要用标高表示。一般要注出室内外地坪,一层楼地面,窗台、窗顶、阳台面、檐口、女儿墙压顶面,进口平台面及雨篷底面等的标高。

⑥ 标注出详图索引符号。

⑦ 文字说明外墙装修做法。根据设计要求,外墙面可选用不同的材料及做法,在立面图上一般用文字说明。

四、建筑剖面图的认识

1. 建筑剖面图的形成和用途

建筑剖面图简称剖面图,一般是指建筑物的垂直剖面图,且多为横向剖切形式。剖面图的用途主要有：

（1）主要表示建筑物内部垂直方向的结构形式、分层情况、内部构造及各部位的高度等，用于指导施工。

（2）编制工程预算时，与平、立面图配合计算墙体、内部装修等的工程量。

2. 建筑剖面图的主要内容

剖面图主要包括以下内容：

（1）图名、比例及定位轴线。剖面图的图名与底层平面图所标注的剖切位置符号的编号一致。在剖面图中，应标出被剖切的各承重墙的定位轴线及与平面图一致的轴线编号。

（2）表示出室内底层地面到屋顶的结构形式、分层情况。在剖面图中，断面的表示方法与平面图相同。断面轮廓线用粗实线表示，钢筋混凝土构件的断面可涂黑表示。其他没被剖切到的可见轮廓线用中实线表示。

（3）标注各部分结构的标高和高度方向尺寸。剖面图中应标注出室内外地面、各层楼面、楼梯平台、檐口、女儿墙顶面等处的标高。其他结构则应标注高度尺寸。高度尺寸分为三道：第一道是总高尺寸，标注在最外边；第二道是层高尺寸，主要表示各层的高度；第三道是细部尺寸，表示门窗洞、阳台、勒脚等的高度。

（4）文字说明某些用料及楼、地面的做法等。需画详图的部位，还应标注出详图索引符号。

五、建筑详图的识读

建筑详图是把房屋的某些细部构造及构配件用较大的比例（如 1∶20，1∶10，1∶5 等）将其形状、大小、材料和做法详细表达出来的图样，简称详图或大样图、节点图。常用的详图一般有墙身、楼梯、门窗、厨房、卫生间、浴室、壁橱及装修详图（吊顶、墙裙、贴面）等。

1. 建筑详图的分类及特点

建筑详图分为局部构造详图和构配件详图。局部构造详图主要表示房屋某一局部构造做法和材料的组成，如墙身详图、楼梯详图等。构配件详图主要表示构配件本身的构造，如门、窗、花格等详图。

建筑详图具有以下特点：

（1）图形详图：图形采用较大比例绘制，各部分结构应表达详细，层次清楚，但又要详而不繁。

（2）数据详图：各结构的尺寸要标注完整齐全。

（3）文字详图：无法用图形表达的内容采用文字说明，要详尽清楚。

详图的表达方法和数量可根据房屋构造的复杂程度而定。有的只用一个剖面详图就能表达清楚（如墙身详图），有的需加平面详图（如楼梯间、卫生间），或用立面详图（如门窗详图）。

2. 外墙身详图识读

外墙身详图实际上是建筑剖面图的局部放大图。它主要表示房屋的屋顶、檐口、楼层、地面、窗台、门窗顶、勒脚、散水等处的构造以及楼板与墙的连接关系。

3. 楼梯详图识读

楼梯是房屋中比较复杂的构造，目前多采用预制或现浇钢筋混凝土结构。楼梯由楼梯段、休息平台和栏板（或栏杆）等组成。

楼梯详图一般包括平面图、剖面图及踏步栏杆详图等。它们表示出楼梯的形式，踏步、平台、栏杆的构造、尺寸、材料和做法。楼梯详图分为建筑详图与结构详图，并分别绘制。对于比较简单的楼梯，建筑详图和结构详图可以合并绘制，编入建筑施工图和结构施工图。

（1）楼梯平面图

一般每一层楼都要画一张楼梯平面图。三层以上的房屋，若中间各层的楼梯位置及其梯段数、踏步数和大小相同时，通常只画底层、中间层和顶层三个平面图。

楼梯平面图实际是各层楼梯的水平剖面图，水平剖切位置应在每层上行第一梯段及门窗洞口的任一位置处。各层（除顶层外）被剖到的梯段，按“国标”规定，均在平面图中以一根45°折断线表示。

在各层楼梯平面图中应标注该楼梯间的轴线及编号，以确定其在建筑平面图中的位置。底层楼梯平面图还应注明楼梯剖面图的剖切符号。

平面图中要注出楼梯间的开间和进深尺寸、楼地面和平台面的标高及各细部的详细尺寸。通常把梯段长度尺寸与踏面数、踏面宽的尺寸合写在一起。

（2）楼梯剖面图

假想用一铅垂平面通过各层的一个梯段和门窗洞将楼梯剖开，向另一未剖到的梯段方向投影，所得到的剖面图，即为楼梯剖面图。

楼梯剖面图表达出房屋的层数，楼梯梯段数，步级数以及楼梯形式，楼地面、平台的构造及与墙身的连接等。

若楼梯间的屋面没有特殊之处，一般可不画。

楼梯剖面图中还应标注地面、平台面、楼面等处的标高和梯段、楼层、门窗洞口的高度尺寸。楼梯高度尺寸标注法与平面图梯段长度标注法相同。如 $10 \times 150 = 1\,500$，10 为步级数，表示该梯段为 10 级，150 为踏步高度。

楼梯剖面图中也应标注承重结构的定位轴线及编号。对需画详图的部位标注出详图索引符号。

（3）节点详图

楼梯节点详图主要表示栏杆、扶手和踏步的细部构造。

六、建筑施工图的分类

1. 施工图的分类

一套完整的施工图按各专业内容不同，一般分为：

（1）图纸目录。说明各专业图纸名称、张数、编号。其目的是便于查阅。

（2）设计说明。主要说明工程概况和设计依据。包括建筑面积、工程造价；有关的地质、水文、气象资料；采暖通风及照明要求；建筑标准、荷载等级、抗震要求；主要施工技术和材料使用等。

（3）建筑施工图（简称建施）。它的基本图纸包括：建筑总平面图、平面图、立面图和剖面图等；它的建筑详图包括墙身剖面图、楼梯详图、浴厕详图、门窗详图及门窗表，以及各种装修、构造做法、说明等。在建筑施工图的标题栏内均注写建施××号，可供查阅。

(4) 结构施工图（简称结施）。它的基本图纸包括：基础平面图、楼层结构平面图、屋顶结构平面图、楼梯结构图等；它的结构详图有：基础详图，梁、板、柱等构件详图及节点详图等。在结构施工图的标题内均注写结施××号，可供查阅。

(5) 设备施工图（简称设施）。设施包括三部分专业图纸：

① 给水排水施工图。主要表示管道的布置和走向，构件做法和加工安装要求。图纸包括平面图、系统图、详图等。

② 采暖通风施工图。主要表示管道布置和构造安装要求。图纸包括平面图、系统图、安装详图等。

③ 电气施工图。主要表示电气线路走向及安装要求。图纸包括平面图、系统图、接线原理图以及详图等。

在这些图纸的标题栏内分别注写水施××号、暖施××号、电施××号，以便查阅。

2. 施工图编排顺序

《房屋建筑制图统一标准》(GB/T 50001—2010)对工程施工图的编排顺序作了如下规定："工程图纸应按专业顺序编排。一般应为图纸目录、总图、建筑图、结构图、给水排水图、暖通空调图、电气图……各专业的图纸，应该按图纸内容的主次关系、逻辑关系，有序排列。"

3. 工程施工图阅读应注意的问题

(1) 施工图是根据投影原理绘制的，用图纸表明房屋建筑的设计及构造做法。所以要看懂施工图，应掌握投影原理和熟悉房屋建筑的基本构造。

(2) 施工图采用了一些图例符号以及必要的文字说明，共同把设计内容表现在图纸上。因此要看懂施工图，还必须记住常用的图例符号。

(3) 看图时要注意从粗到细，从大到小。先粗看一遍，了解工程的概貌，然后再细看。细看时应先看总说明和基本图纸，然后再深入看构件图和详图。

(4) 一套施工图是由各工种的许多张图纸组成的，各图纸之间是互相配合紧密联系的。图纸的绘制大体是按照施工过程中不同的工种、工序分成一定的层次和部位进行的，因此要有联系地、综合地看图。

(5) 结合实际看图。根据实践、认识、再实践、再认识的规律，看图时联系生产实践，就能比较快地掌握图纸的内容。

七、结构施工图的识读

结构施工图是表示建筑物的承重构件（如基础、承重墙、梁、板、柱等）的布置、形状大小、内部构造和材料做法等的图纸。

结构施工图的主要用途：

(1) 结构施工图是施工放线，构件定位，支模板，轧钢筋，浇筑混凝土，安装梁、板、柱等构件以及编制施工组织设计的依据。

(2) 编制工程预算和工料分析的依据。

建筑结构按其主要承重构件所采用的材料不同，一般可分为钢结构、木结构、砖石结构和钢筋混凝土结构等。不同的结构类型，其结构施工图的具体内容及编排方式也各有不同，但一般都包括三部分:①结构设计说明;②结构平面图;③构件详图。

结构构件的种类繁多,为了便于绘图和读图,在结构施工图中常用代号来表示构件的名称。构件代号一般用大写的汉语拼音字母表示。常用构件的名称代号见表12-1。

表12-1 常用构件代号

序号	名 称	代号	序号	名 称	代号	序号	名 称	代号
1	板	B	13	圈梁	QL	25	承台	CT
2	屋面板	WB	14	过梁	GL	26	设备基础	SJ
3	空心板	KB	15	连系梁	LL	27	桩	ZH
4	槽形板	CB	16	基础梁	JL	28	挡土墙	DQ
5	折板	ZB	17	楼梯梁	TL	29	地沟	DG
6	密肋板	MB	18	框架梁	KL	30	柱间支撑	ZC
7	楼梯板	TB	19	框支梁	KZL	31	垂直支撑	CC
8	盖板或沟盖板	GB	20	屋面框架梁	WKL	32	水平支撑	SC
9	挡雨板或檐口板	YB	21	檩条	LT	33	梯	T
10	吊车安全走道板	DB	22	屋架	WJ	34	雨篷	YP
11	墙板	QB	23	托架	TJ	35	阳台	YT
12	天沟板	TGB	24	天窗架	CJ	36	梁垫	LD

注:(1) 预制钢筋混凝土构件、现浇钢筋混凝土构件、钢构件和木构件,一般可直接采用本表中的构件代号。在绘图中,当需要区别上述构件的材料种类时,可在构件代号前加注材料代号,并在图纸中加以说明。

(2) 预应力钢筋混凝土构件的代号,应在构件代号前加注"Y—",如Y—DL表示预应力钢筋混凝土吊车梁。

当采用标准、通用图集中的构件时,应用该图集中的规定代号或型号注写。

(1) 基础结构图识读

基础结构图或称基础图,是表示建筑物室内地面(±0.000)以下基础部分的平面布置和构造的图样,包括基础平面图、基础详图和文字说明等。

基础详图是用放大的比例画出的基础局部构造图,它表示基础不同断面处的构造做法、详细尺寸和材料。

(2) 楼层结构平面图识读

楼层结构平面图是假想沿着楼板面(结构层)把房屋剖开所作的水平投影图。它主要表示楼板、梁、柱、墙等结构的平面布置,现浇楼板、梁等的构造、配筋以及各构件间的联结关系。一般由平面图和详图组成。

(3) 屋顶结构平面图识读

屋顶结构平面图是表示屋顶承重构件布置的平面图,它的图示内容与楼层结构平面图基本相同,对于平屋顶,因屋面排水的需要,承重构件应按一定坡度铺设,并设置天沟、上人孔、屋顶水箱等。

八、钢筋混凝土构件结构详图识读

结构平面图只是表示房屋各楼层的承重构件的平面布置,而各构件的真实形状、大小、内部结构及构造并未表达出来。为此，还需画结构详图。

钢筋混凝土构件是指用钢筋混凝土制成的梁、板、桩、屋架等构件。按施工方法不同可分为现浇钢筋混凝土构件和预制钢筋混凝土构件两种。钢筋混凝土构件详图一般包括模板图、配筋图、预埋件详图及配筋表。配筋图又分为立面图、断面图和钢筋详图，主要用来表示构件内部钢筋的级别、尺寸、数量和配置，它是钢筋下料以及绑扎钢筋骨架的施工依据。模板图主要用来表示构件外形尺寸以及预埋件、预留孔的大小及位置，它是模板制作和安装的依据。

钢筋混凝土构件结构详图主要包括以下主要内容：

（1）构件详图的图名及比例。

（2）详图的定位轴线及编号。

（3）阅读结构详图，亦称配筋图。配筋图表明结构内部的配筋情况，一般由立面图和断面图组成。梁、柱的结构详图由立面图和断面图组成，板的结构图一般只画平面图或断面图。

（4）模板图，是表示构件的外形或预埋件位置的详图。

（5）构件构造尺寸、钢筋表。

九、建筑工程施工图常用图例

建筑工程施工图中常用总平面图图例见表 12-2。

表 12-2　总平面图常用图例

序号	名　称	图　例	备　注
1	新建建筑物	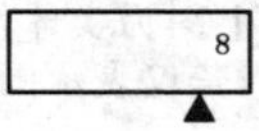 8	（1）需要时，可用▲表示出入口，可在图形内右上角用点数或数字表示层数 （2）建筑物外形（一般以±0.00 高度处的外墙定位轴线或外墙面线为准）用粗实线表示。需要时，地面以上建筑用中粗实线表示，地面以下建筑用细虚线表示
2	原有建筑物	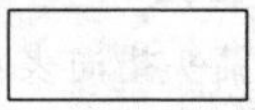	用细实线表示
3	计划扩建的预留地或建筑物		用中粗虚线表示
4	拆除的建筑物	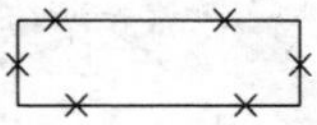	用细实线表示
5	建筑物下面的通道	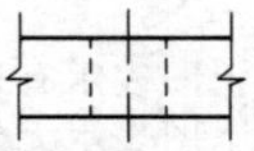	
6	散状材料露天堆场	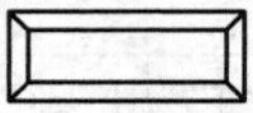	需要时可注明材料名称
7	其他材料露天堆场或露天作业场	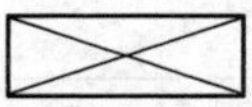	

续表 12-2

序号	名 称	图 例	备 注
8	铺砌场地		
9	敞棚或敞廊		
10	高聚式料仓		
11	漏斗式贮仓		左、右图为底卸式 中图为侧卸式
12	冷却塔(池)		应注明冷却塔或冷却池
13	水塔、贮罐		左图为水塔或立式贮罐 右图为卧式贮罐
14	水池、坑槽、孔洞		也可以不涂黑
15	明溜矿槽(井)		
16	斜井或平洞		
17	烟囱		实线为烟囱下部直径,虚线为基础,必要时可注写烟囱高度和上、下口直径
18	围墙及大门		上图为实体性质的围墙,下图为通透性质的围墙,若仅表示围墙时不画大门
19	挡土墙		被挡土在“突出”的一侧
20	挡土墙上没围墙		
21	台 阶		箭头指向表示向下
22	露天桥式起重机		“+”为柱子位置
23	露天电动葫芦		“+”为支架位置
24	门式起重机		上图表示有外伸臂 下图表示无外伸臂
25	架空索道		“I”为支架位置
26	斜坡卷扬轨道		

续表 12-2

序号	名　称	图　例	备　注
27	斜坡栈桥(皮带廊等)	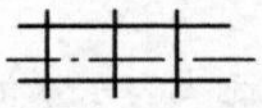	实线表示支架中心线位置
28	坐标	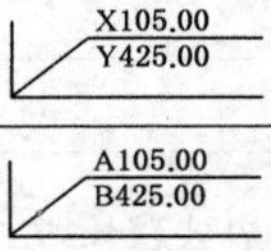 X105.00 Y425.00 A105.00 B425.00	上图表示测量坐标 下图表示建筑坐标
29	方格网交叉点标高	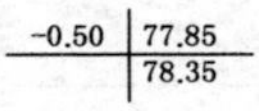 -0.50 77.85 78.35	"78.35"为原地面标高 "77.85"为设计标高 "－0.50"为施工高度 "－"表示挖方("＋"表示填方)
30	填方区、挖方区 未整平区及零点线	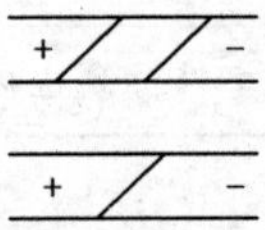 + − + −	"＋"表示填方区 "－"表示挖方区 中间为未整平区 点画线为零点线
31	填挖边坡		(1) 边坡较长时,可在一端或两端局部表示 (2) 下边线为虚线时表示填方
32	护坡		
33	分水脊线与谷线	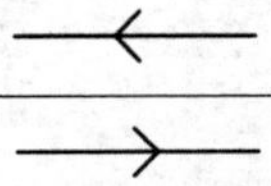	上图表示脊线 下图表示谷线
34	洪水淹没线		阴影部分表示淹没区(可在底图背面涂红)
35	地面排水方向		
36	截水沟或排水沟	 1 40.00	"1"表示1%的沟底纵向坡度,"40.00"表示变坡点间距离,箭头表示水流方向
37	排水明沟	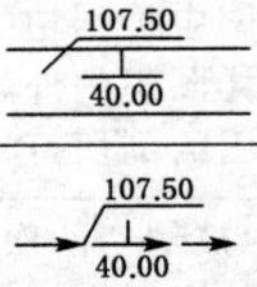 107.50 40.00 107.50 40.00	(1) 上图用于比例较大的图面,下图用于比例较小的图面 (2) "1"表示1%的沟底纵向坡度,"40.00"表示变坡点间距离,箭头表示水流方向 (3) "107.50"表示沟底标高
38	铺砌的排水明沟	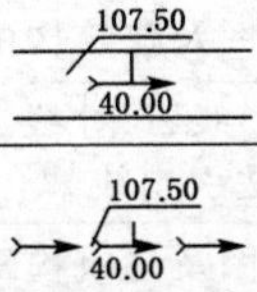 107.50 40.00 107.50 40.00	(1) 上图用于比例较大的图面,下图用于比例较小的图面 (2) "1"表示1%的沟底纵向坡度,"40.00"表示变换点间距离,箭头表示水流方向 (3) "107.50"表示沟底标高
39	有盖的排水沟	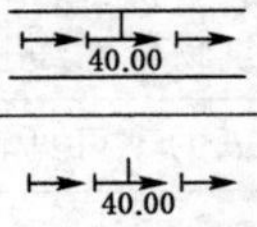 40.00 40.00	(1) 上图用于比例较大的图面,下图用于比例较小的图面 (2) "1"表示1%的沟底纵向坡度,"40.00"表示变坡点间距离,箭头表示水流方向
40	雨水口		
41	消火栓井		

续表 12-2

序号	名　称	图　例	备　注
42	急流槽		箭头表示水流方向
43	跌水		
44	拦水(闸)坝		
45	透水路堤		边坡较长时,可在一端或两端局部表示
46	过水路面		
47	室内标高	151.00(±0.00)	
48	室外标高	●143.00 ▼143.00	室外标高也可采用等高线表示

第二节　建筑工程制图

一、图线

工程建设制图常用图线,见表 12-3。

表 12-3　图线

名称	线型	线宽	用　途
粗实线		b	(1) 平、剖面图中被剖切的主要建筑构造(包括构配件)的轮廓线 (2) 建筑立面图或室内立面图的外轮廓线 (3) 建筑构造详图中被剖切的主要部分的轮廓线 (4) 建筑构配件详图中的外轮廓线 (5) 平、立、剖面图的剖切符号
中实线		$0.5b$	(1) 平、剖面图中被剖切的次要建筑构造(包括构配件)的轮廓线 (2) 建筑平、立、剖面图中建筑构配件的轮廓线 (3) 建筑构造详图及建筑构配件详图中的一般轮廓线
细实线		$0.25b$	小于 $0.5b$ 的图形线、尺寸线、尺寸界线、图例线、索引符号、标高符号、详图材料做法引出线
中虚线		$0.5b$	(1) 建筑构造详图及建筑构配件不可见的轮廓线 (2) 平面图中的起重机(吊车)轮廓线 (3) 拟扩建的建筑物轮廓线
细虚线		$0.25b$	图例线、小于 $0.5b$ 的不可见轮廓线
粗点画线		b	起重机(吊车)轨道线
细点画线		$0.25b$	中心线、对称线、定位轴线
折断线		$0.25b$	不需画全的断开界线

二、图纸幅面及图框尺寸

根据《建筑制图标准》的规定，图纸幅面的规格分为 0、1、2、3、4 共五种。图纸幅面尺寸应符合表 12-4 中的规定，在一套施工图中应以一种规格的图纸幅面为主。在特殊情况下，允许加长 1～3 号图纸的长度和宽度，零号图纸只能加长长边。

表 12-4　图纸幅面尺寸

尺寸代号	幅　画　代　号				
	A0	A1	A2	A3	A4
$B\times L$	841×1 189	594×841	420×594	297×420	210×297
c	10			5	
a	25				

从图 12-1 中可以看出加长幅面尺寸是由基本幅面的短边成整数倍增加后得出。

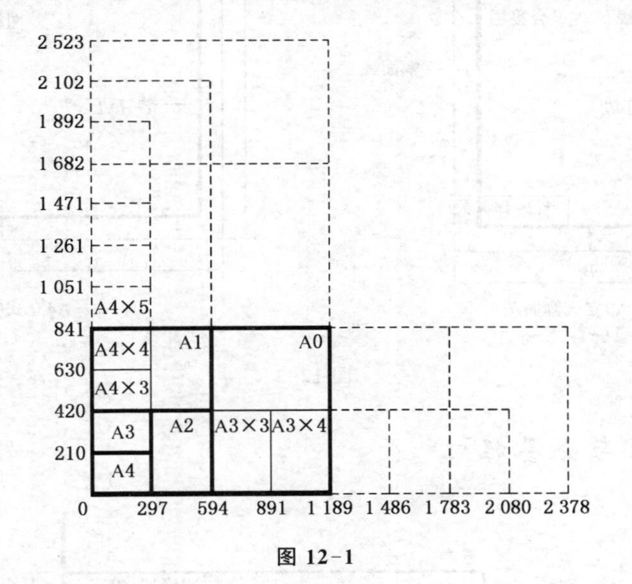

图 12-1

三、图框格式

图纸上限定绘图区域的线框称为图框，图框用粗实线绘制。其格式分为留装订边和不留装订边两种，但同一工程的图样只能采用一种格式。建筑制图一般采用留装订边的格式。

加长幅面的图框尺寸，按所选的基本幅面大一号的图框尺寸确定。

图纸幅面分为横式和立式两种，其中以短边作为垂直边的称为横式(即 X 型幅面)，以短边作为水平边的称为立式(即 Y 型幅面)。一般 A0～A3 图纸宜使用横式；必要时，也可使用立式。其幅面装订格式见图 12-2。

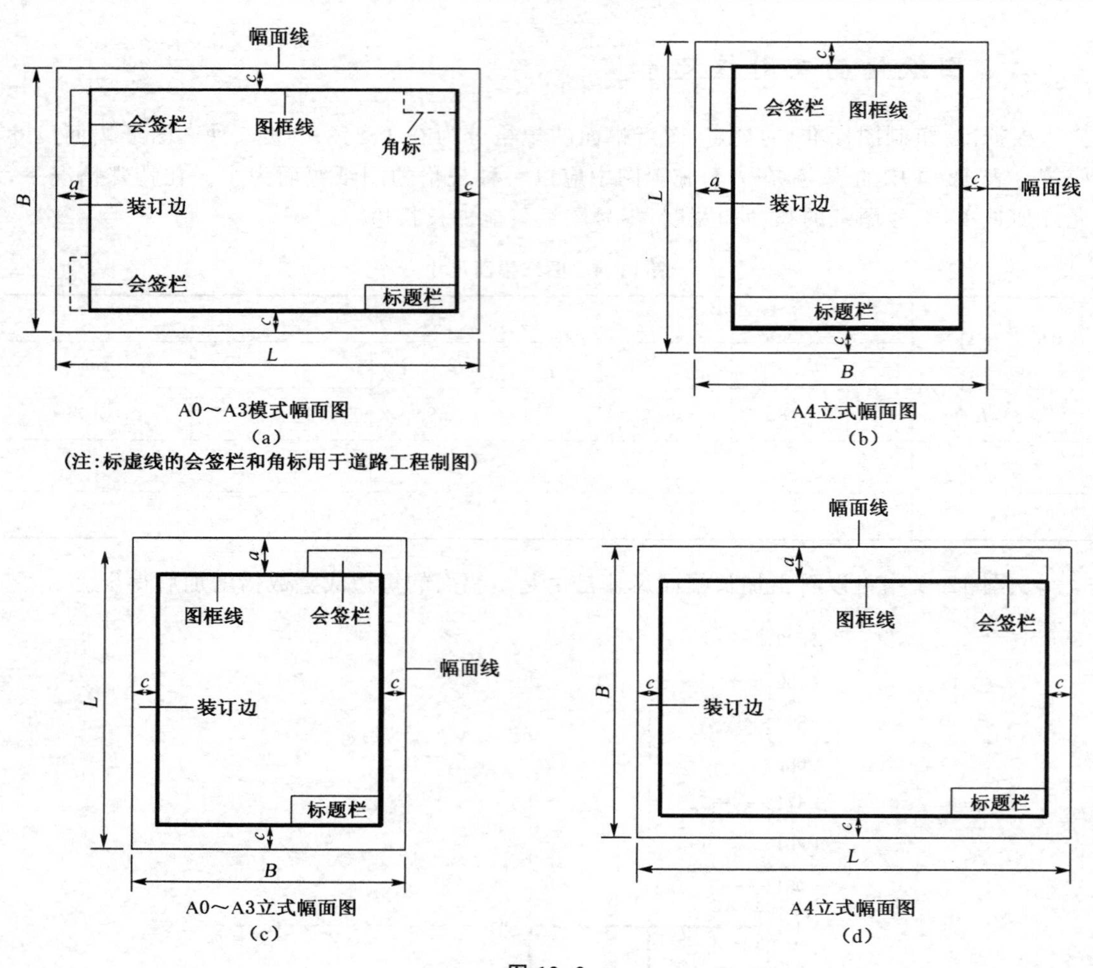

图 12-2

四、标题栏与会签栏

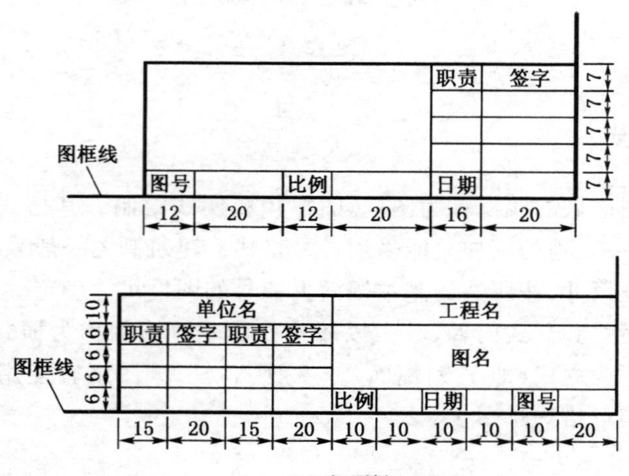

(a) 标题栏(mm)

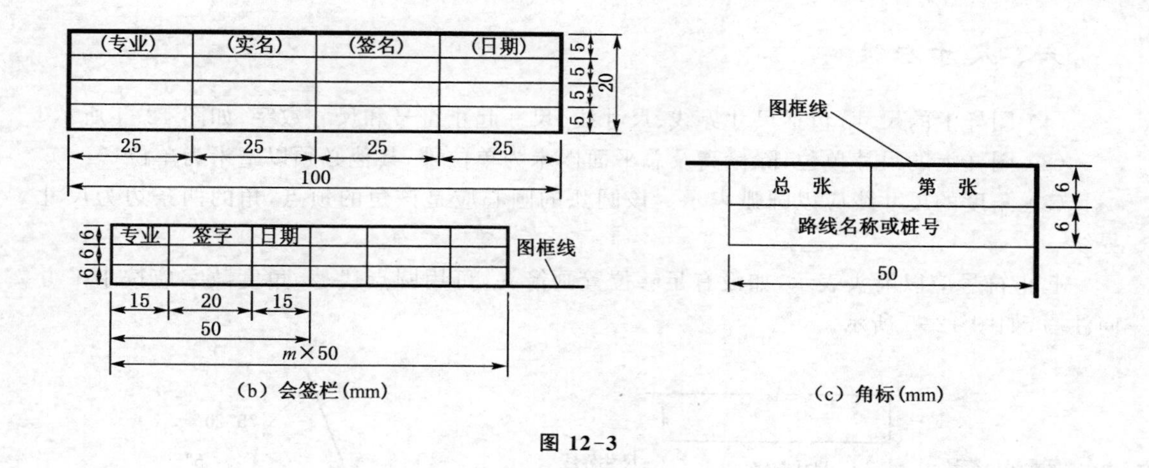

(b) 会签栏(mm)

(c) 角标(mm)

图 12-3

五、图纸比例

1. 建筑制图常用比例

表 12-5　建筑制图常用比例

常用比例	1∶1,1∶2,1∶5,1∶10,1∶20,1∶50,1∶100,1∶150,1∶200,1∶500,1∶1 000,1∶2 000,1∶5 000,1∶10 000,1∶20 000,1∶50 000,1∶100 000,1∶200 000
可用比例	1∶3,1∶4,1∶6,1∶15,1∶25,1∶30,1∶40,1∶60,1∶80,1∶250,1∶300,1∶400,1∶600

2. 各平面图制图比例

表 12-6　各平面图制图比例

图　　名	常　用　比　例
总平面图、土方图、排水图	1∶500,1∶1 000,1∶2 000
总平面专业断面图	1∶100,1∶200,1∶1 000,1∶2 000
平面图、剖面图、立面图	1∶50,1∶100,1∶200
次要平面图	1∶300,1∶400
详图	1∶1,1∶2,1∶5,1∶10,1∶20,1∶25,1∶50
建筑给排水平面图	1∶200,1∶150,1∶100
建筑给排水轴测图	1∶150,1∶100,1∶50

3. 建筑结构图制图比例

表 12-7　建筑结构图制图比例

图　　名	常用比例	可用比例
结构平面图	1∶50,1∶100	1∶60
基础平面图	1∶150,1∶200	
圈梁平面图	1∶200,1∶500	1∶300
详图	1∶10,1∶20	1∶5,1∶25,1∶4

六、尺寸标注

(1) 图样上的尺寸,包括尺寸界线、尺寸线、尺寸起止符号和尺寸数字,如图 12-4 所示。

(2) 图样上的尺寸单位,除标高及总平面以米为单位外,其他必须以毫米为单位。

(3) 角度的尺寸线应以圆弧表示。该圆弧的圆心应是该角的顶点,角的两条边为尺寸界线。

起止符号应以箭头表示,如没有足够位置画箭头,可用圆点代替,角度数字应按水平方向注写,如图 12-5 所示。

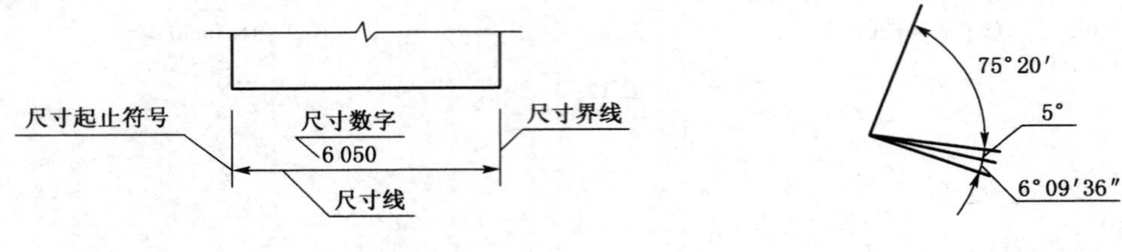

图 12-4　尺寸的组成　　图 12-5　角度标注方法

(4) 标注圆弧的弧长时,尺寸线应以与该圆弧同心的圆弧线表示,尺寸界线应垂直于该圆弧的弦,起止符号用箭头表示,弧长数字上方应加注圆弧符号"⌒"(图 12-6),弦长标注方法如图 12-7 所示。

图 12-6　弧长标注方法　　图 12-7　弦长标注方法

(5) 在薄板板面标注板厚尺寸时,应在厚度数字前加厚度符号"t",如图 12-8 所示。

(6) 标注正方形的尺寸,可用"边长×边长"的形式,也可在边长数字前加正方形符号"□",如图 12-9 所示。

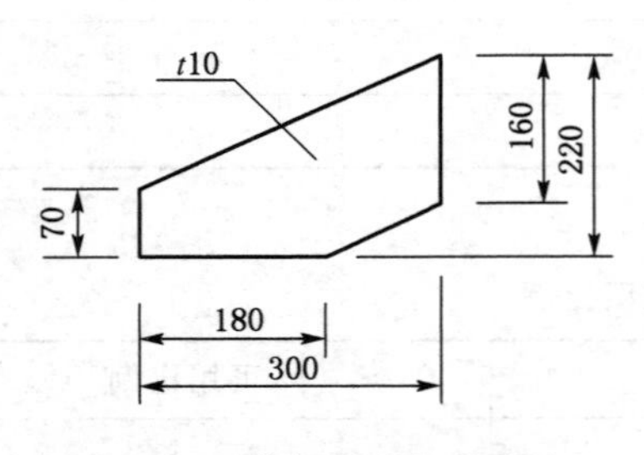

图 12-8　薄板厚度标注方法

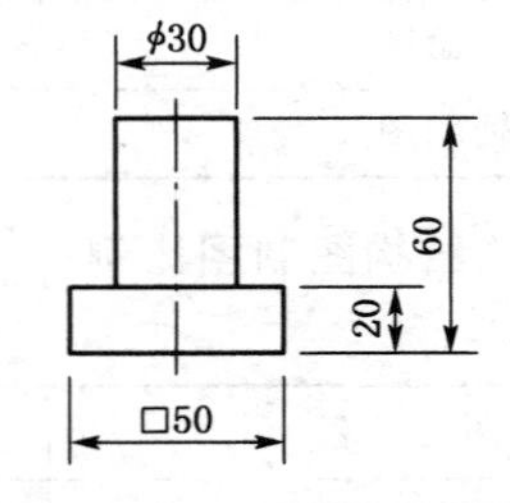

图 12-9　标注正方形尺寸

(7) 标注坡度时,应加注坡度符号"↼",如图 12-10(a)、(b)所示,该符号为单面箭头,箭头应指向下坡方向。

坡度也可用直角三角形形式标注,如图 12-10(c)所示。

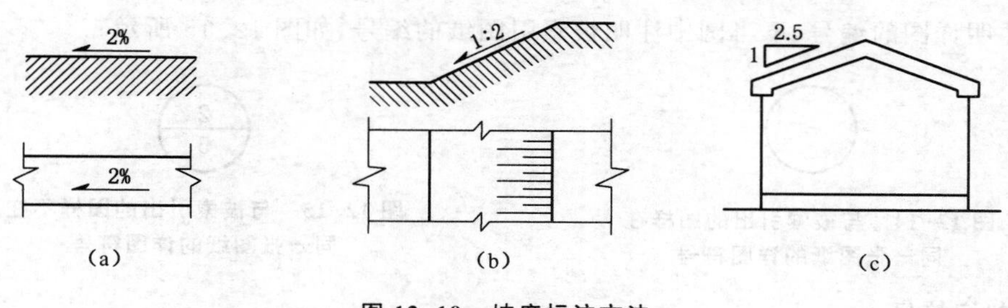

图 12-10　坡度标注方法

七、符号

1. 索引符号、详图符号

图样中的某一局部或构件，如需另见详图时，以索引符号索引，如图 12-11(a)所示。索引符号由直径为 8～10 mm 的圆和水平直径组成，圆和水平直径用细实线表示。索引出的详图与被索引出的详图同在一张图纸时，在索引符号的上半圆中用阿拉伯数字注明该详图的编号，在下半圆中间画一段水平细实线，如图 12-11(b)所示。索引出的详图与被索引出的详图不在同一张图纸时，在索引符号的上半圆中用阿拉伯数字注明该详图的编号，在下半圆中用阿拉伯数字注明该详图所在图纸的编号，如图 12-11(c)所示。数字较多时，也可加文字标注。索引出的详图采用标准图时，在索引符号水平直径的延长线上加注该标准图册的编号，如图 12-11(d)所示。

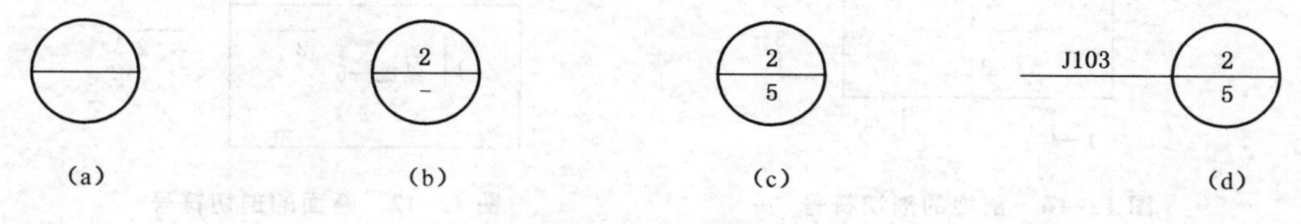

图 12-11　索引符号

索引符号用于索引剖视详图时，在被剖切的部位绘制剖切位置线，并用引出线引出索引符号，引出线所在的一侧即为投射方向，如图 12-12 所示。索引符号的编号同上。

零件、钢筋、杆件等的编号用阿拉伯数字按顺序编写，以直径为 5～6 mm 的细实线圆表示，如图 12-13 所示，同一图样圆的直径要相同。

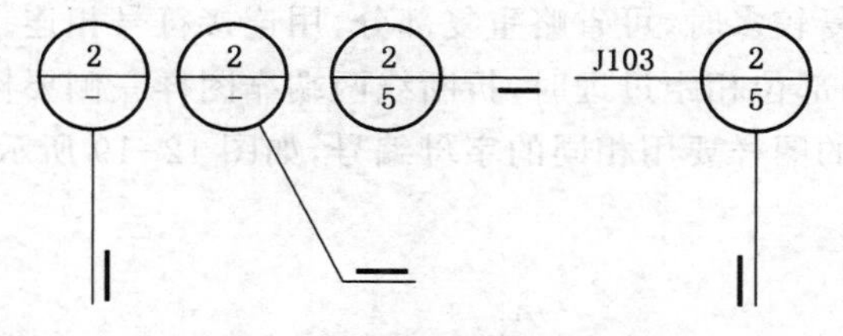

图 12-12　用于索引剖面详图的索引符号

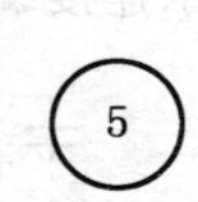

图 12-13　零件、杆件等的编号

详图符号的圆用直径为 14 mm 的粗实线表示，当详图与被索引出的图样在同一张图纸内时，在详图符号内用阿拉伯数字注明该详图编号，如图 12-14 所示。

当详图与被索引出的图样不在同一张图纸时，用细实线在详图符号内画一水平直径，上半圆中注明详图的编号，下半圆中注明被索引图纸的编号，如图 12-15 所示。

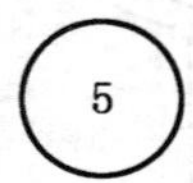

图 12-14　与被索引出的图样在同一张图纸的详图符号

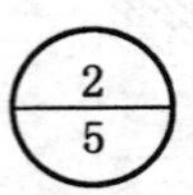

图 12-15　与被索引出的图样不在同一张图纸的详图符号

2. 剖切符号

施工图中剖视的剖切符号用粗实线表示，它由剖切位置线和投射方向线组成。剖切位置线的长度大于投射方向线的长度(图 12-16)，一般剖切位置线的长度为 6～10 mm，投射方向线的长度为 4～6 mm。剖视剖切符号的编号为阿拉伯数字，顺序由左至右、由上至下连续编排，并注写在剖视方向线的端部(图 12-16)。需转折的剖切位置线，在转角的外侧加注与该符号相同的编号，如图 12-16 中 3—3 剖切线。构件剖面图的剖切符号通常标注在构件的平面图或立面图上。

断面的剖切符号用粗实线表示，且仅用剖切位置线而不用投射方向线。断面的剖切符号编号所在的一侧为该断面的剖视方向，如图 12-17 所示。

剖面图或断面图与被剖切图样不在同一张图纸内时，在剖切位置线的另一侧标注其所在图纸的编号，或在图纸上集中说明。

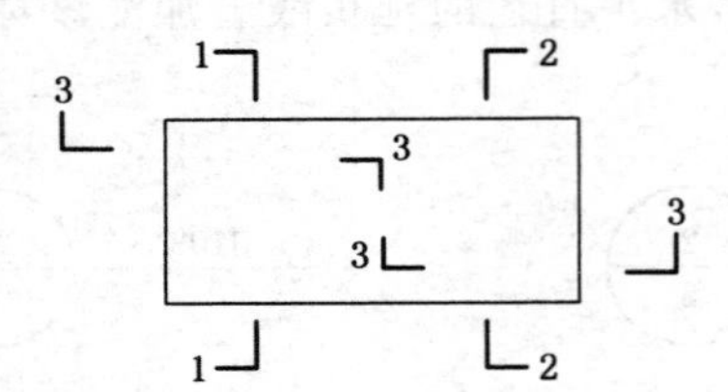

图 12-16　剖视的剖切符号

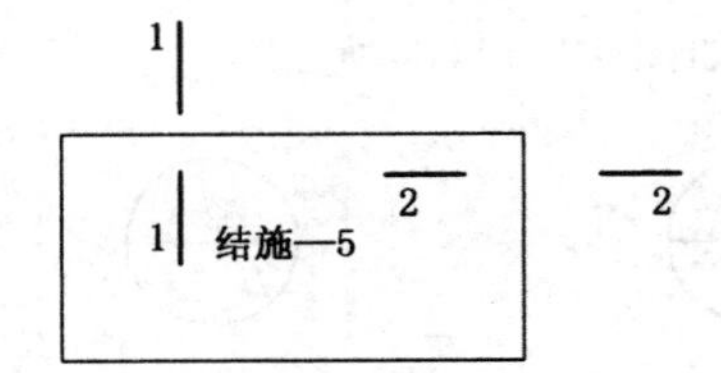

图 12-17　断面的剖切符号

3. 对称符号

施工图中的对称符号由对称线和两端的两对平行线组成。对称线用细点画线表示，平行线用细实线表示。平行线长度为 6～10 mm，每对平行线的间距为 2～3 mm，对称线垂直平分于两对平行线，两端超出平行线 2～3 mm，如图 12-18 所示。

4. 连接符号

施工图中，当构件详图的纵向较长、重复较多时，可省略重复部分，用连接符号相连。连接符号用折断线表示所需连接的部位，当两部位相距过远时，折断线两端靠图样一侧要标注大写拉丁字母表示连接编号。两个被连接的图样要用相同的字母编号，如图 12-19 所示。

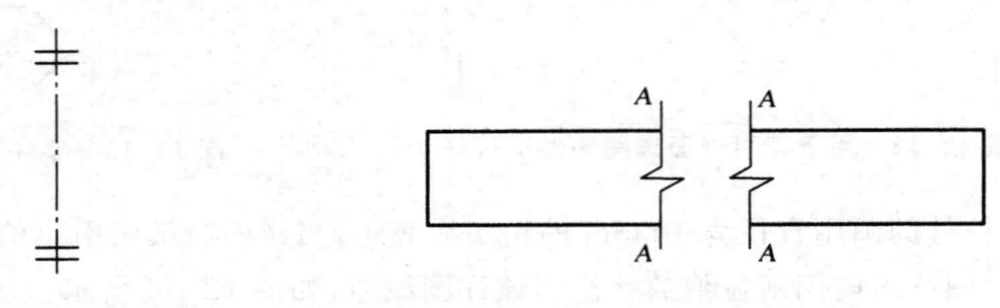

图 12-18　对称符号　　　　图 12-19　连接符号

5. 引出线

施工图中的引出线用细实线表示，它由水平方向的直线或与水平方向成30°、45°、60°、90°的直线和经上述角度转折的水平直线组成。文字说明注写在水平线的上方或端部，如图12-20(a)、(b)所示；索引详图的引出线与水平直径线相连接，如图12-20(c)所示。

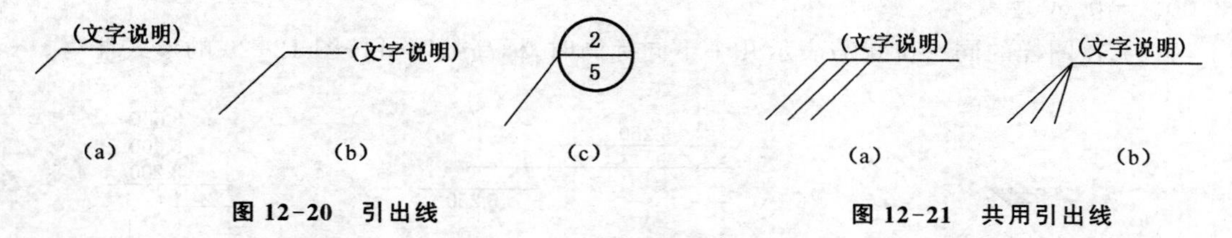

图 12-20　引出线　　图 12-21　共用引出线

同时引出几个相同部分的引出线，引出线可相互平行，也可集中于一点，如图12-21所示。

多层构造或多层管道共用的引出线要通过被引出的各层。文字说明注写在水平线的上方或端部，说明的顺序由上至下，与被说明的层次一致。如层次为横向排序时，则由上至下的说明顺序与由左至右的层次相一致，如图12-22所示。

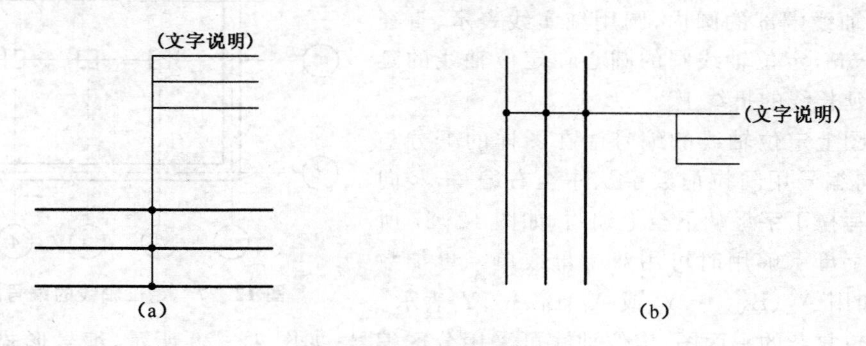

图 12-22　多层构造引出线

八、标高

(1) 标高符号用直角等腰三角形形式绘制，如图12-23(a)、(b)所示。标高符号的具体画法如图12-23(c)、(d)所示。

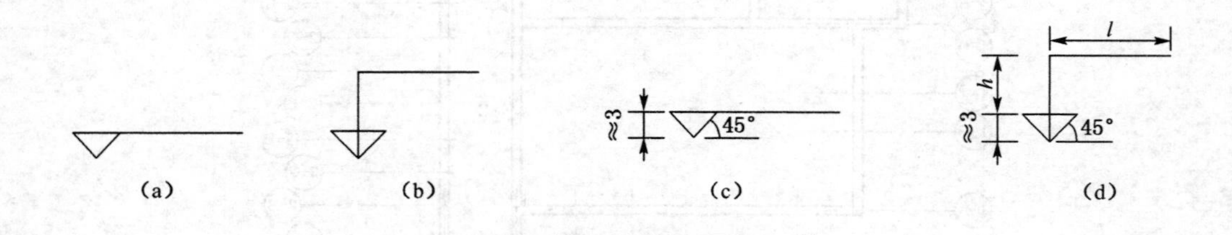

图 12-23　标高符号

l—取适当长度注写标高数字；h—根据需要取适当高度

(2) 总平面图室外地坪标高符号，宜用涂黑的三角形表示，如图12-24所示。

(3) 标高符号的尖端应指至被注高度的位置。尖端一般应向下，也可向上。标高数字应注写在标高符号的左侧或右侧，如图 12-25 所示。

(4) 标高数字应以“m”为单位，注写到小数点以后第三位。在总平面图中，可注写到小数点以后第二位。

(5) 零点标高应注写成±0.000，正数标高不注“＋”，负数标高应注“－”，例如 3.000、－0.600。

(6) 在图样的同一位置需表示几个不同标高时，标高数字可按图 12-26 的形式注写。

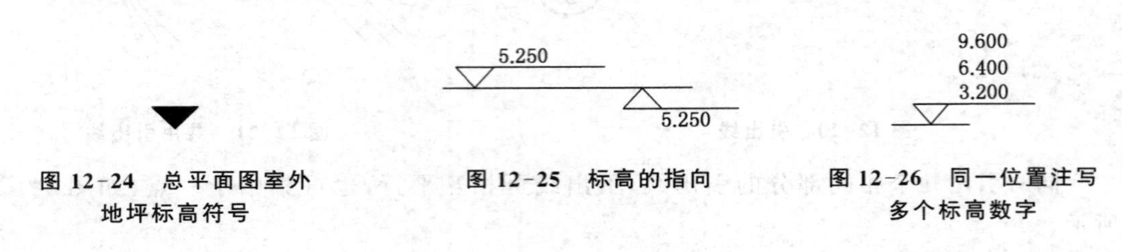

图 12-24　总平面图室外地坪标高符号　　图 12-25　标高的指向　　图 12-26　同一位置注写多个标高数字

九、定位轴线

施工图中的定位轴线用细点画线表示，轴线的编号写在轴线端部的圆内，圆用细实线表示，直径为 8～10 mm，定位轴线圆的圆心在定位轴线的延长线上或延长线的折线上。

平面图上定位轴线的编号注在图样的下方与左侧，横向编号用阿拉伯数字从左至右编写，竖向编号用大写拉丁字母从下至上编写，如图 12-27 所示。拉丁字母不够用时可用双字母或单字母加数字角标，如用 A_A、B_A、…、Y_A 或 A_1、B_1、…、Y_1 表示。

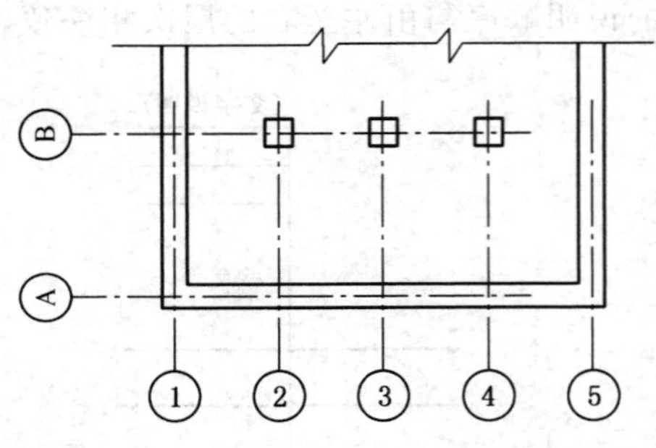

图 12-27　定位轴线的编号顺序

组合较复杂的平面图，定位轴线可采用分区编号，如图 12-28 所示，编号形式为“分区号—该分区编号”。分区号用阿拉伯数字或大写拉丁字母表示。

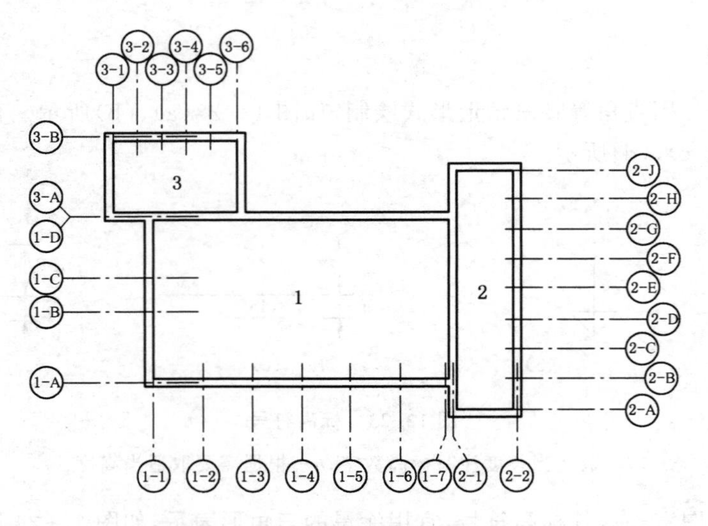

图 12-28　定位轴线的分区编号

附加定位轴线的编号用分数表示，两根轴线间的附加轴线，分母表示前一轴线的编号，分子表示附加轴线的编号，如图 12-29(a)、(b)所示。1 号轴线和 A 号轴线之前的附加轴线的分母用 01 或 0A 表示，如图 12-29(c)、(d)所示。

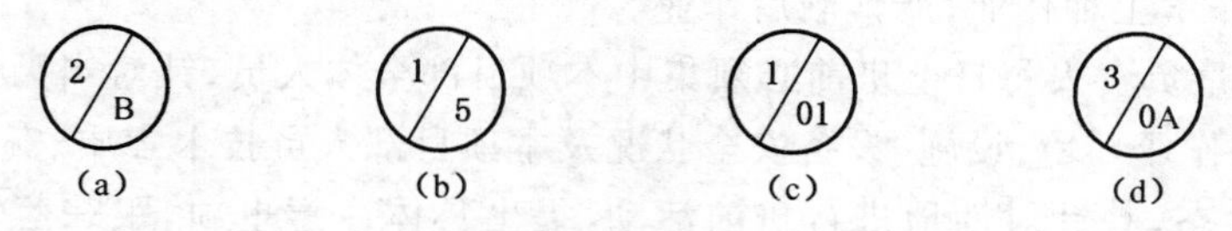

图 12-29　附加定位轴线的编号

当一个详图适用于几根轴线时，同时注明各有关轴线的编号，图 12-30(a)用于 2 根轴线，图 12-30(b)用于 3 根或 3 根以上轴线，图 12-30(c)用于 3 根以上连续编号轴线。通用详图的定位轴线只画圆，不注写轴线编号。

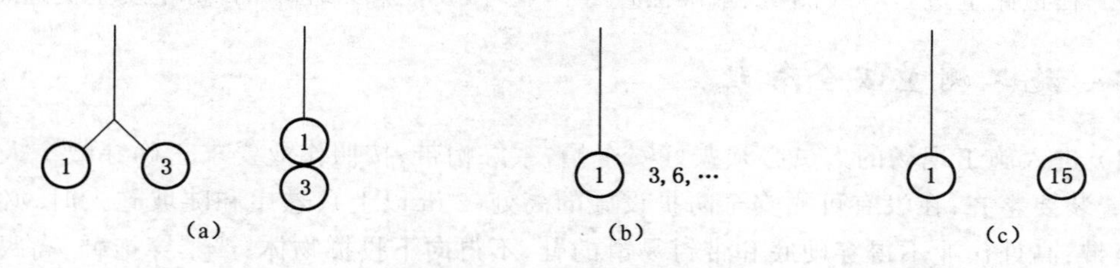

图 12-30　详图的轴线编号

圆形平面图的定位轴线编号，径向轴线用阿拉伯数字，从左下角开始按逆时针顺序编写，圆周轴线用大写拉丁字母，从外向内顺序编写，如图 12-31 所示。

折线形平面图的定位轴线编号，如图 12-32 所示。

需注意的是，结构平面图中的定位轴线与建筑平面图或总平面图中的定位轴线应一致，同时结构平面图要标注结构标高。

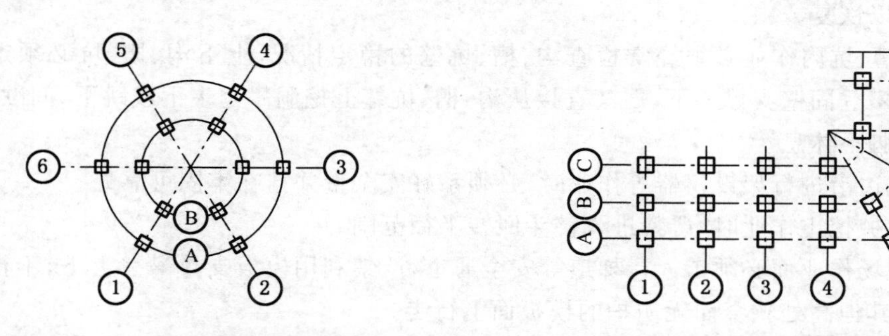

图 12-31　圆形平面图定位轴线的编号　　**图 12-32　折线形平面图定位轴线的编号**

第三节　工程施工测量安全管理

一、一般安全要求

(1) 进入施工现场的作业人员，必须首先参加安全教育培训，考试合格后方可上岗作业,未经培训或考试不合格者不得上岗作业。

(2) 不满18周岁的未成年工,不得从事工程测量工作。

(3) 作业人员服从领导和安全检查人员的指挥,工作时思想集中,坚守作业岗位,未经许可,不得从事非本工种作业,严禁酒后作业。

(4) 施工测量负责人每日上班前必须集中本项目部全体人员,针对当天任务,结合安全技术措施内容和作业环境、设施、设备安全状况及本项目部人员技术素质、安全知识、自我保护意识及思想状态,有针对性地进行班前活动,提出具体注意事项,跟踪落实,并做好活动记录。

(5) 六级以上强风和下雨、下雪天气,应停止露天测量作业。

(6) 作业中出现不安全险情时,必须立即停止作业,组织撤离危险区域,报告领导解决,不准冒险作业。

(7) 在道路上进行导线测量、水准测量等作业时,要注意来往车辆,防止发生交通事故。

二、施工测量安全管理

(1) 进入施工现场的人员必须戴好安全帽,系好帽带;按照作业要求正确穿戴个人防护用品,着装要整齐;在没有可靠安全防护设施的高处(2 m以上)、悬崖和陡坡施工时,必须系好安全带;高处作业不得穿硬底和带钉易滑的鞋,不得向下投掷物体;严禁穿拖鞋、高跟鞋进入施工现场。

(2) 在施工现场行走要注意安全,避让现场施工车辆,避免发生事故。

(3) 施工现场不得攀登脚手架、井字架、龙门架、外用电梯,禁止乘坐非乘人的垂直运输设备上下。

(4) 施工现场的各种安全设施、设备和警告、安全标志等未经领导同意不得任意拆除和随意挪动。确因测量通视要求等需要拆除安全网等安全设施的,要事先与总包方相关部门协商,并及时予以恢复。

(5) 在沟、槽、坑内作业必须经常检查沟、槽、坑壁的稳定情况,上下沟、槽、坑必须走坡道或梯子,严禁攀登固壁支撑上下,严禁直接从沟、槽、坑壁上挖洞攀登上下或跳下,间歇时,不得在槽、坑坡脚下休息。

(6) 在基坑边沿进行架设仪器等作业时,必须系好安全带并挂在牢固可靠处。

(7) 配合机械挖土作业时,严禁进入铲斗回转半径范围。

(8) 进入现场作业面必须走人行梯道等安全通道,严禁利用模板支撑攀登上下,不得在墙顶、独立梁及其他高处狭窄而无防护的模板面上行走。

(9) 地上部分轴线投测采用内控法作业的,在内控点架设仪器时要注意上方洞口安全,防止洞口坠物发生人员和仪器事故。

(10) 施工现场发生伤亡事故,必须立即报告领导,抢救伤员,保护现场。

三、变形测量安全管理

(1) 进入施工现场必须佩戴好安全用具,戴好安全帽并系好帽带;不得穿拖鞋、短裤及宽松衣物进入施工现场。

(2) 在场内、场外道路进行作业时，要注意来往车辆，防止发生交通事故。

(3) 作业人员处在建筑物边沿等可能坠落的区域应系好安全带，并挂在牢固位置，未到达安全位置不得松开安全带。

(4) 在建筑物外侧区域立尺等作业时，要注意作业区域上方是否交叉作业，防止上方坠物伤人。

(5) 在进行基坑边坡位移观测作业时，必须系好安全带并挂在牢固位置，严禁在基坑边坡内侧行走。

(6) 在进行沉降观测点埋设作业前，应检查所使用的电气工具，如电线橡皮套是否开裂、脱落等，检查合格后方可进行作业，操作时戴绝缘手套。

(7) 观测作业时拆除的安全网等安全设施应及时恢复。

第十三章　建筑工程施工测量

任何土木工程建设都要经过勘测、设计、施工和竣工验收等几个阶段。勘测要进行地形测量工作，提供建筑场地的地形图或数字地图，以便在已有的地形信息的基础上进行设计。施工测量贯穿于整个施工过程中，从场地平整、建立施工控制网、建(构)筑物轴线放样、基础施工，到建(构)筑物主体施工以及构件与设备的安装等，都需要进行测量，才能使建(构)筑物各部分的尺寸、位置符合设计要求。有些工程竣工后，为了便于管理、维修和改扩建，还需要进行竣工图的编绘。对于某些高大或特殊的建筑物或构筑物，还需定期地进行变形观测，以便积累资料，掌握其沉降和变形规律，为今后建(构)筑物的设计、维护和安全使用提供依据。

施工测量的主要内容包括施工控制测量、施工放样、竣工测量以及变形观测。

施工测量的基本任务是以地面控制点为基础，计算出各部分的特征点与控制点之间的距离、角度(或方位角)、高差等数据，按设计要求以一定的精度放样到地面上，作为施工的依据，并在施工过程中进行一系列的测量工作，以衔接和指导各工序间的施工。

施工测量的精度要求取决于建筑物或构筑物的大小、结构、用途和施工方法等因素。一般而言，测设的施工控制网的精度高于测图控制网的精度。在施工过程中，测量控制点的使用非常频繁，而且控制点范围小、密度大，因此，测量控制点应埋设在稳固、安全、醒目、便于使用和保存的地方。高层建筑物的测设精度高于低层建筑物；钢结构建筑物测设精度高于其他结构；装配式建筑物的测设精度高于非装配式；连续性自动设备厂房的测设精度高于独立厂房。此外，由于建筑物、构筑物的各部位相对位置关系的精度要求较高，因而工程的细部放样精度要求往往高于整体放样精度。对于同一建筑物，主轴线的测设如果有些误差，那也只是使整个建筑物的位置产生微小的偏移，但是一旦主轴线确定以后，相对于主轴线的细部位置则要求较严。因此，测设细部的精度往往比测设主轴线的精度高。这是与测图工作不一样的。施工测量精度不够会造成质量事故，但是精度要求过高会导致人力、物力的浪费。因此，应选择合适的施工测量精度。

施工测量原则：由于施工现场各种建(构)筑物布置灵活，分布较广，并且往往又不是同时开工兴建。为了保证各个建筑物、构筑物的平面位置和高程都符合设计要求，有统一的精度并互相连成统一的整体，施工测量和测绘地形图一样，也要遵循“从整体到局部，先控制后细部”的原则，即先在施工现场建立统一的平面控制网和高程控制网，然后以此为基础，测设出各个建筑物和构筑物的位置。除应遵循上述原则外，施工测量中的检校工作也很重要，必须采取各种不同方法随时对外业和内业工作进行检校，以保证施工质量。

施工测量准备工作：现代土木工程规模大，施工进度快，测量精度要求高，所以在施工测量前应做好一系列准备工作。在施工测量之前，应建立健全的测量组织和检查制度，并核对设计图纸，检查总尺寸和分尺寸是否一致，总平面图和各细部尺寸是否一致，不符之处要向设计单位提出，进行修正。然后对施工现场进行实地踏勘，根据实际情况编制测设详细计划，计算测设数据，并反复核对。对施工测量所使用的仪器、工具应进行检验、校正，否则不能使用，同时对测量人员进行安全培训，采取必要的安全措施等。

施工测量是直接为工程施工服务的，它必须与施工组织计划相协调。测量人员应与设计、施工人员密切联系，了解设计内容、性质及对测量精度的要求，随时掌握工程进度及现场的变动，使施工测量的速度和精度满足施工的需要。

第一节　民用建筑施工测量

一、测设前的准备工作

(1) 熟悉图纸。

(2) 总平面图——建筑物总体位置定位的依据。

(3) 建筑平面图、基础平面图、基础详细图——施工放线的依据。

(4) 立面图、剖面图——高程测设的依据。

(5) 现场踏勘，校核平面、高程控制点。

(6) 制订测设方案，绘制测设略图，计算测设数据。

二、民用建筑物的定位

1. 定义

将建筑物的外廓(墙)轴线交点(简称角桩)测设到地面上，为建筑物的放线及细部放样提供依据。

2. 定位方法

(1) 直角坐标法或极坐标法定位——有建筑基线、建筑方格网或导线时。

(2) 根据已有建筑物定位——无控制网时。

从已建建筑物引出 ab——延长 ab 得建筑基线 cd——拨角、量边得角桩——检查角度和边长，以满足要求(如：1/5 000)。注意：测设时要考虑待建的建筑物墙的厚度。

三、民用建筑物的放线

1. 内容

(1) 根据定位出的角桩，来详细测设建筑物各轴线的交点桩(中心桩)。

(2) 延长轴线，撒出基槽开挖白灰线。

2. 延长轴线的方法

(1) 龙门板法(如图 13-1)——适用于小型民用建筑。

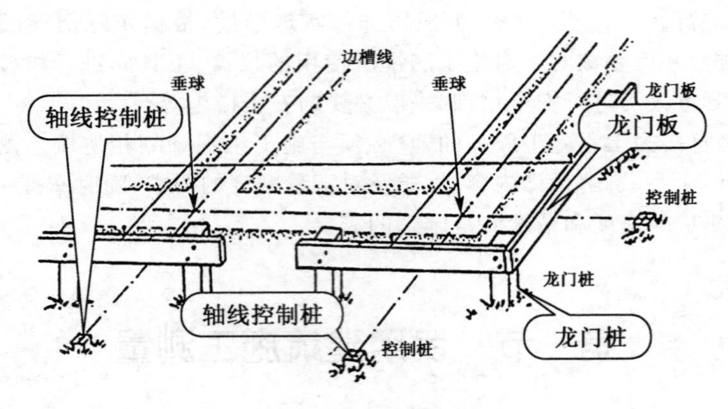

图 13-1　龙门板法

(2) 引桩法——适用于大型民用建筑。

四、基础施工的测量工作

控制基槽开挖深度，不得超挖基底。当基槽挖到离槽底 0.3～0.5 m 时，用高程放样的方法在槽壁上钉水平控制桩。

五、墙体各部位标高控制

在墙体砌筑施工中，墙身上各部位的标高通常是用皮数杆来控制和传递的。皮数杆应根据建筑物剖面图画有每块砖和灰缝的厚度，并注明墙体上窗台、门窗洞口、过梁、雨篷、圈梁、楼板等构件高度位置。在墙体施工中，用皮数杆可以控制墙身各部位构件的准确位置，并保证每批砖灰缝厚度均匀，每批砖都处在同一水平面上。皮数杆一般都立在建筑物拐角和隔墙处，如图 13-2 所示。

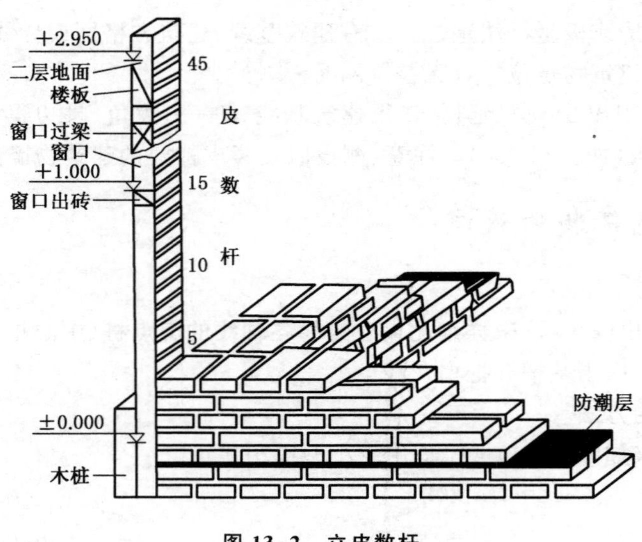

图 13-2　立皮数杆

立皮数杆时，先在地面上打一木桩，用水准仪测出±0.000标高位置，并画一横线作为标志；然后，把皮数杆上的±0.000线与木桩上±0.000对齐，钉牢。皮数杆钉好后要用水准仪进行检测，并用垂球来校正皮数杆的垂直。

为了施工方便，采用里脚手架砌砖时，皮数杆应立在墙外侧，如采用外脚手架时，皮数杆应立在墙内侧，如系框架或钢筋混凝土柱间墙时，每层皮数杆可直接画在构件上，而不立皮数杆。

第二节　高层建筑物施工测量

一、高层建筑物轴线的投测

1. 经纬仪投测法

(1) 选择中心轴线(主轴线)

在距高楼较远处钉出轴线控制桩。基础完工后，将其投测到楼底部，并标定，如 a、a'、b、b'四点。

(2) 向上投测中心轴线

分别照准 a、a'、b、b'四点，用盘左盘右取平均的方法，向楼房各层投测中心轴线点。

(3) 轴线引桩

为避免投测时仰角过大而影响测设精度，须把轴线再延长到距建筑物更远处或附近大楼的屋顶上。

注意：经纬仪要经过严格检校，特别是照准部水准管、横轴要与竖轴垂直。

2. 激光铅直仪投测法

每条轴线至少要两个投测点，投测点距轴线500～800 mm为宜，且在每层投测点处要预留洞(300 mm×300 mm)。

(1) 激光铅直仪的构造

激光铅直仪的构造如图13-3所示。

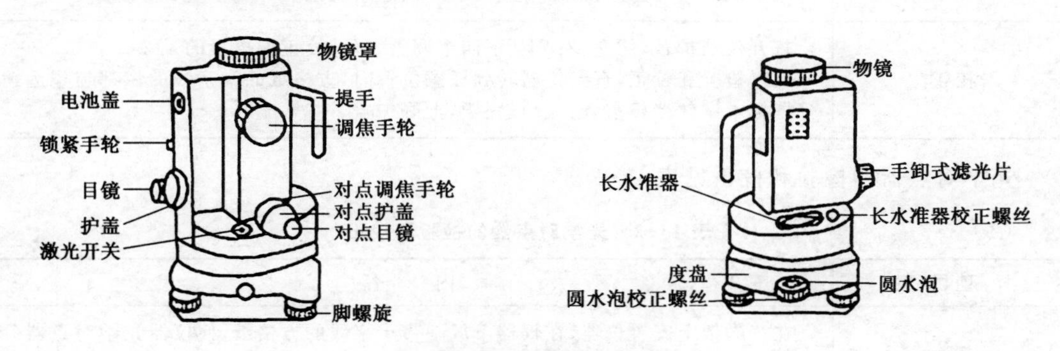

图13-3　激光铅直仪的构造

(2) 激光铅直仪的使用

仪器用来测量相对铅垂线的微小水平偏差，进行铅垂线的点位传递，物体垂直轮廓的测量以及方位的垂直传递。

仪器广泛用于高层建筑施工、高塔、烟囱、电梯、大型机械设备的施工安装、工程监理和变形观测等。

激光铅直仪的使用方法如下所述。

① 对中,整平

在基准点上架设三脚架,使三脚架架头大致水平,将仪器安放在三脚架上,用脚螺旋使圆水准器及长水准器气泡居中,在三脚架架头上平移仪器使对点器对准基准点,此时长水准器气泡仍应居中。否则,平移仪器或伸缩三脚架架腿使长水准器气泡居中,同时光学对点器也能对准基准点。

② 垂准测量

瞄准目标,在测量处安放方格形激光靶。旋转望远镜目镜至能清晰地看见分划板的十字丝,旋转调焦手轮,使激光靶清晰地成像在分划板的十字丝上,此时眼睛做上、下、左、右移动,激光靶的像与十字丝无任何相对位移即无视差。

③ 光学垂准测量

通过望远镜读取激光靶的读数,此数即为测量值。欲提高测量精度可按下列方法进行:旋转度盘,对好度盘 0°,读取并记下激光靶刻线读数,分别旋转仪器到 90°、180°、270°再分别读取并记下激光靶刻线读数,取上述四组读数的平均值为其测量值。

④ 激光垂准测量

按下激光开关,此时应有激光发出,直接读取激光靶上激光光斑中心处的读数,此值即为测量值。

(3) 仪器的检验与校正

望远镜视准轴与竖轴重合的检验和校正见表 13-1。

表 13-1 望远镜视准轴与竖轴重合的检验和校正

项目	内　　容
检验	在一定高度(高度越高,检验和校正越精确)处放一带十字线的方格纸,在方格纸下方架设仪器,使仪器精确对准方格纸的十字线,仪器转动 180°,如果方格纸的十字线的像与望远镜十字丝有偏移,需进行校正
校正	打开仪器护盖,用左、右、上、下四个调整螺丝,校正偏离量的 1/2 反复检验和校正,直到仪器转到任意位置时,方格纸的十字线的像都与望远镜分划板十字丝严格重合。校正完毕,上好护盖

光学对点器的检验和校正见表 13-2。

表 13-2 光学对点器的检验和校正

项目	内　　容
检验	在三脚架上安置仪器,在仪器下放一带十字线的方格纸,使仪器光学对点器分划板圆圈中心与方格纸的十字线中心重合,仪器转动 180°,如果方格纸的十字线中心的像与对点器分划板中偏离量大于 1 mm,需要进行校正
校正	打开仪器对点器的对点护盖,用左、右、上、下四个调整螺丝校正偏离量的1/2,反复检验和校正,直到仪器转到任意位置时,方格纸的十字丝的像都与对点器分划十字丝严格重合(偏离量不大于 1 mm)。校正完毕,上好对点护盖

激光光轴与望远镜视准轴同焦的检验和校正见表13-3。

表13-3　激光光轴与望远镜视准轴同焦的检验和校正

项目	内　容
检验	在一定高度（高度越高，检验和校正越精确）处放一带十字线的方格纸，在方格纸下方架设仪器，旋转望远镜目镜至能清晰看见分划板的十字丝，旋转调焦手轮，使方格纸清晰地成像在分划板的十字丝上。此时眼睛做上、下、左、右移动，方格纸的像与十字丝无任何相对位移即无视差，这样，调焦完毕。按下激光开关，此时方格纸上的激光光斑应最小。微动调焦手轮使激光光斑最小，然后在望远镜处眼睛做上、下、左、右移动，方格纸的像与十字丝应无任何相对位移即无视差，如果有视差，应校正
校正	关闭激光，旋转望远目镜至能清晰看见分划板的十字丝，旋转调焦手轮，使方格纸清晰地成像在分划的十字丝上，此时眼睛做上、下、左、右移动，方格纸的像与十丝无任何相对位移即无视差，这样，调焦完毕。按下激光开关，点亮激光，拧下护盖，拧下电池盖上的锁紧手轮，两手指按住激光护罩并向外取出激光护罩，松开紧定螺丝，微量调整激光座上的四个压紧螺丝，使方格纸上的激光光斑最小，反复检验和校正，直到符合要求为止。最后，拧紧紧定螺丝

3. 吊线坠投测法

受风力影响大，要设挡风板。

注意：控制竖向偏差，即精确向上引测轴线。竖向误差在本层内不得超过5 mm，全楼累积不得超过20 mm。

二、高层建筑的高程传递

常用方法有：用钢尺沿墙身直接丈量、用钢尺和水准仪的吊钢尺法。

高层建筑施工的高程传递与多层建筑高程传递方法相同，可以采用皮数杆传递高程、利用钢尺直接传递高程、吊钢尺法和普通水准仪测量法等。对于超高层建筑，吊钢尺有困难时，可采用测距仪量测法。一般是在投测点或电梯井安置全站仪，通过对天顶方向测距的方法来引测高程，如图13-4所示。其具体操作步骤如下：

(1) 在首层投测点安置全站仪，获取仪器相对首层＋50 mm标高线的仪器高 a_1。方法是将照准轴水平，读取立在首层＋50 mm标高线上的水准尺的读数即为仪器高。

(2) 测量仪器至引测层（第 i 层）的距离 d_i。图13-4全站仪测距法传递高程作业方法是在引测层的垂准孔上设置棱镜，将望远镜指向天顶测距。棱镜设置在一块制作好的铁板上，大小为40 cm×40 cm，中间开一个直径30 mm的圆孔，测距时使圆孔对准测距光线，见图13-4附图，计算时应考虑此时的棱镜常数 k。

(3) 引测第 i 层＋50 mm标高线。作业方法是在引测层（第 i 层）设置水准仪，在铁板和引测层（第 i 层）＋50 mm标高线处各立一水准尺，读取 a_i 和 b_i 后，设第 i 层楼面的设计高为 H_i，则有方程：

$$a_1 + d_i + k + (a_i - b_i) = H_i$$

由上式可求出 b_i：$b_i = a_1 + d_i + k + (a_i - H_i)$。求出 b_i 后，指挥水准尺上下移动，读数为 b_i 时，沿水准尺底部在墙画线，即可得第 i 层＋50 mm标高线。

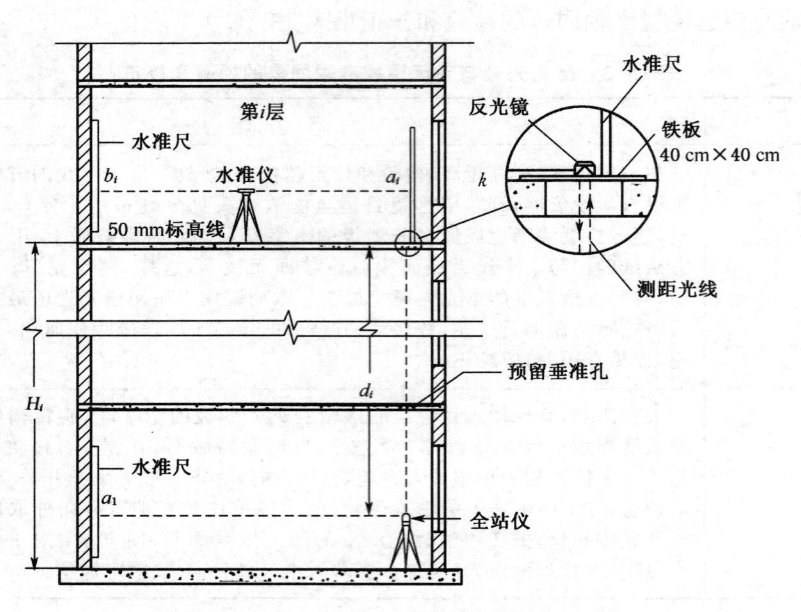

图 13-4 全站仪测距法引测高程

第三节 沉降测量

沉降测量是观测建(构)筑物的基础和建(构)筑物本身在垂直方向上的位移,也称为垂直位移测量。沉降测量最常用的方法是水准测量,有时也采用液体静力水准测量。对于工业与民用建筑,沉降测量的主要内容有场地沉降观测、基坑回弹观测、地基土分层沉降观测、建筑物基础及建筑物本身的沉降观测等;桥梁沉降观测主要包括桥墩、桥面、索塔及桥梁两岸边坡的沉降观测;对于混凝土坝沉降观测主要有坝体、临时围堰及船闸的沉降观测等。

建筑物施工过程中,随着上部结构的逐步建成、地基荷载的逐步增加将使建筑物产生下沉现象,建筑物的下沉是逐渐产生的,并将延续到竣工交付使用后的相当长一段时期。因此建筑物的沉降观测应按照沉降产生的规律进行,沉降观测在高程控制网的基础上进行。

一、水准点布设

建筑物周围一定距离远的、基础稳固、便于观测的地方,布设一些专用水准点,建筑物上能反映沉降情况的位置设置一些沉降观测点,根据上部荷载的加载情况,每隔一定的时期观测基准点与沉降观测点之间的高差一次,据此计算与分析建筑物的沉降规律。

1. 专用水准点的设置

专用水准点分水准基点和工作基点。每一个测区的水准基点不应少于 3 个,对于小测区,当确认点位稳定可靠时可少于 3 个,但连同工作基点不得少于 2 个。

水准基点的标石,应埋设在基岩层或原状土层中,在建筑区内,点位与邻近建筑物的距离应大于建筑物基础最大宽度的 2 倍,其标石埋深应大于邻近建筑物基础的深度。

在建筑物内部的点位,其标石埋深应大于地基土压层的深度、水准基点的标石,可根据点位所在处的不同地质条件选埋基岩水准基点标石。

工作基点与联系点布设的位置应视构网需要确定，工作基点位置与邻近建筑物的距离不得小于建筑物基础深度的1.5～2倍。工作基点与联系点也可设置在稳定的永久性建筑物墙体或基础上。工作基点的标石，可按点位的不同要求选用浅埋钢管水准标石、混凝土普通水准标石或墙角墙上水准标志等。水准标石埋设后，应达到稳定后方可开始观测。

2. 沉降观测点的设置

在建筑物上布设一些能全面反映建筑物地基变形特征并结合地质情况及建筑结构特点确定，点位应选择在下列位置：

(1) 建筑物的四角、大转角处及沿外墙每10～15 cm处或每隔2～3根桩基上。

(2) 高低层建筑物、新旧建筑物、纵横墙等交接处的两侧。

(3) 建筑物裂缝和沉降缝两侧、基础埋深相差悬殊处、人工地基与天然地基接壤处、不同结构的分界处及填挖方分界处。

(4) 宽度大于等于15 m或小于15 m而地质复杂以及膨胀土地区的建筑物，在承重内隔墙中部设内墙点，在室内地面中心及四周设地面点。

(5) 邻近堆置重物处、受振动有显著影响的部位及基础下的暗浜(沟)处。

(6) 框架结构建筑物的每个或部分柱基上或沿纵横轴线设点。

(7) 片筏基础、箱形基础底板或接近基础的结构部分之四角处及其中部位置。

(8) 重型设备基础和动力设备基础的四角、基础型式或埋深改变处以及地质条件变化处两侧。

(9) 电视塔、烟囱、水塔、油罐、炼油塔、高炉等高耸建筑物，沿周边在与基础轴线相交的对称位置上布点，点数不少于4个。

沉降观测标志，可根据不同的建筑结构类型和建筑材料，采用墙(柱)标志、基础标志和隐藏式标志(用于宾馆等高级建筑物)，各类标志的立足部位应加工成半球，形成有明显的突出点，并涂上防腐剂。

标志埋设位置应避开如雨水管、窗台线、暖气片、暖水片、暖水管、电气开关等有碍设标与观测的障碍物，并应视立足需要离开塔(柱)面和地面一定距离。

二、高差观测

高差观测宜采用水准测量方法，要求如下：

1. 水准网的布设

对于建筑物较少的测区，宜将水准点连同观测点按单一层次布设；对于建筑物较多且分散的大测区，宜按两个层次布网，即由水准点组成高程控制网、观测点与所联测的水准点组成扩展网。高程控制网应布设为闭合环、结点网或附合高程路线。

2. 水准测量的等级划分

水准测量划分为特级、一级、二级和三级。

3. 水准测量精度等级的选择

水准测量的精度等级是根据建筑物最终沉降量的观测中误差来确定的，建筑物的沉降量分绝对沉降量和相对沉降量

4. 沉降观测的成果处理

沉降观测成果处理的内容是对水准测量成果进行严密的平差计算，求出观测点每次观测

高程的平差值,计算相邻两次观测之间的沉降量和累积沉降量,分析沉降量与增加荷载的关系。

第四节 位移观测

位移测量包括建筑主体倾斜、建筑水平位移、基坑壁侧向位移、场地滑坡及挠度等观测,这里主要介绍建筑物水平位移观测方法。位移观测的标志应根据不同建筑的特点进行设计,标志应牢固、适用、美观。若受条件限制或对于高耸建筑,也可选定变形体上特征明显的塔尖、避雷针、圆柱(球)体边缘等作为观测点。对于基坑等临时性结构或岩土体,标志应坚固、耐用、便于保护。位移观测可根据现场作业条件和经济因素选用视准线法、测角交会法或方向差交会法、极坐标法、激光准直法、投点法、测小角法、测斜法、正倒垂线法、激光位移计自动测记法、GPS法、激光扫描法或近景摄影测量法等。位移观测一般是在平面控制网的基础上进行的,所以,平面基准点、工作基点标志的形式及埋设应符合规范规定;平面控制测量可采用边角测量、导线测量、GPS测量及三角测量、三边测量等形式。三维控制测量可使用GPS测量及边角测量、导线测量、水准测量和电磁波测距三角高程测量的组合方法。

位移观测是在平面控制网的基础上进行的。

一、平面控制网的布设

(1) 对于建筑物地基基础及场地的位移观测,它按两个层次布设,即由控制点组成控制网、由观测点及所联测的控制点组成扩展网:对于单个建筑物上部或构件的位移观测,可将控制点连同观测点按单一层次布设。

(2) 控制网可采用测角网、测边网、边角网或导线网;扩展网和单一层次布网可采用角交会、边交会、边角交会、基准线或附合导线等形式。各种布设均应考虑变形强度,长短边不宜差距过大。

(3) 基准点(包括控制网的基线端点、单独设置的基准点)、工作基点(包括控制网中的工作基点、基准线端点、导线端点、交会法的测站点等)以及联系点、检核点和走向点,应根据不同布设方式与构形,每一测区的基准点不应少于2个,每一测区的工作基点亦不应少于2个。

(4) 平面控制点标志的型式及埋设应符合下列要求:

① 对特级、一级、二级及有需要的三级位移观测的控制点,应建造观测墩或埋设专门观测标石,并应根据使用仪器和照准标志的类型顾及观测精度要求,配备强制对中装置。

② 照准标志应具有明显的几何中心或轴线,并应符合图像反差大、图案对称、相位差小和本身不变形等要求。根据点位不同情况可选用重力平衡球式标、旋入式杆状标、直插式觇牌、屋顶标和墙上标等形式的标志。

(5) 平面控制网的精度等级

用于一般工程位移观测的平面控制网分为一、二、三级,可以采用测角网、测边网或导线网的形式布设。

(6) 平面控制网精度等级的选择

平面控制网的精度等级是根据建筑物最终位移的观测中误差来确定的。位移量分绝对位移量 s 和相对位移量 Δs。

绝对位移一般是根据设计、施工要求,并参照同类或类似项目的经验,选取平面控制网的精度等级。

相对位移(如基础的位移差、转动挠曲等)、局部地基位移(如受基础施工影响的位移、挡土设施位移等)的观测中误差 $m\Delta s$,均不应超过其变形允许值分量的 1/20;建筑物整体性变形(如建筑物的顶部水平位移、全高垂直度偏差、工程设施水平轴线偏差等)的观测中误差,不应超过其变形允许值分量的 1/10。

结构段变形(如高层建筑层间相对位移、竖直构件的挠度、垂直偏差、工程设施水平轴线偏差等)的观测中误差,不应超过其变形允许值分量的 1/6。

平面控制网的平差计算应采用严密平差法进行。

二、建筑物主体倾斜观测

建筑物的位移观测包括主体倾斜观测、水平位移观测、裂缝观测、挠度观测、日照变形观测、风振观测和场地滑坡观测,本节只介绍主体倾斜观测的方法。

主体倾斜观测是测定建筑物顶部相对于底部或各层间上层相对于下层的水平位移与高差,分别计算整体或分层的倾斜度、倾斜方向以及倾斜速度,对具有刚性建筑的整体倾斜,亦可通过测量顶面或基础的相对沉降间接确定。

1. 建筑物主体倾斜观测点位的布设要求

(1) 观测点应沿对应测站点的某主体竖直线,对整体倾斜按顶部、底部,对分层倾斜按分层部位、底部上下对应布设。

(2) 当从建筑物外部观测时,测站点或工作基点的点位应选在与照准目标中心连线呈接近正交或呈等分角的方向线上距照准目标 1.5～2.0 倍目标高度的固定位置处;当利用建筑物内竖向通道观测时,可将通道底部中心点作为测站点。

(3) 按纵横轴线或前方交会布设的测站点,每点应选设 1～2 个定向点。基线端点的选设应顾及其测距或丈量的要求。

2. 观测点位的标志设置

(1) 建筑物顶部和墙体上的观测点标志,可采用埋入式照准标志型式。有特殊要求时,应专门设计。

(2) 不便埋设标志的塔形、圆形建筑物以及竖直构件,可以照准视线所切同高边缘认定的位置或用高度角控制的位置作为观测点位。

(3) 位于地面的测站点和走向点,可根据不同的观测要求,采用带有强制对中设备的观测墩或混凝土标石。

(4) 对于一次性倾斜观测项目,观测点标志可采用标记形式或直接利用符合位置与照准要求的建筑物特征部位,测站点可采用小标石或临时性标志。

3. 主体倾斜观测方法

根据不同的观测条件与要求,主体倾斜观测可以选用下列方法进行。

(1) 从建筑物或构件的外部观测时,宜选用下列经纬仪观测法。

① 投点法。观测时,应在底部观测点位置安置量测设施。在每测站安置经纬仪投影时,应按正倒镜法以所测每对上下观测点标志间的水平位移分量,按矢量相加法求得水平位移值和位移方向。

② 测水平均法。对塔形、圆形建筑物或构件,每站观测,应以定向点作为零方向,以所

测各观测点的方向值和至底部中心的距离，计算顶部中心相对底部中心的水平位移分量。对矩形建筑物，可在每测站直接观测顶部观测点与底部观测点之间的夹角或上层观测点与下层观测点之间的夹角，以所测角值与距离值计算整体的或分层的水平位移分量和位移方向。

③ 前方交会法。所选基线应与观测点组成最佳构形，交会角宜在 60°～120°之间。水平位移计算，可采用直接由两周期观测方向值之差解算坐标变化量的方向差交会法，亦可采用按每周期计算观测点坐标值，再以坐标差计算水平位移的方法。

4. 观测周期的确定

可视倾斜速度每 1～3 个月观测一次。如遇基础附近因大量堆载、场地降雨长期积水等而导致倾斜速度加快时应及时增加观测次数。施工期间的观测周期，可根据要求参照沉降观测的周期确定。倾斜观测应避开日照和风荷载影响大的时间段。

5. 成果提供

倾斜观测应提交倾斜观测点位布置图、观测成果表、成果图、主体倾斜曲线图和观测成果分析等资料。

第五节　道路、桥梁、隧道、水利施工测量

一、道路工程测量

勘测设计阶段，道路工程测量的内容包括初测和定测。勘测前应搜集和掌握下列基本资料：各种比例尺的地形图、航测像片，国家及有关部门设置的三角点、导线点、水准点等资料；搜集沿线自然地理概况、地质、水文、气象、地震基本烈度等资料；搜集沿线农林、水利、铁路、航运、城建、电力、通信、文物、环保等部门与本路线有关系的规划、设计、规定、科研成果等资料。然后，根据工程可行性研究报告拟定的路线基本走向方案，在 1∶10 000～1∶50 000 地形图上或航测像片上进行室内研究，经过对路线方案的初步比选，拟定出需勘测的方案（包括比较线）及需现场重点落实的问题，然后进行路线初测和定测。公路初测和定测的内容包括：路线平面控制测量、高程控制测量、带状地形图测绘、路线定线、纵横断面测量、水文调查、桥涵勘测等。

初测和定测之后便要进行施工，施工前设计单位把道路施工图通过业主移交给施工单位。道路施工图中包含道路测量的资料，如沿线的导线点资料、水准点资料、中线设计和测设资料、纵横断面资料及带状地形图等。施工单位在接到道路测量资料的同时，也必须到实地接受“交桩”工作。由设计单位将导线点、水准点和中桩点的实地位置在现场移交给施工单位，这个过程称为交桩。

公路工程施工测量是指道路工程施工过程中所要进行的各项测量工作，主要包括中线测量、纵横断面测量、路基边桩与边坡放样以及竖曲线测设等。

二、桥梁工程测量

随着现代化建设的发展，我国桥梁工程建设日益增多，随着交通运输业的发展，为了确保车辆、船舶、行人的通行安全，高等级交通线路建设日新月异，跨越河流、山谷的桥梁，以及

陆地上的立交桥和高架桥建得越来越多、越高、跨径越大。为了保证桥梁施工质量达到设计要求，测量工作在桥梁的勘测、设计、施工和营运监测中都起着重要的作用。建设一座桥梁，需要进行各种测量工作，包括勘测、施工测量、竣工测量等。在施工过程中及竣工通车后，还要进行变形观测工作。根据不同的桥梁类型和不同的施工方法，测量的工作内容和测量方法也有所不同。桥梁按其轴长度一般分为特大型（＞500 m）、大型（100～500 m）、中型（30～100 m）、小型（＜30 m）四类，其施工测量的方法和精度取决于桥梁轴线长度、桥梁结构和地形状况。桥梁施工测量的主要内容包括建立桥梁施工控制网、桥轴线长度测量、墩台中心定位、各轴线控制桩设置、墩台基础及细部施工放样等。

近代的施工方法，日益走向工厂化和拼装化，梁部构件一般都在工厂制造，在现场进行拼接和安装，这就对测量工作提出了十分严格的要求。桥梁测量的主要任务是：

（1）对桥梁中线位置桩、三角网基准点（或导线点）、水准点及其测量资料进行检查、核对，若发现标志不足、不稳妥、被移动或测量精度不符合要求时，应按规范要求补测、加固、移设或重新测校。

（2）测定墩、台的中线和基础桩的中心位置。

（3）测定锥坡、翼墙及导流构造物的位置。

（4）测定并检查各施工部位的平面位置、高程、几何尺寸等。

（5）桥梁竣工测量、变形观测。

三、隧道工程施工测量

随着现代化建设的发展，地下隧道工程日益增加，如公路隧道、铁路隧道和矿山隧道等。按所在平面线形及长度，隧道可分为特长隧道、长隧道和短隧道。直线形隧道长度在 3 000 m 以上的为特长隧道；长度在 1 000～3 000 m 的属长隧道；长度在 500～1 000 m 的为中隧道；长度在 500 m 以下的为短隧道。同等级的曲线形隧道，其长度界限为直线形隧道的一半。

隧道施工测量的主要任务是：测出洞口、井口、坑口的平面位置和高程，指示掘进方向；隧道施工时，标定线路中线控制桩及洞身顶部地面上的中线桩；在地下标定出地下工程建筑物的设计中心线和高程，以保证隧道按要求的精度正确贯通；放样隧道断面的尺寸，放样洞室各细部的平面位置与高程，放样衬砌的位置等。

隧道施工的掘进方向在贯通前无法通视，完全依据测设支导线形式的隧道中心线指导施工。所以在工作中要十分认真细致，按规范的要求严格检验与校正仪器，注意做好校核工作，减少误差积累，避免发生错误。

在隧道施工中，为了加快工程进度，一般由隧道两端洞口进行相向开挖。长隧道施工时，通常还要在两洞口间增加平洞、斜井或竖井，以增加掘进工作面，加快工程进度，如图 13-5 所示。隧道自两端洞口相向开挖，在洞内预定位置挖通，称为贯通，又称贯通测量。

若相向开挖隧道的方向偏离设计方向，其中线不能完全吻合，使隧道不能正确贯通，这种偏差称为贯通误差。如图 13-6 所示，贯通误差包括纵向误差 Δt、横向误差 Δu、高程误差 Δh。其中纵向误差仅影响隧道中线的长度，施工测量时较易满足设计要求，因此一般只规定贯通面上横向及高程的误差。例如《铁路测量技术规则》中规定：长度小于 4 km 的铁路隧道，横向贯通误差允许值为 100 mm，高程贯通误差允许值为 50 mm。《公路隧道勘测规程》规定：两相向开挖洞口间长度小于 3 km 的公路隧道，横向贯通误差允许值为 150 mm，高程贯通误差允许值为 70 mm；3～6 km 的公路隧道，横向贯通误差允许值为 200 mm，高程贯通误差允许值为 70 mm。隧道测量按工作的顺序可以分为洞外控制测量、洞内控制测量、洞内中线测设和洞内构筑物放样等。

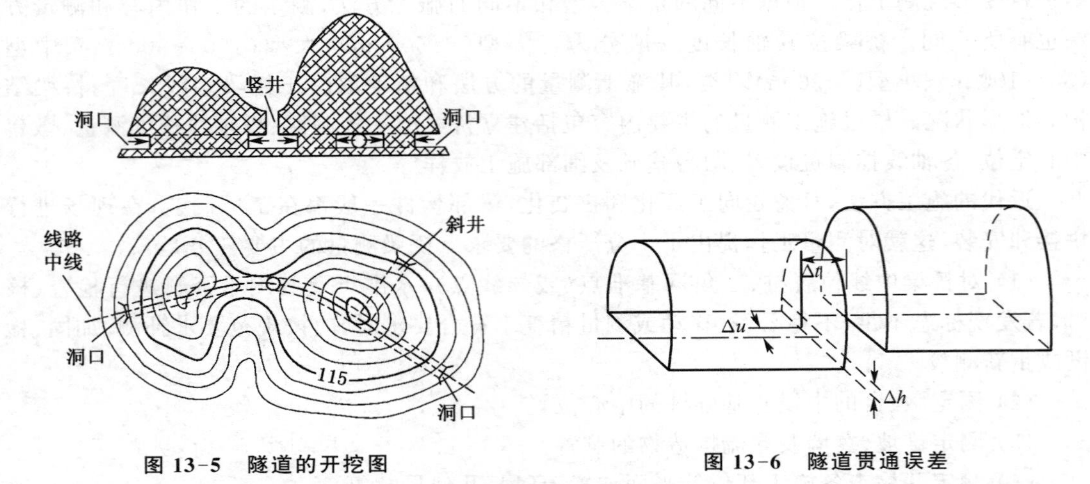

图 13-5 隧道的开挖图

图 13-6 隧道贯通误差

隧道施工测量的主要工作包括在地面上平面、高程控制测量、建立地下隧道统一坐标系统的联系测量、地下隧道控制测量、隧道施工测量。

四、水利工程施工测量

水利工程测量是指在水利工程规划设计、施工建设和运行管理各阶段所进行的测量工作。主要的测量工作是河道、渠道、大坝的施工放样。其中渠道是常见的水利工程，也是农田水利基本建设的一个主要内容。这里以渠道测量为例介绍一下施工情况。

渠道是开挖或填筑的人工河槽，用于输送水流，达到灌溉、排水或引水发电的目的。修建渠道时，必须将设计好的路线，在地面上定出其中心线位置，然后沿路线方向测出其地面起伏情况，并绘制成带状地形图和纵横断面图，作为设计路线坡度和计算土石方工程量的依据。

渠道测量指在渠道勘测、设计和施工中所进行的测量工作。主要内容包括勘探选线、中线测量、纵横断面测量、土方计算和施工断面放样等。

第六节 建筑施工放样

建筑施工放样的一般方法步骤对于各专业来说都大同小异，各组可根据自己的需要选择一种，并仿图绘制放样略图，计算放样数据，以作放样依据。

一、建筑基线及工业厂房放样

(1) 计算放样数据及绘制放样略图

每个学生根据自己设计的建筑基线与工业厂房的设计坐标和控制点的坐标，练习计算所需放样数据，并注于所绘放样略图上，最后由小组选用一份作为小组的放样依据。计算建筑基线放样数据。

(2) 建筑基线放样步骤

(3) 厂房控制网放样步骤

(4) 基础标高放样

二、房屋施工放样

例如:按图 13-7 设计房屋尺寸(每个小组选取其中一幢),在场地上进行定位放样,设置轴线桩,根据场地水准点高程在轴线桩上标出±0 标高线(设计±0 标高为 9.500 m)。

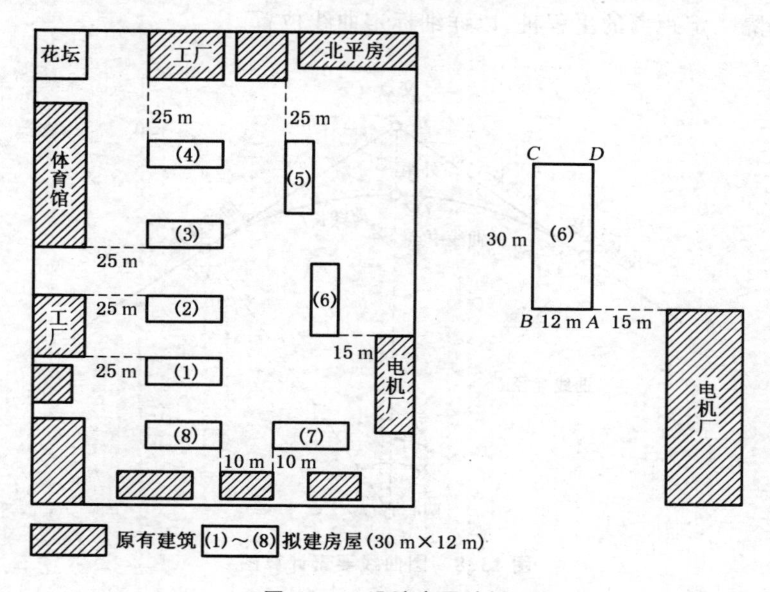

图 13-7　设计房屋放样

(1) 如图 13-7 所示各组根据指定的设计房屋进行放样。按具体情况利用原有建筑物进行房屋定位。用经纬仪测设角度,用钢尺测设距离。

(2) 房屋定位后,在桩外约 2 m 处设置轴线桩,用经纬仪把房屋的轴线引测到轴线桩上,各钉一小钉。

(3) 根据已知水准点,用水准仪将 9.500 m 标高引测到轴线桩上。

(4) 现以第 6 幢房屋放样为例(如图 13-7),介绍放样过程。

① 电机厂北墙延长线上用花杆定一直线。在直线上紧贴墙面用钢尺丈量 15 m 和 12 m,得 A 和 B,分别钉一木桩,在桩顶钉以小钉作为标志。

② 将仪器安置在 A 点,以 AB 为基准方向,分别在 AB 两端外 2 m 处钉设轴线桩,顺转 90°,沿此方向量取 30 m 定 D 点,打桩钉小钉,在 AD 两端外 2 m 处钉设轴线桩,在各轴线桩上钉以小钉标志轴线。

③ 将仪器移置 D 点,以 DA 为基准方向,测设 90°角,量 12 m 定 C 点,打桩钉小钉。

④ 将仪器移置 C 点,测量 C 角,检查是否为 90°,容许偏差为±1″。在 CB、CD 两直线各端点外 2 m 处设置轴线桩,并钉以小钉标志轴线。

⑤ 用尼龙线将各对应点连接起来,即得房屋各轴线。

⑥ 在 C 点及 B 点处的尼龙线交点上量取 CB 长度，以资检核放样结果，并以垂球检核各尼龙线的交点是否与桩点重合。

⑦ 根据已知水准点用水准仪将±0 标高 9.500 m 测设到各轴线桩上。

三、圆曲线的放样

(1) 当路线由一个方向转向另一个方向时，应用曲线连接。圆曲线是最基本的平面曲线，圆曲线半径根据地形条件和工程要求选定，根据转角 Δ 和圆曲线半径 R，可以计算出其他各测设元素值。圆曲线的测设分两步进行，先测设曲线的主点（ZY、QZ、YZ），再依据主点测设曲线上每隔一定距离的里程桩，以详细标定曲线位置。

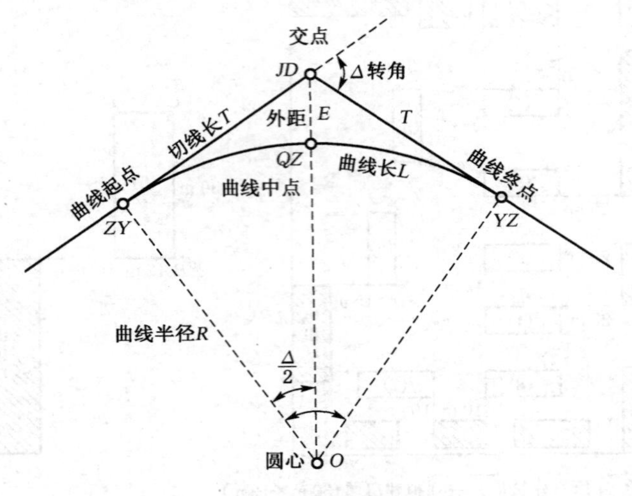

图 13-8　圆曲线要素计算图

(2) 主点测设元素计算。为测设圆曲线主点 ZY、QZ、YZ，应先计算出切线长 T、曲线长 L、外距 E、切曲差 J，这些元素称为主点测设元素。

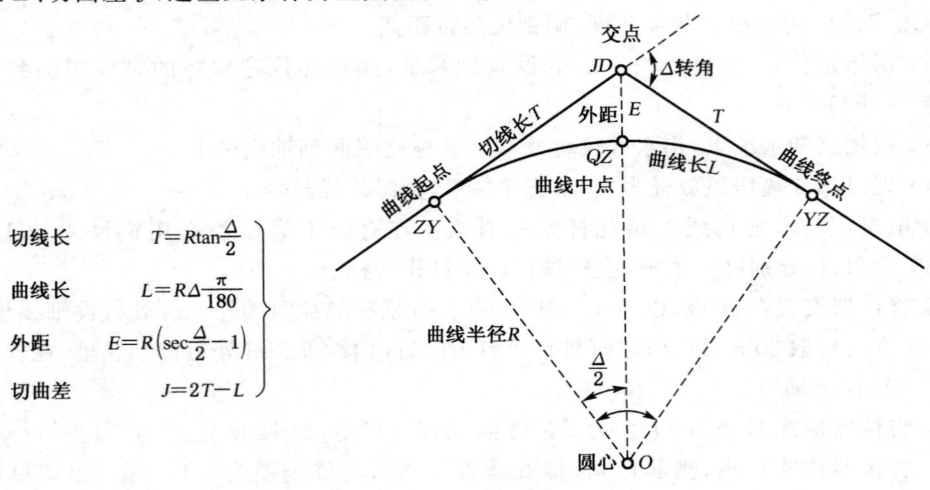

图 13-9　主点测设元素图

(3) 主点桩号计算,曲线主点 ZY、QZ、YZ 的桩号,根据 JD 桩号与曲线测设元素计算。

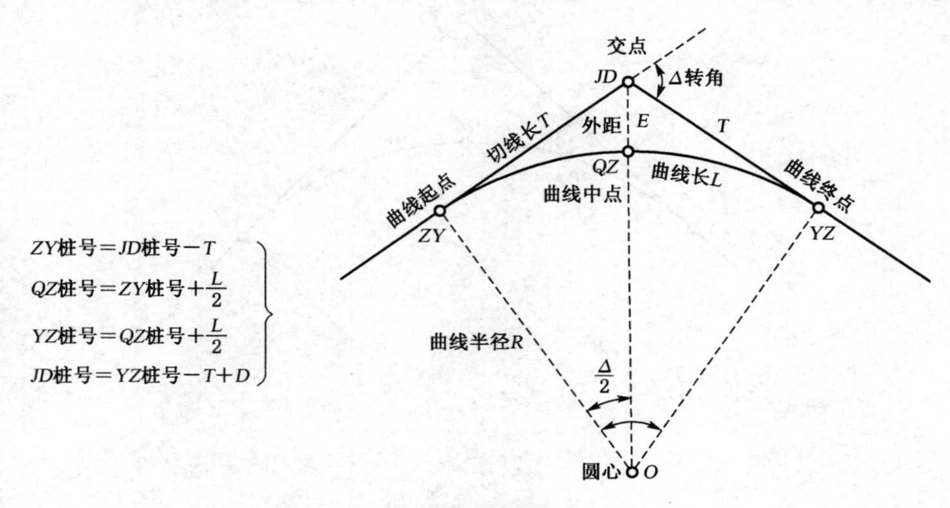

图 13-10　主点桩号计算

(4) 主点的测设

① 测设曲线起点(ZY),在 JD 点安置经纬仪,后视相邻交点或转点方向,自 JD 点沿视线方向量取切线长 T,打下曲线起点桩 ZY。

② 测设曲线终点(YZ),经纬仪照准前视相邻交点或转点方向,自 JD 点沿视线方向量取切线长 T,打下曲线终点桩 YZ。

③ 测设曲线中点(QZ),沿测定路线转角时所测定的分角线方向,量外距,打下曲线中点桩 QZ。

(5) 圆曲线的详细测设,地形变化不大、曲线长度小于 40 m 时,测设曲线的三个主点已能满足设计和施工的需要。曲线较长,地形变化大,除了测定三个主点以外,还需按一定的桩距,在曲线上测设整桩和加桩。《公路勘测规范》规定的整桩间距 l 为:$R > 60\ \text{m}, l = 20\ \text{m}$;$30\ \text{m} < R < 60\ \text{m}, l = 10\ \text{m}$;$R < 30\ \text{m}, l = 5\ \text{m}$。测设曲线整桩和加桩称为圆曲线的详细测设,方法有:偏角法、切线支距法和极坐标法。

① 偏角法:以曲线起点 ZY 或终点 YZ 为测站,计算出测站至曲线任一细部点的弦切角 γ 与弦长 c。如图 13-11。

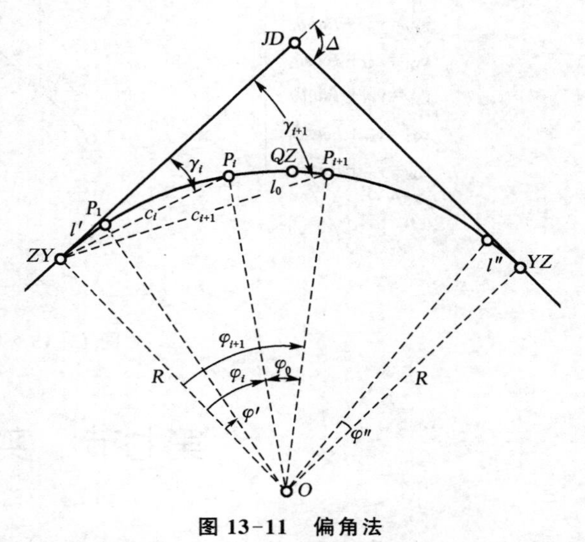

图 13-11　偏角法

② 切线支距法:以曲线起点 ZY(或终点 YZ)为独立坐标系的原点,切线为 x 轴,过原点的半径方向为 y 轴,计算出曲线细部点在该独立坐标系中的坐标进行测设。适合于使用钢尺作为量距工具进行测设。如图 13-12。

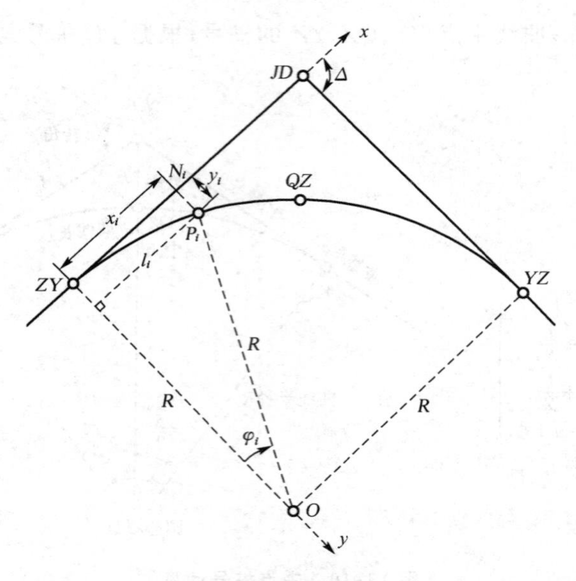

图 13-12　切线支距法

③ 极坐标法：计算出圆曲线细部点的测量坐标，将其上传到全站仪内存，可实现在任意控制点安置仪器测设曲线点位。如图 13-13。

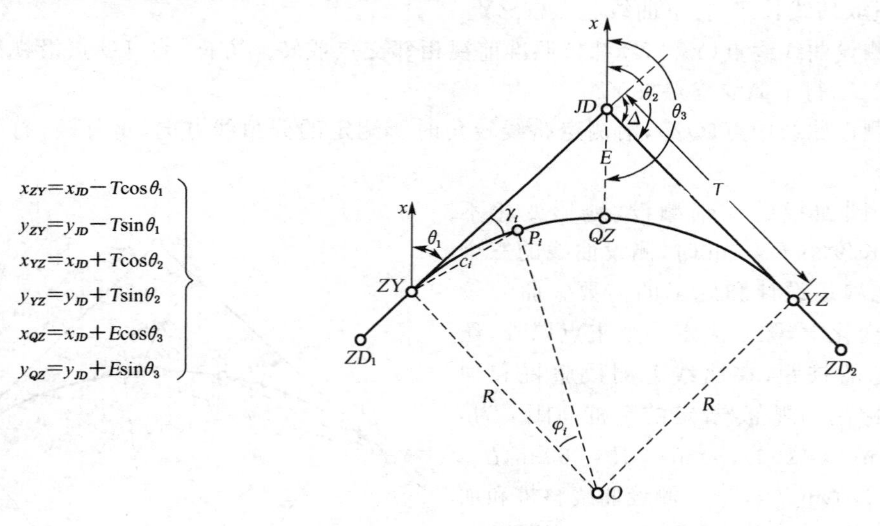

图 13-13　极坐标法

第七节　实 习 项 目

一、建筑物的定位和高程测设

实验准备

1. 经纬仪 1 台，测钎 2 根，钢尺 1 把，记录板 1 块，木桩 9 个，水准仪 1 台，水准尺 1 把，铁锤 1 个，小钉 8 个。

2. 选择 50 m×30 m 场地。

测设的要求

利用已有的一段建筑基线 A、B，测设一民用建筑物的轴线于地面，并将室内地坪位置标于现场。控制点数据和设计数据如图 13-14 所示。

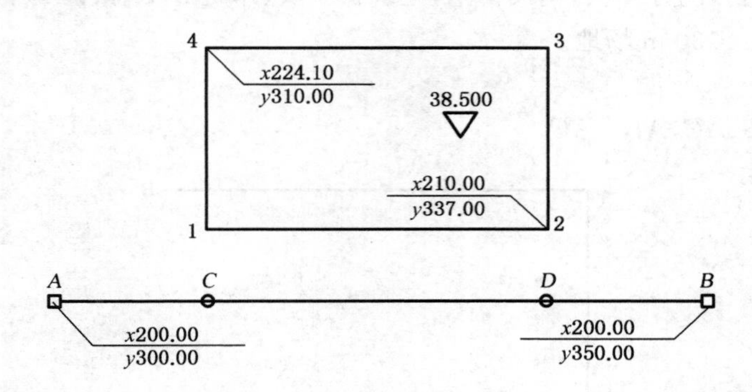

图 13-14

测设数据的准备

利用控制点 A、B，采用直角坐标法将轴线交点 1、2、3、4 测设于地面，需计算出下列线段的长度：AC、CD、$C1$、14、$D2$、23、43。

直角坐标法测设轴线交点的平面位置

在合适的场地打下 A、B 木桩，并做标志，使 AB＝50 m。

1. 安置经纬仪于 A 点，完成对中、整平工作。瞄准 B 点，在望远镜视线方向上，用钢尺丈量水平距离 AC，插下测钎，在测钎处打下木桩；重新在视线方向丈量水平距离 AC 并在木桩上捶入小钉作出标志 C。同法在视线方向丈量距离 CD，定出 D 点。

2. 把经纬仪移至 C 点，安置好，盘左瞄准 B 点，旋转度盘变换手轮使水平读数为 $0°00'00''$，转动照准部，使水平度盘读数为 $270°00'00''$；拧紧制动螺旋，在视线方向丈量距离 $C1$，参照 1 中方法，用铅笔在桩顶标记出 $1'$ 点。在盘右位置，同法在同一木桩上标记出 $1''$ 点，当 $1'1''$ 的长度在允许范围内时，取平均位置定下 1 点，并捶入一小钉。同法标出 4 点。

3. 将经纬仪移至 D 点，后视 A 点，采用类似 2 的方法标定出 2、3 点。

4. 分别测量水平角∠4、∠3，观测值与设计值的差不应超过 $\pm 1'$；测量 34 水平距离 d，计算 $e=\dfrac{\Delta\alpha}{\rho}\times d$ 及相对误差，相对误差不超过 $\dfrac{1}{1\,000}$。

室内地坪标高的测设

1. 将水准仪安置于 A 点与待定点大致等距处，立水准尺于 A 点，读得后视读数为 a。

2. 计算在测设点的应读数 b

$$b = H_a + a - H_0$$

3. 在测设点处将木桩逐渐打入土中，使立在桩顶的水准尺的前视读数最后等于 b，则桩顶就是 ± 0 位置。

实验要求

1. 掌握点的平面位置和高程测设方法。

2. 实验结束时，每人提交一份测设数据。

二、建筑基线定位

实验准备

1. 经纬仪 1 台，测钎 2 根，钢尺 1 把，记录板 1 块，木桩 3 个，铁锤 1 个，小钉 4 个。

2. 选择 30 m × 30 m 场地。

略图

建筑基线 AB、AC，$AB \perp AC$。

图 13-15

测设数据的准备

利用极坐标法将轴线点 A、B、C 测设于地面上，$AB = 30\,\text{m}$，$AC = 25\,\text{m}$，$\angle BAC = 90°$。$\Delta S_{容} = \pm 10\,\text{mm}$，$\Delta\alpha_{容} = \pm 20''$。

极坐标法测设轴线点的平面位置

1. 在合适的场地打下 A、B 木桩，并做标志，使 $AB = 30\,\text{m}$。安置经纬仪于 A 点，完成对中、整平工作。

2. 盘左瞄准 B 点，旋转度盘变换手轮使水平读数为 $0°00'00''$，转动照准部，使水平度盘读数为 $90°00'00''$。

3. 在望远镜视线方向上，用钢尺丈量水平距离 $AC = 25\,\text{m}$，插下测钎，在测钎处打下木桩；重新在视线方向丈量水平距离 AC 并在木桩上捶入小钉做出标志 C。

4. 以经纬仪观测 $\angle BAC$。

5. 检查 $\angle BAC$ 是否等于 $90°$，是否在 $\Delta_{\alpha容}$ 之内。

实验要求

1. 掌握距离放样、角度放样的方法。

2. 每人提交一份实验报告(含测设数据)。

三、圆曲线的测设

目的要求

1. 练习圆曲线主点元素的计算，掌握测设圆曲线主点的方法。

2. 掌握用偏角法、切线支距法测设圆曲线(细部点)的方法。

准备工作

每组 5～6 人，观测 1 人，定线 2 人，记录 1 人，量距 2 人。每组领取经纬仪 1 台，钢尺 1

盒,标杆 2 根,测钎 1 束,记录板 1 块,木桩和小钉各 10 个,计算器 1 个,伞 1 把。

实验步骤

1. 曲线主点的测设

(1) 根据实地情况选定适宜的半径。

(2) 计算切线长 T、曲线长 L、外矢距 E 及切曲差 J;计算主点里程。

(3) 如图 13-16,在转折点 JD 处安置经纬仪,瞄准 ZY 方向(令 ZY 为起始方向),并在此方向线上测设切线 T 长得曲线起点 ZY,再向左测设 $(180°-\alpha)$,在此方向线上测设切线 T 长得曲线终点 YZ(现场测设时,起点、终点方向均已知)。

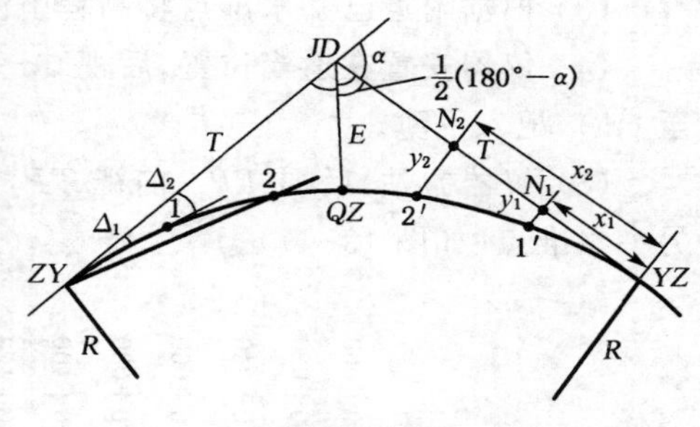

图 13-16

(4) 瞄准终点 YZ 方向,向右测设 $(180°-\alpha)/2$,在此方向线上测设 E 长得曲线中点 QZ。

2. 用偏角法测设圆曲线

(1) 根据半径 R 和选定的弧长 l 算得相应的弦长 C 和偏角 Δ,以及余弧长 l_1 和余弦长 C_1。

(2) 安置仪器于 ZY 点,盘左将水平度盘置 0°00′00″瞄准 JD,向右旋转照准部,使度盘读数对准偏角值 Δ_1,用钢尺沿此方向测设弦长 C 标定出 1 点位置。继续转动照准部,使度盘读数对准偏角 Δ_2,用钢尺从 1 点量弦长 C 与方向线相交,即得第 2 点位置。同法逐点测设其他细部点。

(3) 最后使度盘读数对准 QZ 点的偏角值 $\alpha/4$,再从曲线上最后一个细部点量取最后一段弦长 C_1 与视线方向相交得一点,该点应与 QZ 点重合,以此作为检核。

3. 用切线支距法测设圆曲线

(1) 如图 13-16 所示,用钢尺沿切线 YZ—JD 方向测设 x_1、x_2,…,并在地面上标定出垂足 N_1、N_2 等。

(2) 分别在 N_1、N_2、…处安置经纬仪测设切线的垂线,在各自的垂线上测设 y_1、y_2、…,标定细部点 1′、2′等。

注意事项

1. 测设曲中点、曲终点时,应采用盘左、盘右取中点钉出。

2. 偏角法测设中,注意偏角方向。在检核余弦长的实量值与计算值比较时,纵向(切线方向)误差应小于 $L/1\,000$(L 为曲线总长);横向(半径方向)误差应小于 0.1 m。超限应重测。

四、线路纵、横断面水准测量

目的要求

1. 掌握纵、横断面水准测量方法。

2. 根据测量成果绘制纵、横断面图。

准备工作

每组 5～6 人,轮换操作,每组领取 DS3 级水准仪 1 台,水准尺 1 根,尺垫 2 个,皮尺 1 盒,木桩若干(或测钎 1 束),斧头 1 把,记录板 1 块,方向架 1 个,伞 1 把。

实验步骤

1. 纵断面水准测量

(1) 选一条长约 300 m 的路线，沿线有一定的坡度。

(2) 选钉起点，校号为 0＋000，用皮尺量距，每 50 m 钉一里程桩，并在坡度变化处钉加桩。

(3) 根据附近已知水准点将高程引测至 0＋000。

(4) 仪器安置在适当位置，后视 0＋000，前视转点 TP_1（读至mm），然后依次中间视（读至 cm），记入手簿。

(5) 仪器搬站，后视 TP_1，前视 TP_2、中间视。同法远站施测，直至线路终点，并附合到另一水准点（如图 13-17）。

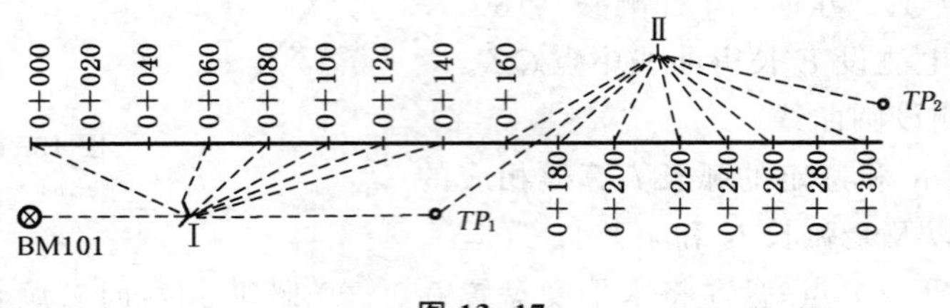

图 13-17

2. 横断面水准测量。在里程桩上，用方向架确定线路的垂直方向。在垂直方向上，用皮尺量取从里程桩到左、右两侧 20 m 内各坡度变化点的距离（读至 dm），用水准仪测定其高程（读至 cm）（如图 13-18）。

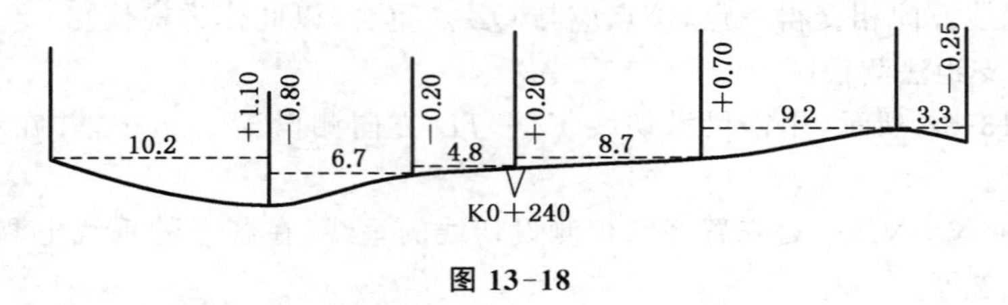

图 13-18

3. 绘制纵、横断面图。纵断面图的水平距离比例尺为 1∶2 000，高程为 1∶200；横断面图的水平距离和高程比例尺均为 1∶200。

注意事项

1. 中间视因无检核，读数与计算要认真细致。

2. 断面水准测量与绘图应分清左、右。

3. 线路附合高差闭合差不应大于 $15\sqrt{L}$ mm（L 以km 为单位），在容许范围内时不必进行调整。否则应重测。

第十四章 地 籍 测 量

第一节 地籍测量概述

一、地籍测量的概念

地籍测量是为获取和表达地籍信息所进行的测绘工作。其基本内容是测定土地及其附着物的位置、权属界线、类型、面积等。具体内容如下：

（1）进行地籍控制测量，测设地籍基本控制点和地籍图根控制点。

（2）测定行政区划界线和土地权属界线的界址点坐标。

（3）测绘地籍图，测算地块和宗地的面积。

（4）进行土地信息的动态监测，进行地籍变更测量，包括地籍图的修测、重测和地籍簿册的修编，以保证地籍成果资料的现势性与正确性。

（5）根据土地整理、开发与规划的要求，进行有关的地籍测量工作。

像其他测量工作一样，地籍测量也遵循一般的测量原则，即“先控制后碎部、从高级到低级、由整体到局部”的原则。

二、地籍测量的任务

地籍测量的具体任务有：

（1）地籍控制测量。

（2）对土地进行分类和编号。

（3）土地权属调查、土地利用状况调查和界址调查。

（4）地籍要素的测量、地籍图的编绘和面积量算。

（5）变更地籍测量。

三、地籍测量的作用

（1）为土地登记和颁发土地证，保护土地所有者和使用者的合法权益提供法律依据。地籍测量成果具有法律效力。

（2）为土地整治、土地利用、土地规划和制定土地政策提供可靠的依据。

（3）为科学研究提供参考资料。

（4）为研究和制定征收土地税或土地使用费的收费标准提供正确的科学的依据。

四、地籍测量的特点

(1) 地形测量测绘的对象是地物和地貌,地形图是以等高线表示地貌的。地籍测量测绘的对象是土地及其附属物,是通过测量与调查工作来确定土地及其附属物的权属、位置、数量、质量和用途等状况,测绘的内容比较广泛。地籍图一般不表示高程。

(2) 地籍图中地物点的精度要求与地形图的精度要求基本相同,但是界址点的精度要求较高,如一级界址点相对于邻近图根控制点的点位中误差不超过±0.05 m。若用图解的方法,根本达不到精度要求,需采用解析法测定界址点。此外,面积量算的精度要求也较高。

(3) 地籍测量的成果产品有地籍图、宗地图、界址点坐标册、面积量算表、各种地籍调查资料等,无论从数量上还是从产品的规格上都比地形测量多。

(4) 地形图的修测是定期的,周期较长。而地籍图变更较快,任何一宗地,当其权属、用途等发生变更时,应及时修测,以保持地籍资料的连续性和现势性。

(5) 地籍测量成果经土管部门确认后便具有法律效力,而地形测量成果无此作用。

五、地籍测量的目的

地籍测绘的目的是获取和表述不动产的权属、位置、形状、数量等有关信息,为不动产产权管理、税收、规划、市政、环境保护、统计等多种用途提供定位系统和基础资料。

六、地籍测量的基本精度

1. 控制点的精度

地籍平面控制点相对于起算点的点位中误差不超过±0.05 m。

2. 点的精度

点的精度分三级,等级的选用应根据土地价值、开发利用程度和规划的长远需要而定。各级界址点相对于邻近控制点的点位误差和间距超过 50 m 的相邻界址点间的间距误差不超过表 14-1 规定。

表 14-1 界址点的精度

界址点的等级	界址点相对于邻近控制点点位误差和相邻界址点间的间距误差限制	
	限差(m)	中误差(m)
一	±0.10	±0.05
二	±0.20	±0.10
三	±0.30	±0.15

第二节 地籍测量

一、地籍测量内容

(1) 根据地块权属调查结果确定地块边界后,参照表 14-2 确定界址点标志。

表 14-2　界址种类和适用范围

种类	适用范围
混凝土界址标志、石灰界址标志	在较为空旷的界址点和占地面积较大的机关、团体、企业、事业单位的界址点应埋设或现场浇筑混凝土界址标志，泥土地面也可埋设石灰界址标志
带铝帽的钢钉界址标志	在坚硬的路面或地面上的界址点应钻孔浇筑或钉设带铝帽的钢钉界址标志
带塑料套的钢棍界址标志、喷漆界址标志	以坚固的房墙（角）或围墙（角）等永久性建筑物处的界址点应钻孔浇筑带塑料套的钢棍界址标志，也可设置喷漆界址标志

（2）界址点标志设置后，按照下述“二”中的测量方法进行地籍要素测量。

（3）地籍测量的对象主要包括：

① 界址点、线以及其他重要的界标设施。

② 行政区域和地籍区、地籍子区的界线。

③ 建筑物和永久性的构筑物。

④ 地类界和保护区的界线。

二、地籍测量方法

1. 极坐标法

（1）采用极坐标法时，由平面控制网的一个已知点或自由设站的测站点，通过测量方向和距离，来测定目标点的位置。

（2）界址点和建筑物角点的坐标一般应有两个不同测站点测定的结果。

（3）位于界线上或界线附近的建筑物角点应直接测定。对矩形建筑物，可直接测定三个角点，另一个角点通过计算求出。

（4）避免由不同线路的控制点对间距很短的相邻界址点进行测量。

（5）个别情况下，现有控制点不能满足极坐标法测量时，可测设辅助控制点。

（6）极坐标法测量可用全站型电子速测仪，也可用经纬仪配以光电测距仪或其他符合精度要求的测量设备。

2. 正交法

正交法又称直角坐标法，它是借助测线和短边支距测定目标点的方法。

正交法使用钢尺丈量距离配以直角棱镜作业。支距长度不得超过一个尺长。

正交法测量使用的钢尺必须经计量检定合格。

三、界址点

1. 界址点编号

界址点的编号，以高斯-克吕格的一个整公里格网为编号区，每个编号区的代码以该公里格网西南角的横纵坐标公里值表示。点的编号在一个编号区内从 1～99999 连续顺编，点的完整编号由编号区代码、点的类别代码、点号三部分组成。编号形式如下：

×××××××××	×	×××××
编号区代码	类别代码	点的编号
(9位)	(1位)	(5位)

编号区代码由9位数组成，第1、2位数为高斯坐标投影带的带号或代号，第3位数为横坐标的百公里数，第4、5位数为纵坐标的千公里和百公里数，第6、7位数和第8、9位数分别为横坐标和纵坐标的十公里和整公里数。

类别代码用1位数表示，其中：

3——表示界址点；

4——表示建筑物角点。

点的编号用5位数表示，从1～99999连续顺编。

2. 界址点坐标成果表

界址点坐标测量完成后，应按表14-3的格式编制界址点坐标成果表，界址点坐标按界址点号的顺序编列。

表14-3　界址点坐标成果表

地籍子区________

界址点编号		标志类型	界址点坐标(m)		备注
公里网号	点号		X	Y	

填表者　　年　月___日　　　　检查者________年___月___日

四、地籍测量草图

1. 地籍测量草图的作用

地籍测量草图是地块和建筑物位置关系的实地记录。在进行地籍要素测量时，应根据需要绘制测量草图。

2. 地籍测量草图的内容

地籍测量草图的内容根据测绘方法而定，一般应表示下列内容：

(1) 上述的地籍要素测量对象。

(2) 平面控制网点及控制点点号。

(3) 界址点和建筑物角点。

(4) 地籍区、地籍子区与地块的编号；地籍区和地籍子区名称。

(5) 土地利用类别。

(6) 道路及水域。

(7) 有关地理名称;门牌号。

(8) 观测手簿中所有未记录的测定参数。

(9) 为检校而量测的线长和界址点间距。

(10) 测量草图符号的必要说明。

(11) 测绘比例尺;精度等级;指北方向线。

(12) 测量日期;作业员签名。

3. 地籍测量草图的图纸

地籍测量草图图纸规格,原则上用16开幅面;对于面积较大的地块,也可用8开幅面。草图用纸可选用防水纸、聚酯薄膜及其他合适的书写材料。

4. 地籍测量草图的比例尺

地籍测量草图选择合适的概略比例尺,使其内容清晰易读。在内容较集中的地方可移位描绘。

5. 地籍测量草图的绘制要求

地籍测量草图应在实地绘制,测量的原始数据不得涂改或擦拭。

6. 地籍测量草图图式

地籍测量草图的图式符号按《地籍图图式》(CH 5003—1994)执行。

五、变更地籍测量

1. 定义

变更地籍测量是指当土地登记的内容(权属、用途等)发生变更时,根据申请变更登记内容进行实地调查、测量,并对宗地档案及地籍图、表进行变更与更新。其目的是为了保证地籍资料的现势性与可靠性。

2. 程序

变更地籍测量的程序:

(1) 资料器材准备。

(2) 发送变更地籍测量通知书。

(3) 实地进行变更地籍调查、测量。

(4) 地籍档案整理和更新。

3. 方法

变更地籍测量一般应采用解析法。暂不具备条件的,可采用部分解析法或图解法。变更地籍测量精度不得低于原测量精度。对涉及划拨国有土地使用权补办出让手续的,必须采用解析法进行变更地籍测量。

六、地籍修测

1. 修测内容

(1) 地籍修测包括地籍册的修正、地籍图的修测以及地籍数据的修正。

(2) 地籍修测应进行地籍要素调查、外业实地测绘,同时调整界址点号和地块号。

2. 修测的方法

(1) 地籍修测应根据变更资料,确定修测范围,根据平面控制点的分布情况,选择测量方法并制定施测方案。

(2) 修测可在地籍原图的复制件上进行。

(3) 修测之后,应对有关的地籍图、表、簿、册等成果进行修正,使其符合相关规范的要求。

3. 面积变更

(1) 一地块分割成几个地块,分割后各地块面积之和与原地块面积的不符值应在规定限差之内。

(2) 地块合并的面积,取被合并地块面积之和。

4. 修测后地籍编号的变更与处理

(1) 地块号。地块分割以后,原地块号作废,新增地块号按地块编号区内的最大地块号续编。

(2) 界址点号、建筑物角点号。新增的界址点和建筑物角点的点号,分别按编号区内界址点或建筑物角点的最大点号续编。

七、地籍图绘制

1. 地籍图的作用

地籍图是不动产地籍的图形部分。地籍图应能与地籍册、地籍数据集一起,为不动产产权管理、税收、规划等提供基础资料。

2. 地籍图应表示的基本内容

(1) 界址点、界址线。

(2) 地块及其编号。

(3) 地籍区、地籍子区编号,地籍区名称。

(4) 土地利用类别。

(5) 永久性的建筑物和构筑物。

(6) 地籍区与地籍子区界。

(7) 行政区域界。

(8) 平面控制点。

(9) 有关地理名称及重要单位名称。

(10) 道路和水域。

根据需要,在考虑图面清晰的前提下,可择要表示一些其他要素。

3. 地籍图的形式

地籍图采用分幅图形式。

地籍图幅面规格采用 50 cm × 50 cm。

4. 地籍图的分幅与编号

(1) 地籍图的分幅

地籍图的图廓以高斯-克吕格坐标格网线为界。1∶2 000 图幅以整公里格网线为图廓线;1∶1 000 和 1∶500 地籍图在 1∶2 000 地籍图中划分,划分方法如图 14-1 所示。

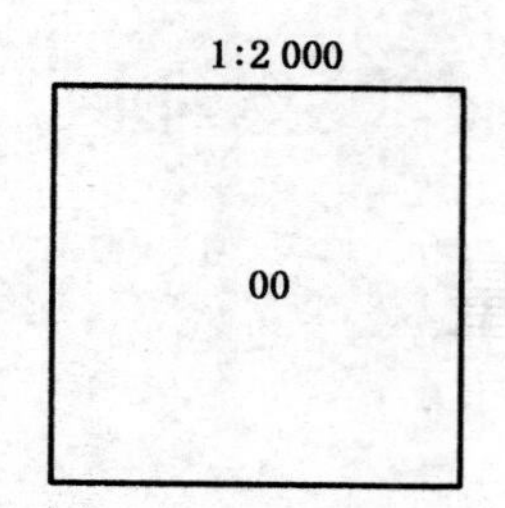

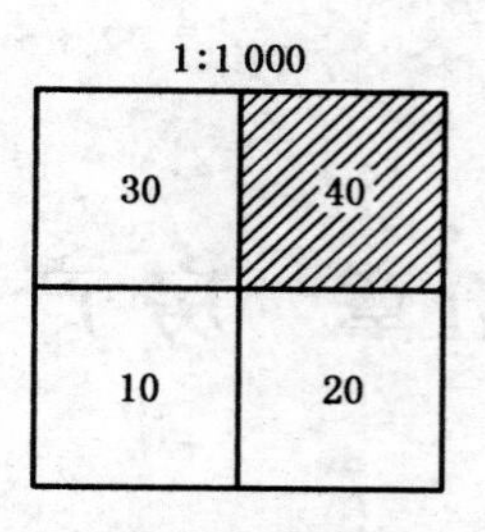

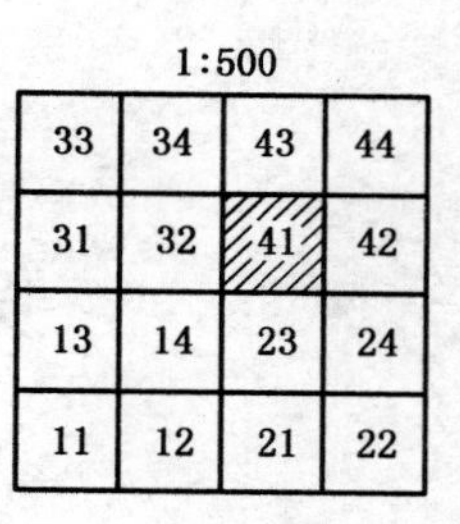

图 14-1　地籍图的分幅和代码

（2）地籍图编号

地籍图编号以高斯-克吕格坐标的整公里格网为编号区，由编号区代码加地籍图比例尺代码组成，编号形式如下：

	编号区代码	地籍图比例尺代码
完整编号	×××××××××	××
简略编号	××××	××

编号区代码由 9 位数组成，地籍图比例尺代码由 2 位数组成，按上图规定执行。

在地籍图上标注地籍图编号时可采用简略编号，简略编号略去编号区代码中的百公里和百公里以前的数值。

第十五章　房产测量

第一节　房产平面控制测量

一、概述

1. 房产平面控制网点的布设原则

房产平面控制点的布设，应遵循从整体到局部、从高级到低级、分级布网的原则，也可越级布网。

2. 房产平面控制点的内容

房产平面控制点包括二、三、四等平面控制点和一、二、三级平面控制点。房产平面控制点均应埋设固定标志。

3. 房产平面控制点的密度

建筑物密集区的控制点平均间距在 100 m 左右，建筑物稀疏区的控制点平均间距在 200 m 左右。

4. 房产平面控制测量的方法

房产平面控制测量可选用三角测量、三边测量、导线测量、GPS 定位测量等方法。

5. 各等级三角测量的主要技术指标

（1）各等级三角网的主要技术指标应符合表 15-1 的规定。

表 15-1　各等级三角网的技术指标

等级	平均边长(km)	测角中误差(″)	起算边边长相对中误差	最弱边边长相对中误差	水平角观测测回数			三角形最大闭合差(°)
					DJ1	DJ3	DJ6	
二等	9	±1.0	1/300 000	1/120 000	12			±3.5
三等	5	±1.8	1/200 000(首级)		—	—	—	
			1/20 000(加密)	1/80 000	6	9	—	±7.0
四等	2	±2.5	1/20 000(首级)	—	—	—	—	
			1/80 000(加密)	1/45 000	4	6	—	±9.0
一级	0.5	±5.0	1/60 000(首级)	—		—	—	—
			1/45 000(加密)	1/20 000	—	2	6	±15.0
二级	0.2	±10.0	1/20 000	1/10 000	—	1	3	±30.0

（2）三角形内角不应小于30°，确有困难时，个别角可放宽至25°。

二、测量方式

1. 导线测量

（1）各等级测距导线的主要技术指标应符合表15-2的规定。

表15-2　各等级测距导线的技术指标

等级	平均边长（km）	附合导线长度（km）	每边测距中误差（km）	测角中误差（″）	导线全长相对闭合差	水平角观测的测回数			方位角闭合差（″）
						DJ1	DJ2	DJ6	
三等	3.0	15	±18	±1.5	1/60 000	8	12	—	$\pm3\sqrt{n}$
四等	1.6	10	±18	±2.5	1/40 000	4	6	—	$\pm5\sqrt{n}$
一级	0.3	3.6	±15	±5.0	1/14 000	—	2	6	$\pm10\sqrt{n}$
二级	0.2	2.4	±12	±8.0	1/10 000	—	1	3	$\pm16\sqrt{n}$
三级	0.1	1.5	±12	±12.0	1/6 000	—	1	3	$\pm24\sqrt{n}$

注：n为导线转折角的个数。

（2）导线应尽量布设成直伸导线，并构成网形。

（3）导线布成结点网时，结点与结点、结点与高级点间的附合导线长度，不超过表15-2中的附合导线长度的0.7倍。

（4）当附合导线长度短于规定长度的1/2时，导线全长的闭合差可放宽至不超过0.12 m。

（5）各级导线测量的测距测回数等规定，依照表15-2相应等级执行。

2. 三边测量

（1）各等级三边网的主要技术指标应符合表15-3的规定。

表15-3　各等级三边网的技术指标

等级	平均边长（km）	测距相对中误差	测距中误差（mm）	使用测距仪等级	测距测回数	
					往	返
二等	9	1/300 000	±30	Ⅰ	4	4
三等	5	1/160 000	±30	Ⅰ、Ⅱ	4	4
四等	2	1/120 000	±16	Ⅰ Ⅱ	2 4	2 4

（2）三角形内角不应小于30°，确有困难时，个别角可放宽至25°。

3. 水平角观测

（1）水平角观测的仪器。水平角观测使用DJ1、DJ2、DJ6。三个等级系列的光学经纬仪或电子经纬仪，其在室外试验条件下的一测回水平方向标准偏差分别不超过±1″、±2″、±6″。

（2）水平角观测的限差。水平角观测一般采用方向观测法，各项限差不超过表15-4的规定。

表 15-4 水平角观测限差

经纬仪型号	半测回归零差(″)	一测回内 2c 互差(″)	同一方向值各测回互差(″)
DJ1	6	9	6
DJ2	8	13	9
DJ6	18	30	24

4. 距离测量

(1) 光电测距的作用。各级三角网的起始边、三边网或导线网的边长，主要使用相应精度的光电测距仪测定。

(2) 光电测距仪的等级。光电测距仪的精度等级，按制造厂家给定的 1 km 的测距中误差 m_0 的绝对值划分为二级：

Ⅰ级　　$|m_0| \leqslant 5$ mm

Ⅱ级　　5 mm $< |m_0| \leqslant 10$ mm

(3) 光电测距限差。光电测距各项较差不得超过表 15-5 的规定。

表 15-5 光电测距限差

仪器精度等级	一测回读数较差(mm)	单程读数差(mm)	往返测或不同时段观测结果较差
Ⅰ级	5	7	$2(a+b \times D)$
Ⅱ级	10	15	

注：a、b 为光电测距仪的标称精度指标；a 为固定误差，mm；b 为比例误差；D 为测距边长，m。

(4) 气象数据的测定。光电测距时应测定气象数据。二、三、四等边的温度测记至 0.2℃，气压测记至 0.5 hPa；一、二、三级边的温度测记至 1℃，气压测记至 1 hPa。

5. GPS 静态相对定位测量

(1) 各等级 GPS 静态相对定位测量的主要技术要求应符合表 15-6 和表 15-7 的规定。

表 15-6 各等级 GPS 相对定位测量的仪器

等级	平均边长 D(km)	GPS 接收机性能	测量量	接收机标称精度优于	同步观测接收机数量
二等	9	双频(或单频)	载波相位	10 mm+2 ppm	≥2
三等	5	双频(或单频)	载波相位	10 mm+3 ppm	≥2
四等	2	双频(或单频)	载波相位	10 mm+3 ppm	≥2
一级	0.5	双频(或单频)	载波相位	10 mm+3 ppm	≥2
二级	0.2	双频(或单频)	载波相位	10 mm+3 ppm	≥2
三级	0.1	双频(或单频)	载波相位	10 mm+3 ppm	≥2

表 15-7 各等级 GPS 相对定位测量的技术指标

等级	卫星高度角(°)	有效观测卫星总数	时段中任一卫星有效观测时间(min)	观测时段数	观测时段长度(min)	数据采样间隔(s)	点位几何图形强度因子 PDOP
二等	≥15	≥6	≥20	≥2	≥90	15～60	≤6

续表 15-7

等级	卫星高度角(°)	有效观测卫星总数	时段中任一卫星有效观测时间(min)	观测时段数	观测时段长度(min)	数据采样间隔(s)	点位几何图形强度因子 PDOP
三等	≥15	≥4	≥5	≥2	≥10	15～60	≤6
四等	≥15	≥4	≥5	≥2	≥10	15～60	≤8
一级	≥15	≥4	—	≥1	—	15～60	≤8
二级	≥15	≥4	—	≥1	—	15～60	≤8
三级	≥15	≥4	—	≥1	—	15～60	≤8

（2）GPS 网应布设成三角网形或导线网形，或构成其他独立检核条件可以检核的图形。

（3）GPS 网点与原有控制网的高级点重合应不少于三个。当重合不足三个时，应与原控制网的高级点进行联测，重合点与联测点的总数不得少于三个。

6. 对已有控制成果的利用

控制测量前，应充分收集测区已有的控制成果和资料，按规定和要求进行比较和分析，凡符合要求的已有控制点成果，都应充分利用；对达不到要求的控制网点，也应尽量利用其点位，并对有关点进行联测。

第二节　房产图图式

一、符号

1. 符号的尺寸

（1）符号旁以数字标注的尺寸，均以毫米为单位。

（2）符号的规格和线粗可随不同的比例尺作适当调整。在一般情况下，符号的线粗为 0.15 mm，点大为 0.3 mm，符号非主要部分的线段长为 0.6 mm。以虚线表示的线段，凡未注明尺寸的其实部为 2.0 mm，虚部为 1.0 mm。

（3）由点和线组成的符号，凡未注明尺寸的，点的直径与线粗相同，点线之间的间隔一般为 1.0 mm。

2. 符号的定位点和定位线

（1）圆形、正方形、矩形、三角形等几何图形符号，在其图形的中心。

（2）宽底符号在底线中心。

（3）底部为直角形的符号，在直角的顶点。

（4）两种以上几何图形组成的符号，在其下方图形的中心点或交叉点。

（5）下方没有底线的符号，定位点在其下方两端间的中心点。

（6）不依比例尺表示的其他符号，在符号的中心点。

（7）线状符号，在符号的中心线。

3. 符号方向的表示和配置

（1）独立地物符号的方向垂直于南图廓线。

（2）绿化地和农用地面积较大时，其符号间隔可放大，也可直接采用注记的方法表示。

二、界址点、控制点及房角点

界址点、控制点及房角点的图式见表 15-8，简要说明如下：

(1) 房产界址点，分一、二、三级，在分丘图上表示。

(2) 平面控制点。

① 基本控制点，包括二、三、四等控制点。

② 房产控制点，包括一、二、三级控制点。在图上只注点号。

③ 不埋石的辅助房产控制点根据用图需要表示。

(3) 高程点。

① 高程控制点，指埋石的一、二、三、四等水准点，高程导线点等等级高程控制点。

② 高程特征点，表示高程变化特征的点。

(4) 房角点，房角点一、二、三级，在分丘图上表示。

表 15-8　界址点、控制点及房角点图式

编号	符号名称		符号	
			分幅图	分丘图
1	房产界址点	一级界址点		1.5 J9
		二级界址点		1.0 J7
		三级界址点		0.5 J6
2	平面控制点	基本控制点 Ⅰ——等级，横山——点名	Ⅰ/横山 3.0	
		房产控制点 H21——点号	3.0 H21	
		不埋石的辅助房产控制点 F08——点号	F08 2.0	
		埋石的辅助房产控制点 F06——点号	F06 1.0 2.0	
3	高程点	高程控制点 Ⅱ京石 5——等级、点名、点号 32.804——高程	2.0 Ⅱ京石5/32.804	
		高程特征点	0.5 · 21.04	
4	房角点			0.5

三、境界

境界的图式见表 15-9,简要说明如下:

(1) 测绘国界要根据国家正式签订的边界条约或边界议定书及其附图,按实地位置精确绘出。

国界应不间断地绘出,界桩、界碑应按坐标值展绘,并注记其编号,同号三立或同号双立的界桩、界碑在图上不能按实地位置绘出时,用空心小圆按实地关系位置绘出,并注记各自的编号。

国界线上的各种注记,均注在本国内,不得压盖国界符号。

国界以河流中心线或主航道为界的,当河流符号内能绘出国界符号时,国界符号在河流中心线位置或主航道线上不间断绘出;当河流符号内绘不下国界符号时,国界符号在河流两侧不间断地交错绘出。岛屿用附注标明归属。

国界以共有河流为界的,国界符号在河流两侧每隔 3～5 cm 交错绘出,岛屿用附注标明归属;国界在河流或线状地物一侧为界的,国界符号在相应一侧不间断地绘出。

(2) 省、自治区、直辖市界,自治州、地区、盟、地级市界、直辖市区界,县、自治县、旗、县级市界、地级市区界,乡、镇界等各级行政区划界,均以相应符号准确地绘出。

(3) 行政等级以外的特殊地区界,如高新开发区、保税区,用此符号表示,并在其范围内注隶属。

(4) 政府部门已认定的保护自然生态平衡、珍稀动植物、自然历史遗迹等界线用此符号表示,并注名称或简注,短齿朝向保护区内侧。

表 15-9　境界图式

编号	符号名称		符号 分幅图	符号 分丘图
1	国界	国界、界桩、界碑及编号	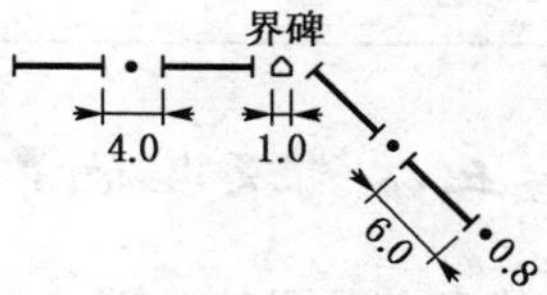 界碑 4.0 1.0 6.0 0.8	
		未定国界	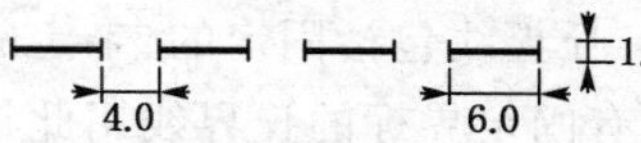 4.0 6.0 1.6	
2	省、自治区、直辖市界	已定界和界标	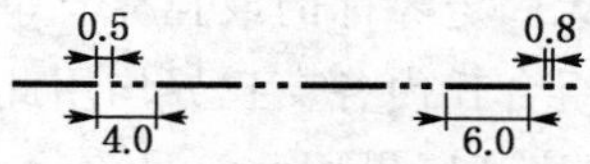 0.5 4.0 0.8 6.0	
		未定界	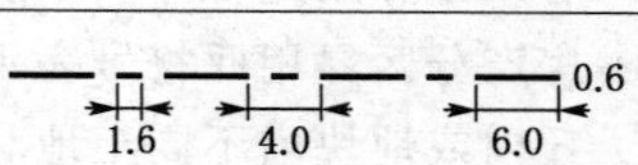 1.6 4.0 6.0 0.6	

续表 15-9

编号	符号名称		符号	
			分幅图	分丘图
3	地区、自治州、盟、地级市界、直辖市区界	已定界	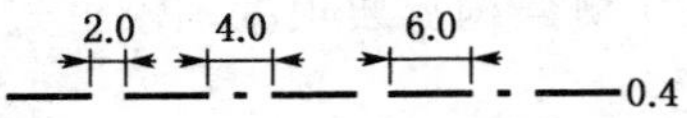 2.0 4.0 6.0 0.4	
		未定界	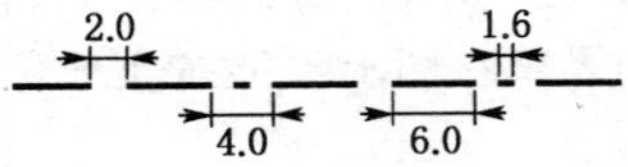 2.0 1.6 4.0 6.0	
4	县、自治县、旗、县级市界、地级市区界	已定界	 4.0 6.0 0.3	
		未定界	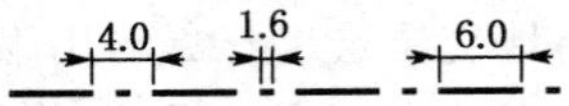 4.0 1.6 6.0	
5	乡、镇界	已定界	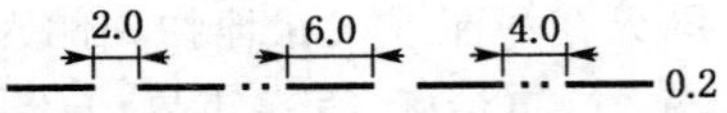 2.0 6.0 4.0 0.2	
		未定界	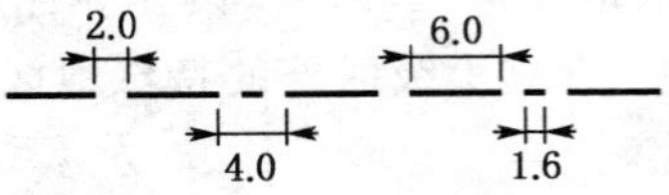 2.0 6.0 4.0 1.6	
6	特殊地区界		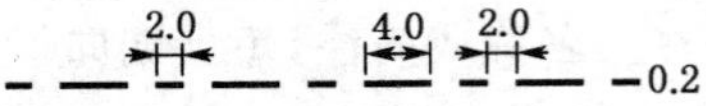 2.0 4.0 2.0 0.2	
7	保护区界		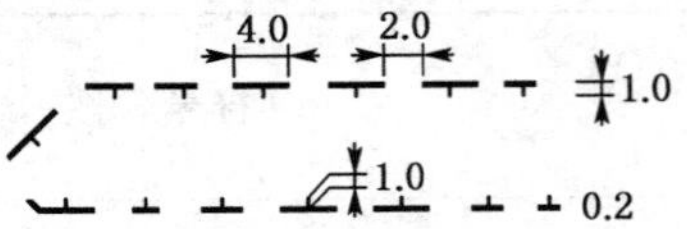 4.0 2.0 1.0 1.0 0.2	

四、丘界线及其他界线

丘界线及其他界线的图式见表 15-10，简要说明如下：

(1) 丘界线包括固定的、未定的以及组合丘内各支丘界线。

① 有固定界标的丘界线用此符号表示。

② 无固定界标的或丘界有争议，界线不明的，用未定丘界线表示。

③ 组合丘内各支丘界均用此符号表示。

(2) 房产区界用此符号表示。

(3) 房产分区界用此符号表示。

(4) 丘内或地块内不同土地利用分类线用地类界表示。

(5) 丘界线以围墙一侧为界，围墙一侧以丘界线表示；丘界线以围墙中心为界，丘界线从围墙中间绘出。

(6) 房屋权界线包括独立成幢房屋所有权界、未定权界以及毗连房屋墙界。权属界线有争议或权属界线不明的，用未定权界线表示。毗连房屋墙界归属，以墙体一侧为界，短齿朝向所有权一侧，表示自墙，另一侧表示借墙；以墙中心为界，短齿朝向两侧绘出，表示共墙。

当房屋权界线长度小于 3 cm 时，可只绘两条短线，长度大于 3 cm 时，按间隔 1.0～2.0 mm 绘短线。短线长出权界线 1.0 mm。

(7) 丘界线以栅栏、篱笆、铁丝网为界，实线用丘界线符号表示，短齿符号朝向所属一侧，共有的朝向两侧。

(8) 丘界线以沟渠、河流一侧为界的，沟渠或河流一侧以丘界线表示，流向符号绘在权属所有一侧。丘界线以沟渠、河流中心为界的，丘界线绘在符号中心，流向符号绘在丘界线上。

表 15-10　丘界线及其他界线图式

编号	符号名称		符号 分幅图	符号 分丘图
1	丘界线	固定丘界线	0.3	
		未定丘界线	4.0　1.0　0.3	
		支丘界线	0.2	
2	房产区界线		4.0　1.6　4.0　0.3	
3	房产分区界线		4.0　4.0　1.6　0.3	
4	地类分界线		10	
5	围墙界	以围墙一侧为界	10.0　0.2　0.3	
		以围墙中心为界	10.0　0.2　0.3　0.2	
6	房屋权界线	房屋所有权界	0.2	
		未定房屋权界	4.0　1.0　0.2	
		以墙体一侧为界	0.2	
		以墙体中心为界	0.2	

续表 15-10

编号	符号名称			符号	
				分幅图	分丘图
7	以栅栏、篱笆、铁丝网为界	以栅栏、栏杆为界	自有	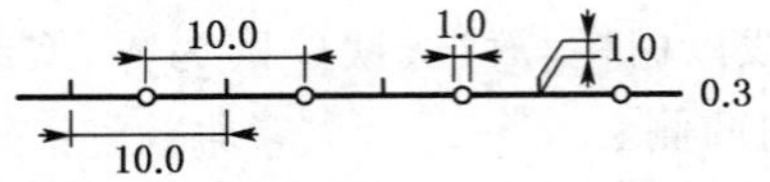 10.0　1.0　1.0　10.0　0.3	
			共有	 0.3	
		以篱笆为界	自有	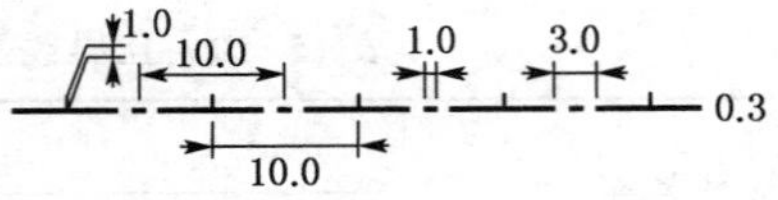 1.0　10.0　1.0　3.0　10.0　0.3	
			共有	 0.3	
		以铁丝网为界	自有	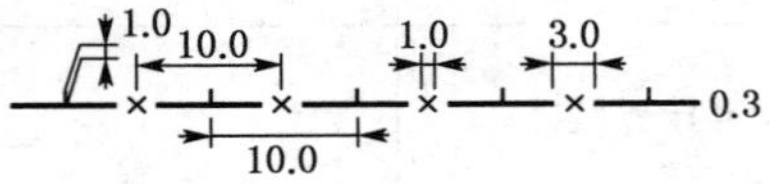 1.0　10.0　1.0　3.0　10.0　0.3	
			共有	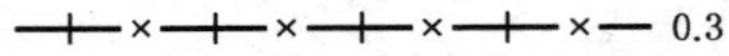 0.3	
8	河界、沟渠界	以河、沟渠一侧为界		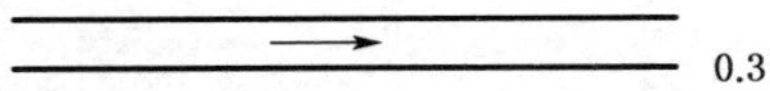 0.3	
		以河、沟渠中心为界		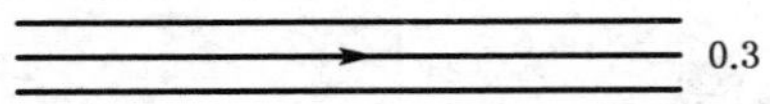 0.3	

五、房屋

房屋的图式见表 15-11，简要说明如下：

（1）一般房屋以幢为单位，以外墙勒脚以上的外围轮廓为准用实线表示，房屋图形内注产别、结构、层数（分丘图上增注建成年份）代码，同幢内不同层次用实线绘出分层线。

（2）架空房屋是指底层架空，以支撑物作承重的房屋，其架空部位一般为通道、水域或斜坡。

（3）指住人的窑洞，地面上窑洞按真方向表示，地面下窑洞坑的位置实测，坑内绘一符号。

（4）蒙古包是游牧区供人居住的毡房，季节性的不表示。

表 15-11　房屋图式

编号	符号名称		符号	
			分幅图	分丘图
1	一般房屋及分层线 2——产别 4——结构 05　04——层数 1964——建成年份 (3)——幢号		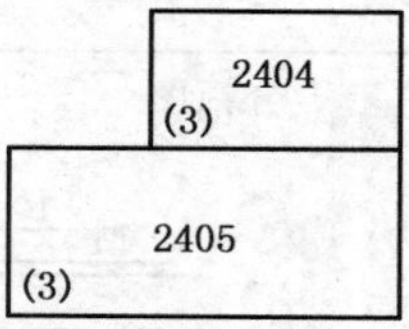 2404 (3) 2405 (3)	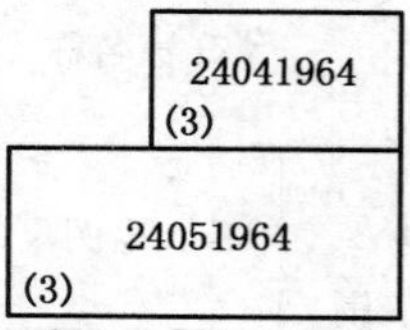 24041964 (3) 24051964 (3)
2	架空房屋	架空房屋	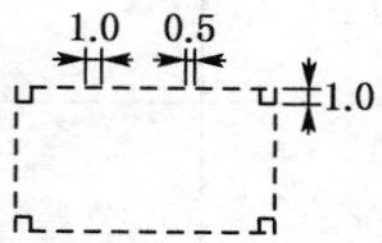 1.0　0.5　1.0	
		库房	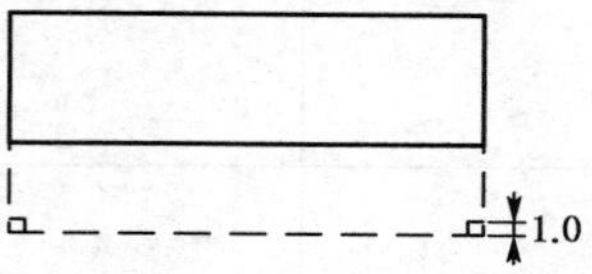 1.0	
		过街楼		
		挑楼	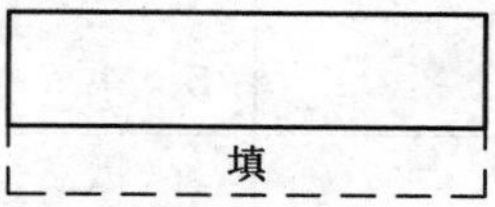 填	
3	窑洞	地面上窑洞 地面下窑洞	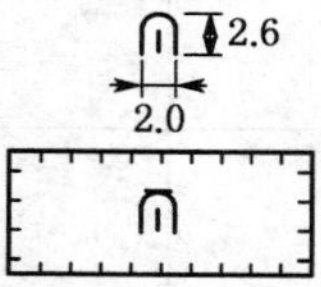 2.6　2.0	
4	蒙古包		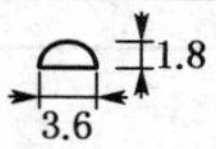 1.8　3.6	

六、房屋围护物

房屋围护物的图式见表 15-12，简要说明如下：

（1）围墙不分结构，均以双线表示。围墙宽度不小于图上 0.5 mm 的按 0.5 mm 表示，大于 0.5 mm 的依比例尺绘出。

（2）各种类型的栅栏均用此符号表示。

（3）各种永久性篱笆（包括活树篱笆）。

（4）永久性的铁丝网用此符号表示。

（5）砖石城墙按城基轮廓依比例尺表示，在外侧的轮廓线上向里绘城垛符号，城墙上的其他地物用相应符号表示。

(6) 土城墙一般按墙基宽度测绘,黑块符号绘在城墙内侧。

表 15-12 房屋围护物图式

编号	符号名称		符号	
			分幅图	分丘图
1	围墙	不依比例尺的	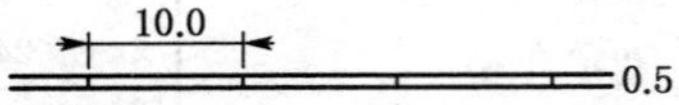 10.0; 0.5	
		依比例尺的	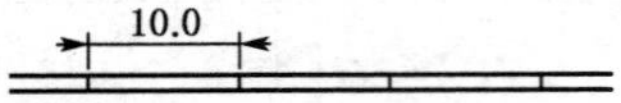 10.0	
2	栅栏、栏杆		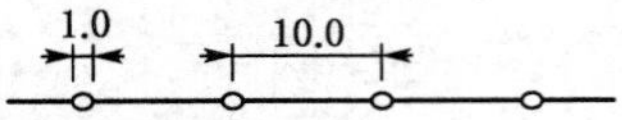 1.0; 10.0	
3	篱笆		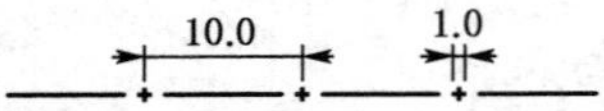 10.0; 1.0	
4	铁丝网		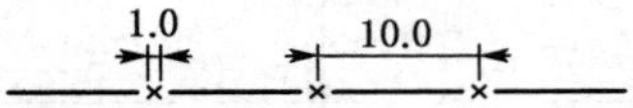 1.0; 10.0	
5	砖石城墙	完整的 (1) 城门和城楼 (2) 台阶	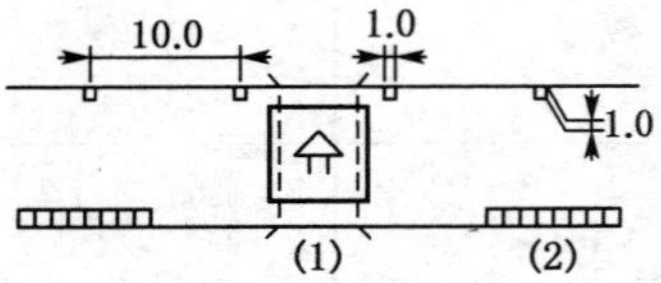 10.0; 1.0; 1.0; (1); (2)	
		破坏的	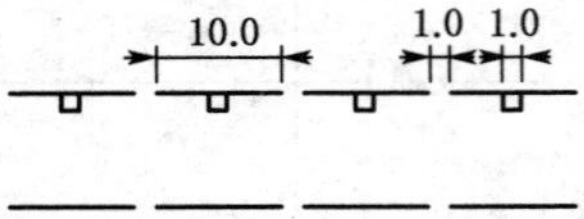 10.0; 1.0; 1.0	
6	土城墙	(1) 城门 (2) 豁口	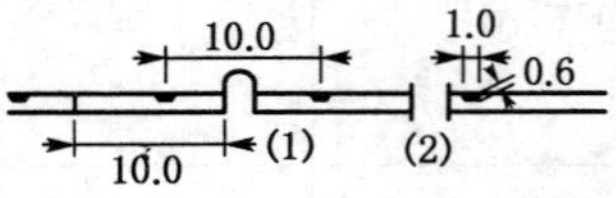 10.0; 1.0; 0.6; 10.0; (1); (2)	

第十六章　古建筑测量

中国历史上的营造活动可以追溯到七千年前的新石器时代。从那个时候起，中国古代人民在漫长的岁月中曾创造了数不清的建筑工程和建筑物。虽然由于建筑物在使用过程中的自然损耗，加上战乱兵燹、火灾等人为因素和地震、洪水等自然灾害以及风雨侵蚀、虫蚁繁殖之类持久的自然破坏力的作用，绝大多数的古代建筑早已湮没无存，但是能够留存到今天的仍然是数以万计。尽管它们都有不同程度的损毁，但是依然伫立在中国的广阔地域上，使今天的我辈有幸亲睹古人营造事业的卓然成果，从而可以推想历史的面貌与精神。

这些过去的营造活动留下来的成果在今天都可以叫做建筑遗产，是人类文化遗产中很重要的一个类型，也是所占比重很大并装载有多样文化遗产（如雕刻、绘画、手工艺品、典籍……）的一个类型。这些建筑遗产不仅属于我们这一代人，也属于我们的子子孙孙。它们是伟大民族的财产。我们今天的责任就是保护它们，维护它们健康的状态并传给后代。

建筑遗产的保护，其工作内容包括两个基本的方面：一是日常性的、长期的保养和维护，以保持健康的状态；二是经常性的、定期的维修、加固，以消除各种破坏因素及破坏结果。不论是日常的维护还是定期的修缮，都需要有科学记录档案作为基础。在我们国家，有科学记录档案是建筑遗产保护管理工作的基本要求之一。有了科学记录档案这个最基本、最可靠的依据，保护工作才能科学、有效地进行，一套完备的建筑遗产的科学记录档案，由文字记录和图形、图像两个部分组成。它的获得是通过查阅文献资料、调查访问、测量与绘图、摄影摄像等多项实地勘察工作来综合完成的。这些工作的成果详尽记录建筑物各个方面的状况：文字记录包含文献典籍中的有关记载以及各种相关的档案、文件等资料。文字能够记录下建筑物自创建之日起到今天的历史变迁、经历过的风风雨雨、历代历次的增修重建，还有与建筑物紧密共生的人物、历史、传说与故事。文字还能详细地描述建筑物的外观面貌、形体特征、艺术风格和结构做法以及细部的装饰与处理手法；摄影、摄像能够忠实记录建筑物的全部及各个组成部分的形象特征，尤其是色彩、造型和细部装饰，它的最大优点在于可以在一定程度上再现建筑物的整体风貌和环境气氛，传达出现场感。建筑物的真实尺度、各个结构构件和各组成部分的实际尺寸，整体与各组成部分以及各个组成部分之间的真实比例关系等一系列的客观、精准的数据则需要由测量与绘图工作来提供，仅依据文字和照片（录像）是无法获取这些重要信息的。

“测绘”，就是“测”与“绘”，由实地实物的尺寸数据的观测量取和根据测量数据与草图进行处理、整饰最终绘制出完备的测绘图纸两个部分的工作内容组成的，分别对应室外作业和室内作业两个工作阶段。从测量学学科角度而言，是属于普通测量学的范畴：古建筑测绘综合运用测量和制图技术来记录和说明古代建筑，测量需要具备基本的测量技能和掌握一定的古建筑营造专业知识，绘图也同样需要具备古建筑营造的专业知识和制图的技能。所以古建筑测绘具有专业性和技术性两大特点。本书内容只是针对古建筑测绘，有关测量和制图的专业书籍与教材已很齐备，读者可根据自身需要参阅。

对于建筑遗产保护工作来说，不论是日常的维修，还是损坏后的修复，乃至特殊情况下的易地重建(因为中国古代建筑的木构架结构体系具有构件预制、现场安装的基本特点)，一套完备的测绘图纸都是最基础、最直接、最可靠的依据。古建筑测绘作为一种资料收集手段，亦是建筑理论研究的必备环节和基础步骤，这种扎实有效的工作方法是理论研究工作不可缺少的。

第一节　古建筑测绘的工具

常用的古建筑测量的工具基本上是不需要经过专门的学习和训练就能够直接使用的手工测量工具，携带也比较方便。近些年来，随着电脑、卫星遥感和网络技术的发展，测量技术正在发生彻底的变化，如 GPS 的运用等。新技术的逐步普及使用同样会对古建筑测量产生重大的影响，使其变得更精确、更高效、更科学，并且将会越来越多地替代手工测量。但是无论怎样发展，这些数字时代的技术和仪器无法替代我们的眼睛和双手去认知和感受我们的古代建筑。

一、测量工具

1. 皮卷尺

常用规格有 15 m、20 m、30 m 等。应用广泛，从总平面到单体建筑平面上的各种尺寸以及高度、柱围等都可以用它测量。缺点是容易产生误差，使用者拉动卷尺时用力不匀、卷尺因自身重力而下坠倾斜或是拉出很长时受风的影响都会产生误差。使用时注意克服和矫正这些影响因素。

2. 小钢卷尺

常用规格有 2 m、3 m、5 m。用来测量中等及小尺寸，如柱距、台明的高度和宽度、台阶及铺地尺寸，以及梁、枋、板、斗拱等构件的尺寸。测量者应人手一个。有的小钢卷尺拉出盒外可直立，可以方便地用来测量竖向尺寸。

3. 软尺

用来测量圆柱形构件的周长以换算出直径。

4. 卡尺

用来测量方形截面构件的宽、高尺寸和圆柱形构件的直径。

二、测量辅助工具与绘图工具

1. 指北针

用来确定建筑物和建筑组群的具体方位。

2. 望远镜和手电筒

前者用来在绘制草图时看清细节，如吻兽的纹样、高处梁架的节点等；古建筑的室内光线较暗，绘制梁架剖面图和仰视图时需要有手电筒辅助照明。

3. 垂球

用来定直、寻找结构构件的重心，以及量度水平高差。在测量柱的侧脚、墙壁收分、构件水平投影距离等以及大致检验构架是否有倾斜歪闪时都需要有垂球辅助。

4. 架木、梯子或高凳、直竿

架木的搭设需要有专门的搭架工人来完成。在不需要搭架测量时，梯子或高凳、直竿等辅助工具就是必不可少的。为了保证测量的精度，要选择挺直的竹竿，大头直径应小于3.5 cm，长度在3～5 m比较合适。

5. 白纸和坐标纸

白纸最好有一定的透明度，这样绘制同类草图时就可以提高工作效率。把坐标纸衬在白纸下面以便于控制草图的比例和尺度关系。

6. 笔

绘制草图以铅笔为主，HB—2B铅笔较为合适，不宜太软。此外还应备几支颜色不同的细尖的Mark笔，当同一张草图上注记很多时用不同颜色加以区分，比如，同一类构件的尺寸用同一种颜色标注。

7. 照相机

照相机是采集资料与信息的不可缺少的工具。绘制草图时需要拍摄照片作为对草图的补充。注意拍摄时记录照片序号与内容和相应的草图对应。对于梁架节点，斗拱、檐口等重点结构部位要适当多拍。一些艺术价值较高的构件和装饰细部，如脊饰、瓦当、月梁、雀替、驼峰、墀头、梁枋彩画、砖雕、石雕等必须拍摄照片。建筑物的整体色彩也需要由照片来记录。

8. 其他工具

画夹或小画板（一人一个）、夹子、橡皮、美工刀、三角板、直尺、分规、木水平、圆规、毛刷、计算器等。测绘工具见图16-1。

图16-1　测绘工具

1—垂球；2—图钉；3—白纸；4—带绳子的画板；5—坐标纸；6—图筒；7—手电筒；8—小钢卷尺；9—皮卷尺；10—三角板、比例尺、卡尺、分规、直尺；11—望远镜；12—水壶、食物；13—梯子；14—直杆；15—药箱；16—三脚架；17—照相机和胶卷；18—小图板；19—太阳镜；20—遮阳帽；21—厚底鞋；22—大背包；23—彩色铅笔；24—笔盒；25—橡皮；26—钢笔；27—HB、H铅笔；28—细尖Mark笔；29—美工刀

第二节　古建筑测绘的内容

测绘内容是根据测绘目的与测绘对象的具体情况确定的。测绘对象的价值大小、构件类型与数量的多寡、结构的繁简程度、特殊做法的有无等诸多情况都直接影响测绘内容的多少和测绘工作量的大小。下文所述测绘内容提供的是一个全面的标准。

一、总平面

古建筑绝对保护范围(一般是以建筑组群的院落围墙为界限)内的各种建筑物、构筑物——包括院墙、照壁、牌坊、廊庑、古碑刻、道路、铺装、古井、古树等都是总平面包含的内容。建筑物周围突出的地形地貌特征也应记录下来,尤其是当建筑物位于山地、丘陵、河岗地等处时。

建筑群体中一些次要的附属建筑或价值不大无需测量的单体建筑物的平面可以纳入总平面中一并记录,不需要再单独测绘。需要测量的单体建筑物在绘制总平面草图时可仅作示意,只需要将其与周围建筑物和环境的相对位置测量准确,绘制正式的总平面图时将该单体建筑物的平面图补入。图 16-2 是一座院落总平面图。

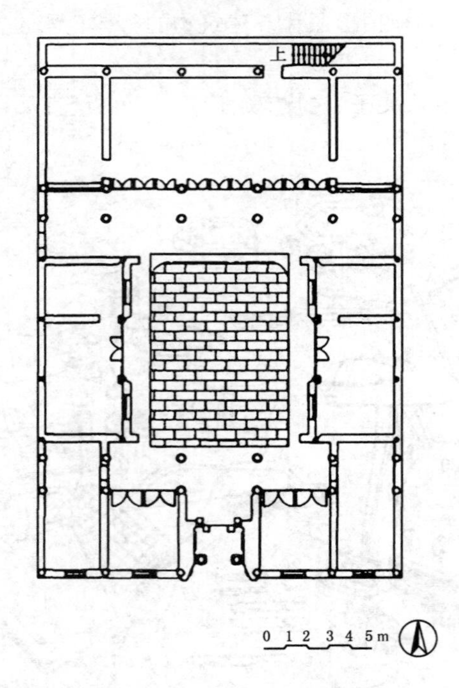

图 16-2　院落总平面图

二、单体建筑的各层平面及相关大样

1. 单体建筑的底层平面

包括台明、踏道、钩阑、角石和压阑石的尺寸与铺砌方式,室内外地面的铺装,柱与柱础,檐墙山墙和柱的交接，墙厚，以及门窗、室内隔断。室内若还保留有原来的家具及布置也应包括在内。遇到宝座、佛像之类标出它们的位置及形状，并加文字说明。

2. 二层及以上各层平面

内容除柱及柱础、墙厚及门窗、室内布置等之外还包括能够看到的下层屋面，包括瓦陇和瓦沟、脊与脊饰。

3. 与平面内容相关的大样图

不同式样和尺寸的柱础、钩阑、抱鼓石、角石和角兽、门砧等均要用大样加以详细记录，需要用三视图(正视图，侧视图，俯视图)来表示。其中钩阑的大样内容则是立面、剖面和平面。

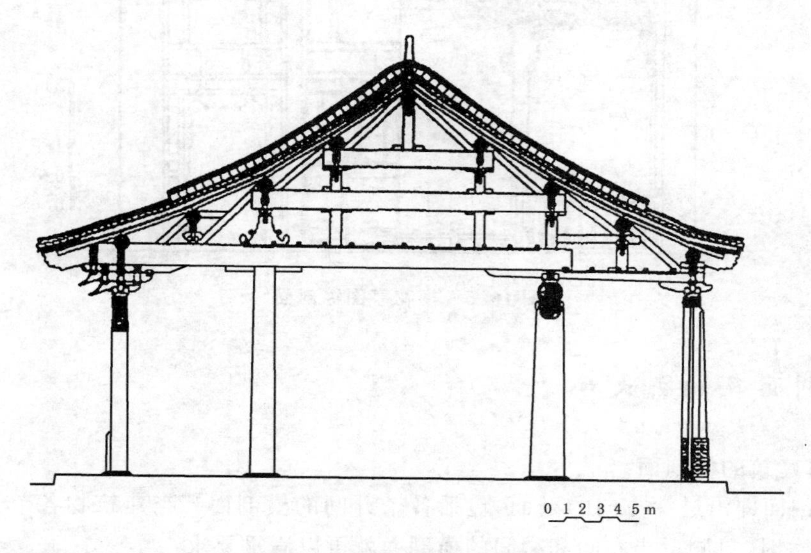

图 16-3　单体建筑横剖面图

图 16-4　梅花亭原始图

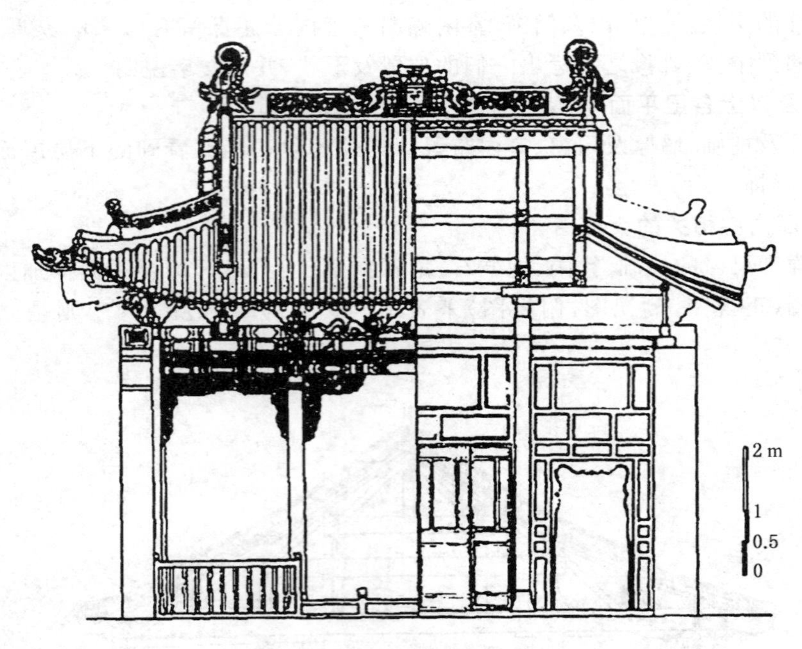

图 16-5　梅花亭图纵剖面

三、剖面及相关大样

1. 单体建筑的横剖面

（1）横剖面即沿进深方向的剖面，包括各个开间的横剖面。当建筑物各个开间的结构做法基本一致时，只测量当心间和梢间的横剖面就可以满足要求。

（2）清晰地表达屋面各层的构造关系：削切正脊时，表明正脊的构成（脊砖或是瓦条叠砌等）、正脊和当沟瓦、筒瓦或板瓦的交接关系。

（3）檐部大样：檐部需要另外绘制大样，将飞椽、檐椽、小连檐、燕颔板、大连檐、撩檐枋（或挑檐桁）、勾当、滴水，以及斗拱各构件之间的关系交代清楚。

（4）角梁大样：檐部转角处还需要有专门的大样，沿建筑物的45°角方向削切檐部转角，清楚地交代子角梁、老角梁、宝瓶、转角铺作、生头木、撩檐枋等构件的相互关系。

2. 单体建筑的纵剖面

（1）纵剖面即沿开间方向的剖面，通常只需要测画后视纵剖面，当建筑物的梁架结构前后差异很大时还要增加前视纵剖面。

（2）在纵剖面的内容中要注意歇山屋顶和悬山屋顶的山面出际部分，同时注意排山勾滴、山花、博风板、悬鱼、惹草之间的相互关系。

（3）有藻井时，必须增加专门的大样，在剖面中不需要表示细节，只表示在整体构架中的位置与外形轮廓即可，同时注意多拍摄照片辅助记录。

3. 建筑组群（院落）剖面

中国古代建筑的组群构成方式使得建筑组群（院落）剖面成为一个不可缺少的内容。建筑组群（院落）剖面形象地反映了建筑整体的空间构成层次和形式变化，各个单体建筑之间的相互关系以及体量造型的对比，周围的环境和建筑群体的整体构成。位于纵深轴线上的单体建筑测画横剖面，纵轴线两侧的单体建筑测画正立面。在纵轴线上的重要院落当中，还可以增加院落横剖面来表达主体建筑与两厢的配属建筑之间的空间关系和院落的构成。

四、梁架仰视

梁架仰视记录梁、檩、枋、板、椽等构件以及斗拱的布置方式、数量、相互之间的组合关系，它与平面图恰好是相对应的，即水平剖切开梁架向上看。当建筑物的檐部使用斗拱时，要从栌斗的底皮处剖切向上作梁架仰视图。檐部没有斗拱时从檐柱柱头处剖切。一座建筑物使用的斗拱的种类和式样越多，梁架仰视就越重要。因为梁架仰视能最清楚地交代各个斗拱与整体梁架的交接关系。记录各种斗拱的布置与使用情况。梁架仰视图如图 16-6 所示。

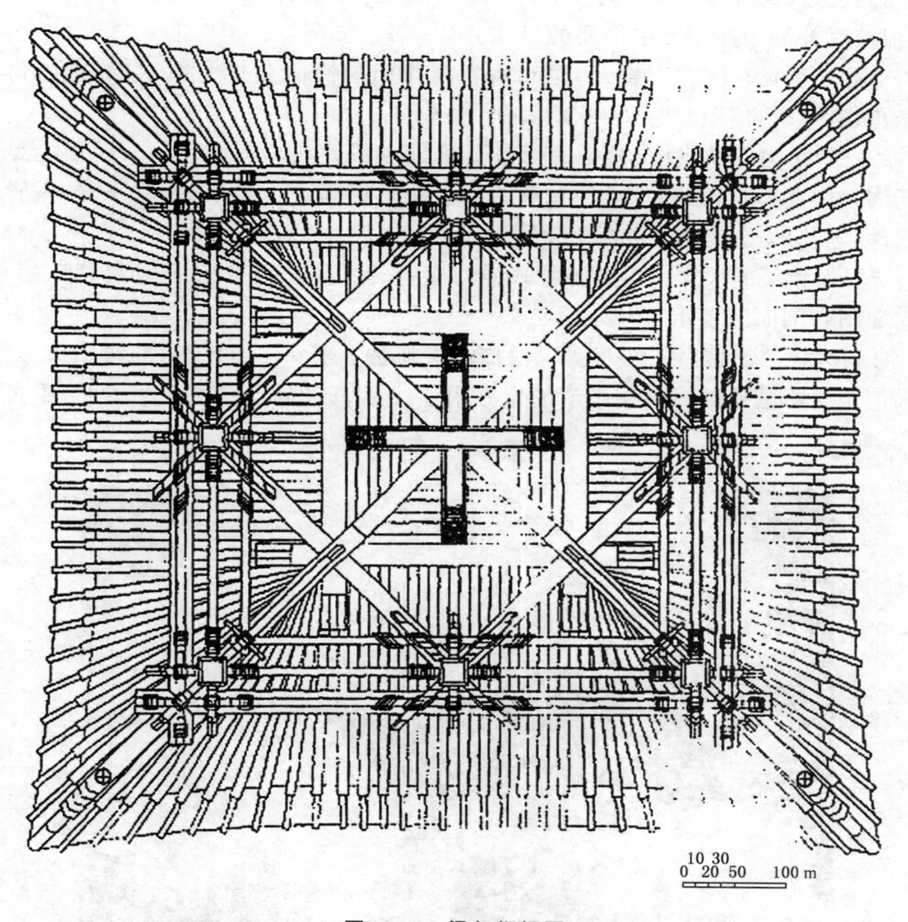

图 16-6　梁架仰视图

五、斗拱大样

一座古建筑中使用的斗拱的种类和式样往往有很多。除去在剖面、立面和梁架仰视中记录斗拱在整体构架中的布置情况和不同类型的斗拱的数量之外，斗拱自身的构成和尺寸则需要由大样来详细说明。每个斗拱都需要有三个视图：正视图，侧视图，仰视图。

六、立面及相关大样

每个单体建筑至少要有两个立面——正立面（朝向院落的）和侧立面。位于中轴线上的重要单体建筑，如门、中心殿堂等还需要增加背立面。

（1）在测量了横剖面、纵削面和梁架仰视之后，立面所需的主要结构尺寸都已具备，如脊高、屋面高度、檐部厚度、檐口高度、斗拱层高度、U高及柱径、各层额枋高度、台基高度等，要仔细校对补测一些立面中需要的尺寸。

（2）勾画侧立面时注意正脊、鸱尾和垂脊及排山勾滴的交接关系，数清排山勾滴的个数。有悬鱼、惹草时，应附加悬鱼、惹草大样。

（3）瓦陇和瓦沟以及飞椽、檐椽的个数要仔细点数并在草图中注明。屋面上是瓦陇坐中还是瓦沟坐中要辨认清楚，也要注在草图上。注意正确表达各条屋脊（小脊，垂脊，戗脊）与各种瓦件、吻兽的交接和檐部的椽、扳、瓦等各种构件。

（4）与立面相关的大样内容有各种式样的格扇、扳门（包括铺首、门环、门钉、门簪、角叶等），用立面图和剖面图表示。

（5）彩画大样：梁、檩、枋、垫板等以白描线条临摹下来并注明色相，同时拍摄彩色照片，加以准确记录。彩画残缺或模糊不清的地方用虚线标识出范围并用文字说明，不可凭想象添补。

图 16-7　钟楼原图

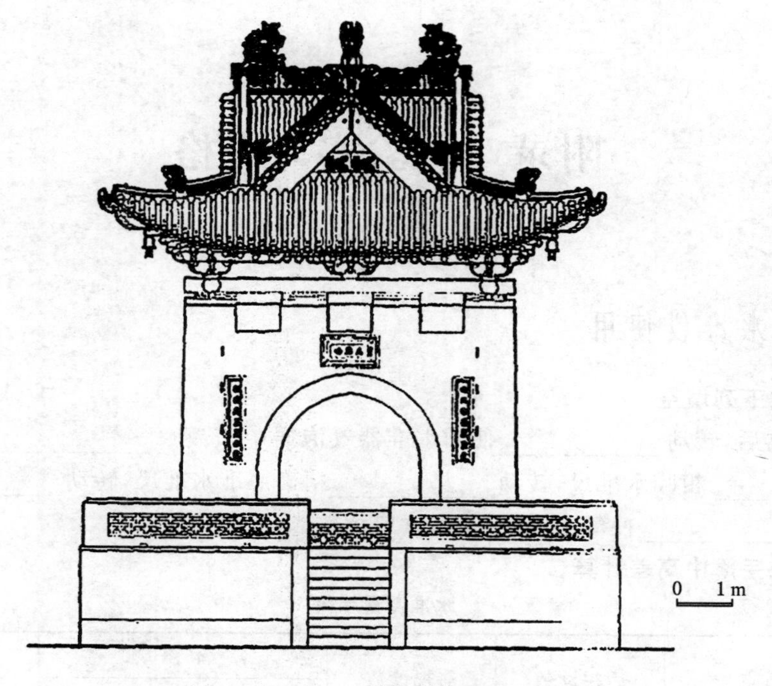

图 16-8 单体建筑立面

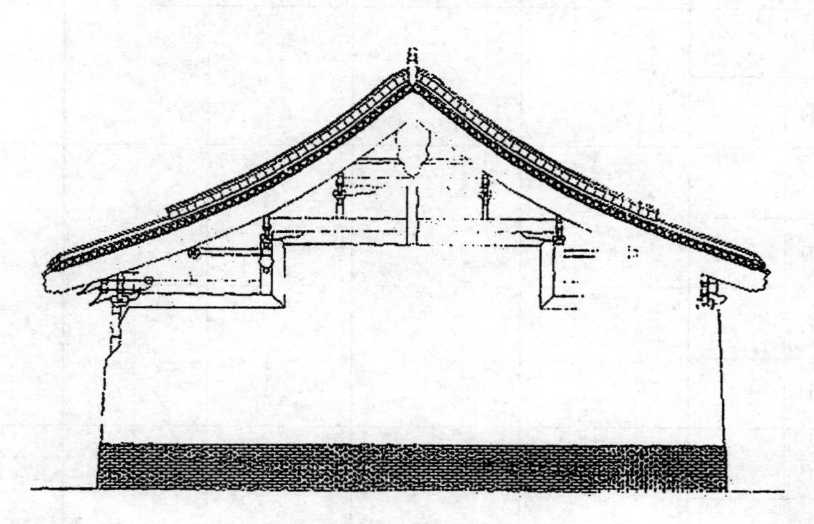

图 16-9 单体建筑侧立面

附录　实验实习表格

表 1　水准仪使用

一、完成下列填空

安装仪器后，转动__________使圆水准器气泡居中，转动__________看清十字丝，通过__________粗瞄水准尺，转动__________精确照准水准尺，转动__________消除视差，转动__________使气泡居中，最后读取读数。

二、完成手簿中高差计算

水准测量手簿

测站	点号		后视读数	前视读数	高差		备注
					+	—	
	后						
	前						
	后						
	前						
	后						
	前						
	后						
	前						
	后						
	前						
	后						
	前						

表 2 水准测量

水准测量记录及高差计算

水准测量手簿

测站	点号		后视读数	前视读数	高差		高程	点号
					+	−	$H_{已知}=$	
	后							
	前							
	后							
	前							
	后							
	前							
	后							
	前							
	后							
	前							
	后							
	前							
	后							
	前							
验算	$\sum$							

表 3　经纬仪使用

一、水平角观测记录

水平角观测手簿

观测者	目标	水平度盘读数			水平角值			记录
		°	′	″	°	′	″	

二、试写出用经纬仪照准起始目标时使水平度盘读数为 0°00′00″的操作步骤

表 4　水平角观测(测回法)

观测	竖盘	目标	水平度盘读数(° ′ ″)	半测回角值(° ′ ″)	一测回角值(° ′ ″)	各测回平均角值(° ′ ″)

表 5 水准仪检验与校正

1. 一般检查

三脚架是否牢稳	
制动及微动螺旋是否有效	
其他	

2. 圆水准器轴平行于竖直轴

转 180°检验次数	气泡偏差数(mm)

3. 十字横丝垂直于竖直轴

检验次数	误差是否显著

4. 视准轴平行于水准管轴

<table>
<tr><th colspan="3">仪器在中点求正确高差</th><th colspan="3">仪器在 A 点旁检验校正</th></tr>
<tr><td rowspan="3">第一次</td><td>A 点尺上读数 a_1</td><td></td><td rowspan="5">第一次</td><td>A 点尺上读数 a_2</td><td></td></tr>
<tr><td>B 点尺上读数 b_1</td><td></td><td>B 点尺上应读数 b_2($b_2 = a_2 - h$)</td><td></td></tr>
<tr><td>$h_1 = a_1 - b_1$</td><td></td><td>B 点尺上实读数 $b_{2实}$</td><td></td></tr>
<tr><td rowspan="3">第二次</td><td>A 点尺上读数 a'_1</td><td></td><td>偏差值 $\Delta b = b_2 - b_{2实}$</td><td></td></tr>
<tr><td>B 点尺上读数 b'_1</td><td></td><td>视准轴偏上(或下)之数值;是否合格?</td><td></td></tr>
<tr><td>$h'_1 = a'_1 - b'_1$</td><td></td><td rowspan="5">第二次</td><td>A 点尺上读数 a'_2</td><td></td></tr>
<tr><td rowspan="4">平均</td><td colspan="2" rowspan="4">平均高差:
$h = 1/2(h_1 + h'_1)$
$h = 1/2($ $)$
$h =$</td><td>B 点尺上应读数 b'_2($b'_2 = a'_2 - h$)</td><td></td></tr>
<tr><td>B 点尺上实读数 $b'_{2实}$</td><td></td></tr>
<tr><td>偏差值 $\Delta b = b'_2 - b'_{2实}$</td><td></td></tr>
<tr><td>视准轴偏上(或下)之数值;是否合格?</td><td></td></tr>
</table>

表 6　高程测设

1. 示意图：

2. 计算过程：

3. 实验步骤：

表 7　竖直观测及竖盘指标差检验与校正

一、写出竖直角计算公式

1. 在盘左位置视线水平时，竖盘读数是＿＿＿＿＿＿度，上仰望远镜读数＿＿＿＿＿＿，所以 α_L = ＿＿＿＿＿＿

2. 在盘右位置视线水平时，竖盘读数是＿＿＿＿＿＿度，上仰望远镜读数＿＿＿＿＿＿，所以 α_R = ＿＿＿＿＿＿

二、将竖直角观测成果记入手簿

竖直角观测手簿

测站	目标	竖盘位置	竖盘位置 (° ′ ″)	竖直角 (° ′ ″)	平均竖直角 (° ′ ″)	指标差	观测者

表 8　水平角测设

1. 水平角测设手簿

测站	设计角值 (° ′ ″)	竖盘	目标	水平度盘读数 (° ′ ″)	测设略图	备注
		左				
		右				
						此表精密测设时应用盘左位置
		左				
		右				

2. 水平角检测手簿

观测	竖盘	目标	水平度盘读数 (° ′ ″)	角　值 (° ′ ″)	平均角值 (° ′ ″)	备注

表 9　平面控制测量内业计算表

导线测量内业计算表

点号	观测角(° ′ ″)	角度改正数(″)	改正后角度值(° ′ ″)	坐标方位角(° ′ ″)	距离(m)	坐标增量 Δx(m)			坐标增量 Δy(m)			纵坐标 x(m)	横坐标 y(m)
						计算值(m)	改正值(mm)	改正后的值(m)	计算值(m)	改正值(mm)	改正后的值(m)		
∑				∑									

表 10 四等水准测量外业观测记录表

日期________ 班级________ 小组________ 姓名________ 天气________

测站编号	点号	后尺 上丝 / 下丝	前尺 上丝 / 下丝	方向及尺号	标尺读数 黑面	标尺读数 红面	K＋黑－红(mm)	高差中数(m)	备注
		后视距离	前视距离						
		视距差(m)	累积差(m)						
		(1)	(5)	后视	(3)	(4)	(13)		
		(2)	(6)	前视	(7)	(8)	(14)	(18)	
		(9)	(10)	后-前	(15)	(16)	(17)		
		(11)	(12)						
				后视					1＃标尺的常数 $K=$
				前视					
				后-前					
									2＃标尺的常数 $K=$
				后视					
				前视					
				后-前					
				后视					

表 11　全站仪的使用

实验日期：____月____日　　实验仪器及编号：______________

一、实验目的及任务

二、TS02Power－5 徕卡全站仪的主要部件及作用

三、全站仪的使用

全站仪测回法测水平角记录表

观测者：________　记录者：__________　立棱镜者：__________

测点	盘位	目标	水平度盘读数 (°　′　″)	水平角		示意图
				半测回值 (°　′　″)	一测回值 (°　′　″)	

全站仪水平距离测量记录表

直线段名：________—________　　其平距的测量值如下：

第一次：________m　　第二次：________m

第三次：________m　　第四次：________m

平均平距：________m

直线段名：________—________　　其平距的测量值如下：

第一次：________m　　第二次：________m

第三次：________m　　第四次：________m

平均平距：________m

表 12　全站仪坐标测量及点位放样

班级:________　组号:________　姓名:________　天气:________　仪器型号:________

一、全站仪三维坐标测量记录

草图:

已知:测站点________的三维坐标 $X=$________m,$Y=$________m,$H=$________m。

测站点________至后视点________的坐标方位角 $\alpha=$________,

或后视点________的三维坐标 $X=$________m,$Y=$________m,$H=$________m。

量得:

测站仪器高=________m。

前视点________的棱镜高=________m。

测得前视点________的三维坐标为:$X=$________m,$Y=$________m,$H=$________m。

前视点________的棱镜高=________m。

测得前视点________的三维坐标为:$X=$________m,$Y=$________m,$H=$________m。

前视点________的棱镜高=________m。

测得前视点________的三维坐标为:$X=$________m,$Y=$________m,$H=$________m。

二、全站仪点位放样记录

草图:

已知:测站点________的三维坐标 $X=$________m,$Y=$________m,$H=$________m。

测站点________至后视点________的坐标方位角 $\alpha=$________,

或后视点________的三维坐标 $X=$________m,$Y=$________m,$H=$________m。

量得:测站仪器高=________m。

待放样点________的三维坐标 $X=$________m,$Y=$________m,$H=$________m。前视点________的棱镜高=________m。则:待放样点________处的地面,需________(填"填"或"挖"),其填挖高度为________m。

待放样点________的三维坐标 $X=$________m,$Y=$________m,$H=$________m。前视点________的棱镜高=________m。则:待放样点________处的地面,需________(填"填"或"挖"),其填挖高度为________m。

表 13 GPS 的认识、坐标测量及点位放样

班级：________ 组号：________ 姓名：________ 天气：________ 仪器型号：________

一、GPS 三维坐标测量记录

前视点________的天线高＝________m。

测得前视点________的三维坐标为：$X=$________m，$Y=$________m，$H=$________m。

前视点________的天线高＝________m。

测得前视点________的三维坐标为：$X=$________m，$Y=$________m，$H=$________m。

前视点________的天线高＝________m。

测得前视点________的三维坐标为：$X=$________m，$Y=$________m，$H=$________m。

二、GPS 点位放样记录

待放样点________的三维坐标 $X=$________m，$Y=$________m，$H=$________m。待放样点________的天线高＝________m。则：待放样点________处的地面，需________（填“填”或“挖”），其填挖高度为________m。

待放样点________的三维坐标 $X=$________m，$Y=$________m，$H=$________m。待放样点________的天线高＝________m。则：待放样点________处的地面，需________（填“填”或“挖”），其填挖高度为________m。

待放样点________的三维坐标 $X=$________m，$Y=$________m，$H=$________m。待放样点________的天线高＝________m。则：待放样点________处的地面，需________（填“填”或“挖”），其填挖高度为________m。

参考文献

[1] 胡伍生，潘庆林. 土木工程测量(第 4 版)[M]. 南京：东南大学出版社，2007

[2] 金芳芳. 工程测量实验与实习指导[M]. 南京：东南大学出版社，2007

[3] 邹永廉. 土木工程测量[M]. 北京：高等教育出版社，2004

[4] 胡伍生. 工程测量[M]. 北京：人民交通出版社，2007

[5] 胡伍生，朱小华. 测量实习指导书[M]. 南京：东南大学出版社，2004

[6] 胡伍生，潘庆林，黄腾. 土木工程施工测量手册[M]. 北京：人民交通出版社，2005

[7] 林源. 古建筑测绘学[M]. 北京：中国建筑工业出版社，2002

[8] 黄羚，李琳. 实用建筑测量技术[M]. 北京：化学工业出版社，2010

[9] 阚柯. 建筑工程测量与施工放线一本通[M]. 北京：中国建材工业出版社，2009

[10] 中华人民共和国国家标准. 工程测量规范(GB 50026—2007)[M]. 北京：中国计划出版社，2008